高等学校安全科学与工程类系列教材

安全检测与监控技术

刘　明　主编

刘晓培　副主编

化学工业出版社

·北京·

内容简介

《安全检测与监控技术》以安全为目标，从预防工业过程安全生产事故和职业危害工作的需求出发，系统阐述了安全检测与控制两大方面的内容。教材共 13 章，主要包括压力和差压、温度、流量、物位等工业过程参数检测，有毒有害物质、空气中可燃性气体、粉尘、振动、噪声等职业性有害因素检测，处理开关量信息的开关量控制系统以及典型行业安全监控系统的应用。

本书可以作为高等院校安全工程及相关专业本科生和硕士研究生的专业教材或教学参考书，也可以作为安全管理和安全技术人员的参阅资料。

图书在版编目（CIP）数据

安全检测与监控技术/刘明主编；刘晓培副主编.—北京：化学工业出版社，2024.8
ISBN 978-7-122-45785-1

Ⅰ.①安…　Ⅱ.①刘…②刘…　Ⅲ.①安全监测-技术
Ⅳ.①X924.2

中国国家版本馆 CIP 数据核字（2024）第 111696 号

责任编辑：郝英华　　　　文字编辑：刘建平　李亚楠　温潇潇
责任校对：赵懿桐　　　　装帧设计：关　飞

出版发行：化学工业出版社
　　　　　（北京市东城区青年湖南街 13 号　邮政编码 100011）
印　　刷：北京云浩印刷有限责任公司
装　　订：三河市振勇印装有限公司
787mm×1092mm　1/16　印张 17　字数 454 千字
2024 年 9 月北京第 1 版第 1 次印刷

购书咨询：010-64518888　　售后服务：010-64518899
网　　址：http://www.cip.com.cn
凡购买本书，如有缺损质量问题，本社销售中心负责调换。

定　　价：59.00 元

前言

安全生产事关人民群众生命财产安全，事关经济社会发展全局。在党中央、国务院的坚强领导和各地区、各有关部门的共同努力下，我国的安全生产形势总体稳定向好。2018 至 2022 年，全国生产安全事故总量和死亡人数比之前五年分别下降 80.8%、51.4%，年均重特大事故起数从 37.6 起减少到 16.2 起，下降 56.9%。其中 2022 年生产安全事故总量和死亡人数同比分别下降 24.1%、20.3%。但也必须清醒地认识到，安全生产工作正处于着力突破瓶颈制约的关键时期。正如《"十四五"国家安全生产规划》中所言："我国各类事故隐患和安全风险交织叠加、易发多发，安全生产正处于爬坡过坎、攻坚克难的关键时期。"

开展安全检测与监控技术研究，借助各类传感装置、检测探测设备、仪表仪器设备等工具来辨识系统中各类危险、有害因素和危险水平，为安全管理系统和控制系统提供基础参数，达到降低风险和避免损失的目的，对有效减少事故隐患，预防和控制重特大事故的发生，遏制群死群伤和重大经济损失以及保障国家经济与社会的可持续发展具有重大现实意义。

全书分为四篇共计 13 章。第 1 篇共 2 章，主要介绍安全检测与监控技术的基础知识。第 2 篇共 4 章，主要介绍压力和差压、温度、流量、物位等参数的检测原理、常用的检测仪表以及仪表的选用。第 3 篇共 5 章，分别介绍有毒有害物质、空气中可燃性气体、粉尘、振动、噪声等因素的检测原理、常用的检测方法或仪表以及具体的评价标准。第 4 篇共 2 章，主要介绍了开关量控制系统、新技术的应用和典型行业的安全检测与监控系统。

本书配套的电子课件可提供给采用本书作为教材的院校使用，如有需要，请登录 www.cipedu.com.cn 注册后下载使用。

本书由辽宁石油化工大学刘明担任主编、辽宁石油化工大学刘晓培任副主编。刘明编写了第 1 章~第 8 章，辽宁石油化工大学孙麟编写了第 9 章和第 12 章，刘晓培编写了第 10 章和第 13 章，韩国又石大学张泽晨与福建水利电力职业技术学院张涛编写了第 11 章。

由于编者水平有限，不妥之处在所难免，欢迎广大读者批评指正。

编者
2024 年 6 月

目录

第4篇 安全监控篇 / 193

第12章 开关量控制系统 / 194

第13章 安全检测与监控系统 / 236

第 1 篇

基础知识篇

　　本篇主要介绍安全检测与监控技术的基础知识，为后面章节的学习提供必要的基础。

　　本篇共分为 2 章。第 1 章介绍安全检测与监控技术在安全科学中的地位、主要任务，安全检测与监控系统的组成、分类以及未来发展趋势等内容。第 2 章介绍安全检测过程中测量误差、测控仪表的相关性能指标以及工作场所有害因素职业接触限值的相关内容。

绪　论

1.1 安全检测与监控技术的地位与任务

　　安全是人类生存和发展的最基本要求，是生命与健康的基本保障。在生产领域，安全是指人们在生产活动中免遭不可接受的风险和伤害的存在状态。在工业生产过程中，各种有害因素，如尘、毒、水、气、热辐射、噪声、放射线、电流、电磁波，还有其他主客观因素等，会对生产过程产生不利影响，会对人体健康造成危害，因此，查清、预测、排除和治理各种危险、有害因素是安全工程的重要内容之一。

　　安全工程中各种安全设备、安全设施是否处于安全运行状态？职业卫生工程中的防尘、防毒、通风、辐射防护、生产噪声与振动控制等工程设施是否有效？作业场所的环境质量是否达到有关标准要求？这些安全基础信息都需要通过安全检测来获得。使生产过程或特定系统按预定的指标运行，避免系统因受意外的干扰或波动而偏离正常运行状态并导致故障或事故，这属于安全监控的内容。因此，可以认为安全检测与安全监控是安全学科的先导和"耳目"。没有安全检测与监控技术，安全工程不能成为一门独立学科，离开了安全检测与监控，安全管理也只是空中楼阁。

　　我国安全科学学科是在劳动保护等学科的基础上逐渐发展起来的。1990 年中图分类法第三版类目中"劳动保护科学"又称为"安全科学"，1999 年中图分类法第四版类目中直接更名为"安全科学"。在 1992 年国家技术监督局颁布的国家标准《学科分类与代码》中，"安全科学技术"被列为一级学科，其中包括安全科学技术基础学科、安全学、安全工程、职业卫生工程、安全管理工程 5 个二级学科。安全科学技术上升为一级学科，其下属的职业卫生工程和安全管理工程等二级学科蓬勃发展，越来越受到人们的重视，安全检测与监控技术是安全管理工程下的三级学科（图 1.1），该学科是安全专业学生所学学科知识体系中必不可少且非常重要和实用的一门技术。在 2009 年，由国家质量监督检验检疫总局（现国家市场监督管理总局）和国家标准化管理委员会共同发布的《学科分类与代码》（GB/T 13745—2009）中，安全科学技术的二级学科增至 10 个，其中职业卫生工程更名为安全卫生工程技术，安全管理工程调整为二级学科安全社会工程下属的三级学科，安全检测与监控技术调整为二级学科公共安全下属的两个三级学科公共安全检测检验和公共安全监测监控，如图 1.2 所示，对安全检测与监控技术的性质、相关内容定义更加明确。

　　安全检测与监控技术的应用十分广泛，它涉及社会的各行各业，是现代化设备中必不可

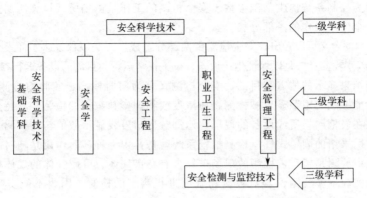

图 1.1　GB/T 13745—1992 安全科学技术学科划分

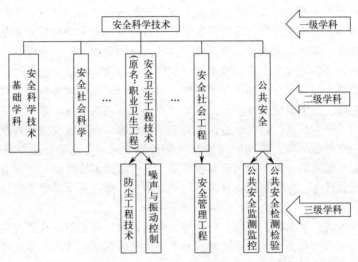

图 1.2　GB/T 13745—2009 安全科学技术学科划分

少的一项基础综合技术，其理论已逐渐成熟。各行各业的检测与监控设备被研制和开发，各种层级的检测技术也被研究出来，如危险化学品重大危险源安全监测预警系统、压力容器安全检测与监控、矿山安全检测与监控、土木工程安全检测与监控、食品安全检测与监控等。

1.2　安全检测与监控的概念

1.2.1　安全检测

安全检测是借助于仪器、仪表、探测设备等工具，准确地了解生产系统与作业环境中危险、有害因素的类型、危害程度、危害范围及动态变化的活动总称。有时也把尘毒检测称为狭义的安全检测。安全检测的对象是劳动者作业场所空气中可燃或有毒气体或蒸气、漂浮的粉尘、物理危害因素以及反映生产设备和设施安全状态的温度、压力、流速、壁厚等参数。其作用是获取有害气体、可燃气体、粉尘浓度及噪声等因素的安全状态信息，为安全决策提供数据，或者为控制系统提供基础参数。安全检测的工作是由场所或设施所属企业自己完成的，是企业安全生产工作的一部分。

从安全检测的含义可以看出，安全检测由两部分组成：一是以保证人员不受职业伤害为目的的职业危害因素检测；二是以保证生产设备、设施正常运行为目的的设备运行参数的检测。

根据检测结果显示的地点和目的，安全检测又分为实时检测、实验室检测和应急检测。实时检测是指能够随时跟踪显示被检测物质浓度或物理参数数值的检测，其特点是：传感器或检测器固定在被检测场所或设备的现场，检测输出信号或显示数值与被检测量的数值几乎同时变化。工厂采用的固定式气体检测报警系统就是其中一种，其作用是随时能了解被测量的数值。实验室检测是指在被检测的现场采集含有有毒气体、可燃气体的气体样品，带回到实验室，应用实验室型检测仪器对被测物浓度进行测定的检测。因为不能实时显示检测结果，所以这种检测方式仅适合于例行的定期检测。应急检测是指在发生泄漏、火灾、爆炸等生产安全事故时，为完成对某种特定危险物质在空气或水体中浓度的检测任务，采用快速检测技术手段而进行的检测。实施检测的地点是事故现场或受影响的区域，并能够实时给出检测结果。有毒有害或易燃易爆气体等危险物质在事故时释放进入空气后或者是液态、固态有毒物质进入水体后，需要检测人员检测危险气体或溶质的危害范围、浓度的变化趋势、气体扩散的主要方向，为制定疏散人员、确定戒严范围等应急决策提供依据。

根据检测性质不同，安全检测可分为研究性检测、监视性检测和特定目的检测。研究性检测是为研究危险、有害因素的发生、发展规律而进行的检测，通常是研究技术人员为特定研究目的而专门设计的检测。监视性检测是为了了解危险、有害因素变化状况，进行安全评价、产品安全卫生性能评定、劳动安全监督所进行的检测，它既是企业安全管理的重要内容，也是国家安全监察的依据。我国建有省、地、县三级国家检测站，负责安全卫生监察机构指派的检测检验任务。特定目的检测是指因意外事件、事故发生毒物泄漏、放射性污染等而进行的检测。

对工业过程参数，如温度、压力、流量等进行的检测，若要判断其是否处于安全范围需要与设计的工艺参数波动允许范围相比较。对于可燃气体及易燃液体、蒸气等爆炸性气态物质的检测，目的是防止接近形成爆炸性混合气体，检测结果需要与爆炸极限下限进行比较。对于职业有害因素的检测，其检测结果不能直接显示对人体是否有害，需要将检测结果与国家标准规定的职业接触限值相比较来确定。

1.2.2　安全监测

监测可以理解为监视性的检测，一般认为包括两个方面的含义。第一方面是指政府执法部门委托的从事作业场所、作业环境监测的机构定期对企业某些指标所进行的检测，或者是对特种设备（如压力容器）及安全设施（如防雷装置接地电阻）的检测，目的是监督企业作业场所、工作环境的质量，检查职业卫生设施或措施的有效性，属于强制性质的第三方检测。监测结果作为评判是否满足国家行业要求的依据，所以检测所用的设备及检测方法都严格执行国家标准或者行业标准，检测结果具有法律效力。对于特大型企业，上级对所属企业的检测也属于安全监测。第二方面是指本企业对内场所或设备的监控性检测，比如气体检测报警系统、气体检测报警控制系统，具有很强的监视性，也属于安全监测。

总之，除实施检测的部门有区别外，安全检测与安全监测使用的设备及方法没有本质区别。在环境保护领域，使用环境监测而不用环境检测，其原因是在早期检测工作中，大气质量和水体质量检测主要由政府部门检测完成，检测者也是执法者，所以具有监督的职责，因此习惯上使用监测。

1.2.3 安全监控

安全监控是指监测与控制两功能的结合，监测设备提供被检测设备或场所的某一特征数据，由控制设备或者是人对检测数据进行分析，根据已设定的标准判断是否需要改变被控制设备的运行状态，需要时对被控制设备发出启动信号，被控制设备启动或者改变运行参数。因此，安全监控也称为安全测控。在安全检测与监控技术中所称的控制可分为以下两种。

第一种是过程控制。在现代化工业过程中，一些重要的工艺参数大都由变送器、工业仪表或计算机来测量和调节，以保证生产过程及产品质量的稳定，这就是过程控制。在比较完善的过程控制设计中，有时也会考虑工艺参数的超限报警、外界危险因素（如可燃气体、有毒气体在环境中的浓度，烟雾、火焰信息等）的检测，甚至紧急停车等联锁系统。然而，这种设计思想仍然着眼于表层信息捕获的习惯模式。如：车间内可燃气体或有毒气体达到报警浓度时，通风设备根据变送器发出的指令性信号自动启动；用空气氧化某种气态物料的合成工艺中，检测系统的监测数据发现氧气浓度达到或超过设定的临界浓度时，控制系统调整空气输送速度，就可以将氧气浓度调整到安全的浓度范围。

第二种是应急控制。在对危险源的可控制性进行分析之后，选出一个或几个将危险源从事故临界状态调整到相对安全状态，以避免事故发生或将事故的伤害、损失降至最低程度。这种具有安全防范性质的控制技术称为应急控制。将安全监测与应急控制结合为一体的仪器仪表或系统，称为安全监控仪器或安全监控系统。

从安全科学的整体观点出发，现代生产工艺的过程控制和安全监控功能应融为一体，综合成一个包括过程控制、安全状态信息监测、实时仿真、应急控制、自诊断以及专家决策等各项功能在内的综合系统。这种系统既能够对生产工艺进行比较理想的控制，从而使企业受益，又能够在出现异常情况时及时给出预警信息，紧急情况下恰到好处地自动采取措施，把安全技术措施渗透到生产工艺中去，避免事故的发生或将事故危害和损失降到最低程度。

安全检查、安全检测、安全监测、安全监控的内涵与功能既有区别又有联系。

① 安全检查是为了系统的安全而对系统可能存在的危险、有害因素进行查证的过程，这种查证既可以是经验性或感官性的，也可以借助简单的工具或精密复杂的检测仪器，是一种有安全目的的行为过程。传统上的安全检查主要是指利用人的经验、感官，以及简单的工具所进行的查证过程。

② 安全检测利用仪器进行检验、测定。检测或监测只是以数据或报警的方式告诉人们系统所处的状态，并不会影响系统的状态。

③ 安全监控不仅能显示系统所处的状态，而且能根据监测的结果对系统进行调节、调整、纠正、控制，使系统回到人们所设定的运行状态。由此可见，监控是在监测系统的基础上，加上了控制系统。

1.3 安全检测与监控系统的组成与分类

1.3.1 检测与监控系统组成

以计算机为中心的现代检测与监控系统，采用数据采集与传感器相结合的方式，能最大限度地完成检测工作的全过程。它既能实现对信号的检测，又能对所获信号进行分析处理求得有用信息。由于计算机的普及，用计算机控制的检测与监控系统发展十分迅速，目前已较普遍地应用于各个学科领域，其构成如图 1.3 所示。

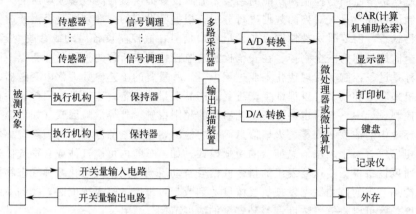

图 1.3　计算机控制的检测系统

采用微处理器或微计算机进行自动检测，可以根据要求检测多路（多种）信号。目前采用的微处理器或微计算机系统都是数字机，所以需要配有模拟数字转换器（A/D）及数字模拟转换器（D/A）。把模拟信号转换为数字形式（离散化）之后输入计算机进行实时处理，然后由计算机做出相应的判断，发出相应的指令，这些指令经过数字模拟转换器转换为模拟量，可以实现过程控制或对被测量进行调节控制。或者采用开关量变送器采集被测对象信息，根据开关量变送器设置的动作值，实现自动控制或调节。

传感器是将非电量转换为与之有确定对应关系的电量输出的器件或装置，它本质上是非电量系统与电量系统之间的接口。传感器是必不可少的转换器件。从能量的角度出发可将传感器划分为两种类型，一类是能量控制型传感器（也称有源传感器），一类是能量转换型传感器（也称无源传感器）。能量控制型传感器是指传感器将被测量的变化转换成电参数（如电阻、电容）的变化，传感器需外加激励电源。如铂电阻温度传感器中的铂电阻阻值随被测温度的变化而变化，需外加电桥电路，才可将阻值的变化转换成电压的变化。而能量转换型传感器可直接将被测量的变化转换成电压、电流的变化，不需外加激励电源，如热电偶、光电池、压电传感器等。

在很多情况下，要测量的非电量并不是我们所持有的传感器所能转换的那种非电量。这就需要在传感器前面增加一个能把被测非电量转换为该传感器能够接收和转换的非电量（即可用非电量）的装置或器件。这种把被测非电量转换为可用非电量的器件或装置称为敏感器。例如用电阻应变片测量电压时，就要将应变片粘贴到受压力的弹性元件上，弹性元件将压力转换为应变，应变片再将应变转换为电阻的变化。这里应变片便是传感器，而弹性元件便是敏感器。敏感器和传感器虽然都是对被测非电量进行转换的，但敏感器是把被测量转换为可用非电量，而传感器是把被测非电量转换为电量。

变送器是从传感器发展而来的，凡能输出标准信号的传感器就称为变送器。标准信号是物理量的形式和数值范围都符合国际标准的信号，例如，直流电压 0～10V、直流电流 4～20mA、空气压力 20～100kPa，都是当前通用的标准信号，我国还有不少变送器以直流电流 0～10mA 为输出信号。无论被测变量是哪种物理或化学参数，也不论测量范围如何，经过变送器之后的信息都必须包含在标准信号之中。有了统一的信号形式和数值范围，就便于把各种变送器和其他仪表组成检测系统。无论什么仪表或装置，只要有同样标准的输入电路或接口，就可以从各种变送器获得被测变量的信息。这样，兼容性和互换性大为提高，仪表的配套也极为方便。

信号调理电路是由传感器的类型和对输出信号的要求决定的。不同的传感器具有不同的输出信号。能量控制型传感器输出的是电参数的变化，需采用电桥电路将其转换成电压的变化，而电桥电路输出的电压信号幅值较小，共模电压又很大，需采用仪表放大器进行放大。在能量转换型传感器输出的电压、电流信号中，一般都含有较大的噪声信号，需加滤波电路提取有用信号，而滤除无用的噪声信号。

执行机构是计算机控制系统中的重要环节。它接收来自微处理器或微计算机的控制信号，对其进行功率放大，然后转换为输出轴的相应的角位移或直线位移，用以推动各种调节机构，如调节阀、风门挡板等，改变被调介质流量，以完成各种过程参数的自动控制。执行机构的动作规律通常是线性的，也有采用等百分比型的。其控制信号有连续的电流信号，也有断续的电压信号或脉冲信号。

1.3.2　检测系统分类

随着科技和生产的迅速发展，检测系统（仪表）的种类不断增加，其分类方法也很多，工程上常用的几种分类法如下。

（1）按被测量分类

常见的被测量可分为以下几类。

① 电工量。电压、电流、电功率、电阻、电容、频率、磁场强度、磁通密度等。

② 热工量。温度、热量、比热容、热流、热分布、压力、差压、真空度、流量、流速、物位、液位、界面等。

③ 机械量。位移、形状、力、应力、力矩、重量、转速、线速度、振动、加速度、噪声等。

④ 物性和成分量。气体成分、液体成分、固体成分、酸碱度、盐度、浓度、黏度、粒度、密度、相对密度等。

⑤ 光学量。光强、光通量、光照度、辐射能量等。

⑥ 状态量。颜色、透明度、磨损量、裂纹、缺陷、泄漏、表面质量等。

严格地说，状态量范围更广，但是有些状态量由于已按习惯归入热工量、机械量、成分量中，因此在这里不再重复列出。

（2）按被测量的检测转换方法分类

被测量通常是非电物理量或化学成分量，需用某种传感器把被测量转换成电量，以便于处理。被测量转换成电量的方法很多，最主要的有下列几类。

① 电磁转换。电阻式、应变式、压阻式、热阻式、电感式、互感式（差动变压器）、电容式、阻抗式（电涡流式）、磁电式、热电式、压电式、霍尔式、振频式、感应同步器、磁栅等。

② 光电转换。光电式、激光式、红外式、光栅、光导纤维式等。

③ 其他能/电转换。声/电转换（超声波式）、辐射能/电转换（X射线式、自射线式、γ射线式）、化学能/电转换（各种电化学转换）等。

（3）按使用性质分类

按检测仪表使用性质通常可分为标准表、实验室表和工业用表三种。

顾名思义，标准表是各级计量部门专门用于精确计量、校准送检样品和样机的标准仪表。标准表的精确度等级必须高于被测样品、样机所标称的精确度等级，而其本身又根据量值传递的规定，必须经过更高一级法定计量部门的定期检定、校准，由更高精确度等级的标准表检定，并出具该标准表重新核定的合格证书，方可依法使用。

实验室表多用于各类实验室中，它的使用环境条件较好，往往无特殊的防水、防尘措施，对于温度、相对湿度、机械振动等的允许范围也较小。这类检测仪表的精确度等级虽比工业用表高，但使用条件要求较严，只适用于实验室条件下的测量与读数，不适用于远距离观察及传送信号等。

工业用表是长期使用于实际工业生产现场的检测仪表与检测系统。这类仪表为数最多，根据安装地点的不同，又有现场安装与控制室安装之分。前者应有可靠的防护，能抵御恶劣的环境条件，其显示也应醒目，工业用表的精确度一般较低，但要求能长期连续工作，并具有足够的可靠性。在某些场合下使用时，还必须保证不因仪表引起事故，如在易燃、易爆环境条件下使用时，各种检测仪表都应有很好的防爆性能。

此外，按检测系统的显示方式可分为指示式（主要是指针式）显示、数字式显示、屏幕式显示等几类，还有的分成模拟式、数字式、智能型（以 CPU 为核心，具有常规数字系统所没有的性能）等。

1.4 安全检测与监控技术发展趋势

1.4.1 安全检测仪表的发展

改革开放以来，我国工业生产发展很快，在安全检测仪表的研究和生产制造方面投入了很大的力量，使安全仪表生产具备了相当的规模，形成了以北京、抚顺、重庆、西安、常州、上海等为中心的生产基地，可以生产多种型号的环境参数、工业过程参数及安全参数的检测、遥测仪器。此外，发达国家的安全检测系统已开始装备我国的石油、化工、煤矿等工业生产部门，安全检测、报警及联锁控制装置等，也在我国自行设计的石化生产设备中获得了应用，这标志着我国安全检测仪器的研制和装备到达了新的水平。但必须指出，我国安全检测传感器目前种类较少，质量不稳定，检测数据处理、计算机应用与国外一些发达国家有一定差距。

目前，在我国安全检测仪表的发展趋势主要有以下三方面。

（1）仪表微型化

当今科学智能仪表在体积和大小方面更加微型化，微电子技术、微机械技术和信息技术等的集成推动着安全检测仪表体积的微型化，同时，其功能也更加齐全。

（2）仪表多功能化

智能化仪表的多功能化是智能化技术的必然发展趋势，多功能本身就是安全检测仪表的一个功能特点，比单一功能的仪表更加稳定可靠。

（3）仪表虚拟化

仪表虚拟化是指在互联网技术和各种先进信息技术的基础上，利用 PC 软件和计算机数据分析技术组成虚拟仪表系统，通过 PC 测量虚拟，并且在虚拟中，不同软件系统都能得到不同的功能，增加了安全检测仪表的功能性。

1.4.2 安全监控技术的发展

监控技术的发展主要表现在以下两方面。

（1）监控网络集成化

将被监控对象按功能划分为若干系统，每个系统由相应的监控系统实行监控，所有监控系统都与中心控制计算机连接，形成监控网络，从而实现对系统实行全方位的安全监控（或监视）。

（2）预测型监控

控制计算机根据检测结果，按照一定的预测模型进行预测计算，根据计算结果发出控制指令，实现对突发事故及其发生时间、地点的自动判识和及时报警。这种监控技术对安全具有重要的意义。

本章介绍了安全检测与监控技术在安全科学学科中的地位和任务，解释了安全检测、安全监测与安全监控的含义以及它们之间的区别和联系，目的是让读者对安全检测与监控有初步的了解。

简述了安全检测与监控系统的组成与功能，概括了检测系统不同分类方式，目的是初步了解监测系统。

<<<< 习题与思考题 >>>>

1. 在工业安全管理工作中，安全检测与监控的任务是什么？
2. 安全检测与安全监控的联系和区别是什么？
3. 解释标准表、实验室表和工业用表的用途。
4. 简述安全检测与监控技术的发展与趋势。

参考答案

第2章

检测技术基础知识

2.1 检测系统误差分析

目前误差理论已发展成一门专门学科，涉及内容很多。下面对测量误差的一些术语、概念、常用误差处理方法进行简要的介绍。

2.1.1 误差的基本概念

在工程技术和科学研究中，对一个参数进行测量时，总要提出如下问题：所获得的测量结果是否就是被测参数的真实值？它的可信赖程度究竟如何？

人们对被测参数真实值的认识，虽然随着实践经验的积累和科学技术的发展会越来越接近真实值，但绝不会达到完全相等的地步，这是由于检测系统（仪表）不可能绝对精确、测量原理的局限、测量方法的不完善、环境因素和外界干扰的存在以及测量过程中被测对象的原有状态可能会被影响等，均会使获得的测量结果与真实值之间总是存在着一定的差异，这一差异就是测量误差。

与测量误差有关的几个术语如下。

（1）真值

真值即真实值，是一个变量本身所具有的真实值，它是一个理想的概念，一般是无法得到的，因为一切测量都存在误差，所以在计算误差时一般用约定真值或相对真值来代替。

约定真值根据国际计量委员会通过并发布的各种物理量单位的定义，利用当今最先进的科学技术复现这些实物单位基准，其值被公认为国际或国家基准。例如纯水在1个标准大气压下沸腾的温度为100℃。

相对真值是指在我们所研究的领域内，用标准设备对被测量物所测得的量值。如果高一级检测仪器（计量器具）的误差仅为低一级检测仪器误差的1/10～1/3，则可认为前者是后者的相对真值。例如光学煤气检测仪的测量值是煤气传感器的相对真值。

（2）标称值

计量或测量器具上标注的量值称为标称值。制造工艺的不完备或环境条件发生变化，使这些计量或测量器具的实际值与标称值之间存在一定的误差，使计量或测量器具的标称值存在不确定度，通常需要根据精确度等级或误差范围进行估计。例如：18lb❶的水瓶、3W的灯泡、1g的砝码等都是标称值。

（3）示值

检测系统（仪表）指示或显示（被测量）的数值称为示值，也称为测量值或读数。

（4）测量误差

用检测系统（仪表）进行测量时，所测出来的数值与被测真值之间的差值称为测量误差。

（5）误差公理

人们对客观规律认识的局限性、测量设备不准确、测量方法不完善、测量所处环境条件不理想、测量人员技术水平不高等原因都会使测量结果不可能等于被测的真值，即一切测量都具有误差。误差自始至终存在于所有科学实验的过程之中。

2.1.2 误差的表示方法

检测系统（仪表）的基本误差通常有以下几种表现形式。

（1）绝对误差

检测系统的测量值（即示值）x 与被测量的真值 x_0 之间的代数差值 Δ 称为检测系统测量值的绝对误差：

$$\Delta = x - x_0 \tag{2-1}$$

式中，真值 x_0 未知，可用约定真值替代，也可是由高精确度标准仪器所测得的相对真值，所以实际得到的是测量误差的估计值。

绝对误差又可简称为误差，绝对误差是可正可负的，而不是误差的绝对值，当误差为正时表示检测系统（仪表）的示值偏大，反之偏小。绝对误差还有量纲，它的单位与被测量的单位相同。

检测系统（仪表）在其测量范围内各点读数绝对误差的最大值称为最大绝对误差，即：

$$\Delta_{max} = (x - x_0)_{max} \tag{2-2}$$

（2）相对误差

为了能够反映测量工作的精细程度，常用测量误差除以被测量的真值，即用相对误差来表示。

相对误差也具有正负号，但无量纲，用百分数来表示。相对误差越小，测量数据的精确度越高。由于真值不能确定，因此实际上用约定真值。在测量中，由于所引用真值的不同，所以相对误差有以下两种表示方法。

实际相对误差：

$$\delta_{实} = \frac{\Delta}{x_0} = \frac{x - x_0}{x_0} \times 100\% \tag{2-3}$$

示值相对误差：

$$\delta_{示} = \frac{\Delta}{x} = \frac{x - x_0}{x} \times 100\% \tag{2-4}$$

示值相对误差也称为标称相对误差。可以看出，同一检测系统（仪表）在整个测量范围内的示值相对误差不是定值，随被测量变化，所以又引出了引用误差的概念。

---

❶ 1lb＝453.59g。

（3）引用误差

引用误差 γ 又称为相对百分误差，定义为检测系统（仪表）测量值的绝对误差 Δ 与检测系统（仪表）的量程 B 之比的百分数，即：

$$\gamma = \frac{\Delta}{B} \times 100\% \qquad (2\text{-}5)$$

$$B = x_{max} - x_{min} \qquad (2\text{-}6)$$

式中，x_{max} 和 x_{min} 分别为仪表规定的最大测量值和最小测量值。

在仪表测量范围内，各测量点的绝对误差是不相同的，因此引入最大引用误差，即在规定条件下进行全量程测量，测量过程中得到的绝对误差最大值与量程比值的百分数称为最大引用误差，用符号 γ_{max} 表示：

$$\gamma_{max} = \frac{|\Delta|_{max}}{B} \times 100\% \qquad (2\text{-}7)$$

最大引用误差是检测系统（仪表）的一个重要性能指标，能很好地表征检测系统（仪表）的测量精确度。

2.1.3　误差的分类

在测量过程中，为了评定各种测量误差，从而对误差进行分析和处理，就需要对测量误差进行分类。按照不同的分类标准，测量误差可做如下分类。

（1）按误差出现的规律分类

① 系统误差。

a）系统误差的产生及其特点。在相同条件下，多次重复测量同一被测量时，其测量误差的大小和符号保持不变，或在条件改变时，误差按某一确定的规律变化，这种测量误差称为系统误差。

误差值恒定不变的又称为恒值系统误差，误差值变化的则称为变值系统误差。变值系统误差又可分为累进性的、周期性的以及按复杂规律变化的系统误差。

系统误差（用 Δx 表示）随测量时间变化的几种常见曲线如图 2.1 所示。

曲线 1 表示测量误差的大小与方向不随时间变化的恒值系统误差，曲线 2 为测量误差随时间以某种斜率呈线性变化的线性变差型系统误差，曲线 3 表示测量误差随时间做某种周期性变化的周期变差型系统误差，曲线 4 为上述 3 种关系曲线的某种组合形态，呈现复杂规律变化的复杂变差型系统误差。

系统误差大体上有：因测量所用的工具（仪器、量具等）本身性能不完善或安装、布置、调整不当而产生的误差，在测量过程中因温度、湿度、气压、电磁干扰等环境条件发生变化所产生的误差，因测量方法不完善、测量所依据的理论本身不完善等原因所产生的误差，因操作人员视读方式不当造成的读数误差，等等。

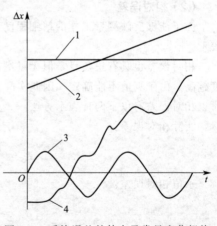

图 2.1　系统误差的特点及常见变化规律

系统误差的特征是测量误差出现的有规律性和产生原因的可知性。系统误差产生的原因和变化规律一般可通过实验和分析查出。因此，系统误差可被设法确定并消除。测量结果的

安/全/检/测/与/监/控/技/术

准确度由系统误差来表征，系统误差越小，则表明测量准确度越高。

　　b）减小和消除系统误差的方法。

　　（a）减小恒值系统误差的方法。交换法：根据误差产生的原因，将某些条件进行交换，以减小系统误差。例如用等臂天平称重，先将被测量放于左边，标准砝码放于右边，调平衡后，将两者交换位置，再调平衡，然后通过计算即可减少两边不等带来的系统误差。

　　代替法：在测量装置上对被测量测量后不改变测量条件，立即用一个标准量代替被测量，放到测量装置上进行测量。古代的曹冲称象采用的就是代替法。

　　（b）减小线性系统误差的方法。减小线性系统误差通常采用对称测量法。被测量随时间的变化线性增加时，若选定整个测量时间范围内的某时刻为中点，则对称于此点的各对系统误差算术平均值都相等。利用这一特点，可将测量在时间上对称安排，取对称点两次读数的算术平均值作为测量值。

　　例如要测量 $t=60\text{s}$ 时的值，可以分别测量 $t=55\text{s}$ 和 $t=65\text{s}$ 时的值，则有

$$k_t = \frac{k_{t=55} + k_{t=65}}{2}$$

　　（c）减小周期性系统误差的方法。减小周期性系统误差常采用半周期法。相隔半个周期进行一次测量，取两次读数的平均值，可有效减少周期性系统误差。

　　② 随机误差。

　　a）随机误差的产生及其特点。随机误差是由测量实验中许多独立因素的微小变化而引起的。例如温度、湿度均不停地围绕各自的平均值起伏变化，所有电源的电压值也不停地围绕其平均值起伏变化等。这些互不相关的独立因素是人们不能控制的。它们中的某一项影响极其微小，但很多因素的综合影响就造成了每一次测量值的无规律变化。

　　就单次测量的随机误差的个体而言，其大小和方向都无法预测也不可控制，因此无法用实验的方法加以消除。但就随机误差的总体而言，则具有统计规律性，服从某种概率分布。随机误差的概率分布有：正态分布、均匀分布、t 分布、反正弦分布、梯形分布、三角分布等。绝大多数随机误差服从正态分布，因此，正态分布规律占有重要地位。

　　因此，对于多次测量中的随机误差可以采用统计学方法来研究其规律和处理测量数据，以减弱随机误差对测量结果的影响，并估计出最终残留影响的大小。对随机误差所做的概率统计处理是在完全排除了系统误差的前提下进行的。

　　b）随机误差的处理方法。主要分两种情况。

　　（a）若无系统误差存在，当测量次数无限增大时，测量值的算术平均值与真值就无限接近。因此，如果能对某一被测量进行无限次测量，就可以得到基本不受随机误差影响的测量结果。

　　（b）极限误差也称最大误差，是对随机误差取值最大范围的概率统计。研究表明，若均方根误差为 σ，则随机误差落在 $\pm 3\sigma$ 范围内的概率为 99.7% 以上，落在 $\pm 3\sigma$ 范围外的机会相当小。因此，工程上常用 $\pm 3\sigma$ 估计随机误差的范围。取 $\pm 3\sigma$ 作为极限误差，超过 $\pm 3\sigma$ 者作为疏失误差处理。

　　③ 粗大误差。粗大误差是指明显超出规定条件下预期的误差。其特点是误差数值大，明显歪曲了测量结果。

　　粗大误差一般由外界重大干扰或仪器故障或不正确的操作等引起。存在粗大误差的测量值称为异常值或坏值，一般容易发现，发现后应立即剔除。也就是说，正常的测量数据应是剔除了粗大误差的数据，所以我们通常研究的测量结果误差中仅包含系统误差和随机误差两类误差。

　　系统误差和随机误差虽然是两类性质不同的误差，但两者并不是彼此孤立的。它们总是

同时存在并对测量结果产生影响。许多情况下，很难把它们严格区分开来，有时不得不把并没有完全掌握或分析起来过于复杂的系统误差当作随机误差来处理。例如，生产一批应变片，就每一只应变片而言，它的性能、误差是完全可以确定的，属于系统误差，但是由于应变片生产批量大和误差测定方法的限制，不允许逐只进行测定，而只能在同一批产品中按定比例抽测，其余未测的只能按抽测误差来估计，这一估计具有随机误差的特点，是按随机误差方法来处理的。

同样，某些随机误差（如环境温度、电源电压波动等所引起的误差），当掌握它的确切规律后就可视为系统误差并设法修正。

由于在任何一次测量中，系统误差与随机误差一般都同时存在，所以常按其对测量结果的影响程度分 3 种情况来处理：系统误差远大于随机误差，仅按系统误差处理；系统误差很小，已经校正，可仅按随机误差处理；系统误差和随机误差差不多，应分别按不同方法来处理。

（2）按误差来源分类

按误差来源分类，误差可分为仪器误差、理论误差与方法误差、环境误差和人员误差 4 类。

① 仪器误差。仪器误差主要包括两种情况：仪器、仪表或测量系统设计原理上的缺陷或采用近似的设计方法产生的误差，仪器、仪表或测量系统零件制造和安装不正确产生的误差。

② 环境误差。测量时的实际温度、湿度、气压等按一定规律发生变化，与规定标准状态不一致，而引起的被测量本身状态发生变化所产生的误差称为环境误差。

③ 理论误差与方法误差。采用近似的测量方法或近似的计算公式引起的误差称为理论误差与方法误差。

④ 人员误差。人员误差是由于测量者个人的特点，在刻度上估计读数时，习惯偏向某一方向，动态测量时，记录滞后等引起的误差。

（3）按被测量随时间变化的速度分类

按被测量随时间变化的速度分类，误差分为静态误差和动态误差两类。

① 静态误差。习惯上，将被测量不随时间变化时所测得的误差称为静态误差。例如测量身高过程中产生的即为静态误差。

② 动态误差。在被测量随时间变化过程中进行测量时所产生的附加误差称为动态误差。动态误差是由于检测系统对输入信号变化响应上的滞后或输入信号中不同频率成分通过检测系统时受到不同的衰减和延迟而造成的误差。例如测量风速、流量等过程中产生的误差即为动态误差。

（4）按使用条件分类

按使用条件分类，误差分为基本误差和附加误差两类。

① 基本误差。基本误差是指仪器、仪表或测试系统在标准条件下使用时所产生的系统误差，即固有误差。所谓标准条件，一般是指测量系统在实验室（或制造厂、计量部门）标定刻度时所保持的工作条件，如电源电压（220±11）V、温度（20±5）℃、湿度小于 80%、电源频率 50Hz 等。

② 附加误差。附加误差是指当使用条件偏离标准条件时，仪器、仪表或测试系统在基本误差的基础上增加的新的系统误差，例如，由于温度超过标准温度引起的温度附加误差、电源波动引起的电源附加误差以及频率变化引起的频率附加误差等。这些附加误差在使用时应叠加到基本误差上。

2.2 测控仪表性能指标

下面讨论和介绍常用的几种评价测控仪表性能优劣的指标，包括测量范围、精确度和精确度等级、零点迁移和量程迁移、灵敏度、分辨率和分辨力、线性度等。

（1）测量范围

每个用于测量的检测仪表都有其确定的测量范围，它是检测仪表按规定的精确度对被测量进行测量的允许范围。测量范围的最小值和最大值分别称为测量下限和测量上限。量程是测量上限与测量下限的代数差，即

$$量程＝测量上限值－测量下限值$$

仪表的量程在检测仪表中是一个非常重要的概念，它与仪表的精确度、精确度等级及仪表的选用都有关系。

仪表测量范围的另一种表示方法是给出仪表的零点和量程。仪表的零点即仪表的测量下限值。

（2）零点迁移和量程迁移

在实际使用中，由于测量要求或测量条件的变化，需要改变仪表的零点或量程，可以对仪表的零点和量程进行调整。

通常将零点的变化称为零点迁移，将量程的变化称为量程迁移。

以被测量相对于量程的百分数为横坐标，记为 X，以仪表指针位移或转角相对于标尺长度的百分数为纵坐标，记为 Y，可得到仪表的输入-输出特性曲线 X-Y。假设仪表的特性曲线是线性的，如图 2.2 中曲线 1 所示。

单纯零点迁移情况如图 2.2 中曲线 2 所示。此时仪表量程不变，其斜率也保持不变，曲线 2 只是曲线 1 的平移，理论上零点迁移到了原输入值的－30%，上限值迁移到了原输入值的 70%，而量程则仍为 100%。

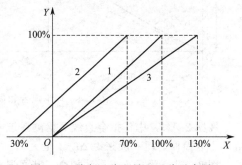

图 2.2 零点迁移和量程迁移示意图

单纯量程迁移情况如图 2.2 中的曲线 3 所示，此时仪表零点不变，曲线仍通过坐标系原点，但斜率发生了变化，上限值迁移到了原输入值的 130%，量程变为 130%。

零点迁移和量程迁移可以扩大仪表的通用性。但是，在什么情况下可以进行迁移，以及能够有多大的迁移量，还需视具体仪表的结构和性能而定。

（3）线性度

线性度又称为非线性误差。

检测系统（仪表）的输入-输出特性曲线可由实际测试获得，在获得特性曲线之后，可以说问题已经解决。但是为了标定和数据处理的方便，希望得到线性关系。这时可采取各种方法，包括计算机硬件和软件补偿，进行线性化处理。一般来说，这些办法都比较复杂。所以在非线性误差不太大的情况下，总是采用直线拟合的办法进行线性化。

在采用直线拟合线性化时，输入-输出校正曲线（即为实测曲线）与其拟合直线之间的

最大偏差称为非线性误差，通常用相对误差来表示，即

$$\delta_L = \frac{\Delta L_{\max}}{B} \times 100\% \qquad (2\text{-}8)$$

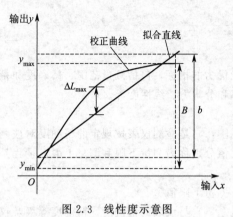

图 2.3 线性度示意图

式中，$\Delta L_{\max}$ 为校正曲线与拟合直线间的最大偏差；B 为检测系统（仪表）的校正曲线对应的满量程输出，$B = y_{\max} - y_{\min}$，即校正曲线对应测量范围上、下限的输出值，如图 2.3 所示。

由此可见，非线性误差的大小是以一定的拟合直线为基准而得来的。拟合直线不同，非线性误差也不同。所以，选择拟合直线的主要出发点是获得最小的非线性误差，另外，还应考虑使用、计算方便等。

目前常使用的拟合方法有理论拟合、过零旋转拟合、端点拟合、端点平移拟合和最小二乘法拟合等。理论拟合和最小二乘法拟合方法如图 2.4 所示，实线为实际输出的校正曲线，虚线为拟合直线。

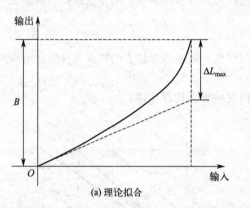
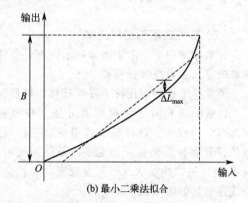

图 2.4 理论拟合和最小二乘法拟合方法示意图

在图 2.4(a) 中，拟合直线为检测系统（仪表）的理论特性，与实际测量值无关。这种方法十分简便，但一般来说 $\Delta L_{\max}$ 很大。

图 2.4(b) 为最小二乘法拟合，其在误差理论中的基本含义是，在具有等精确度的多次测量中求最可靠值时，是当各测量值的残差平方和为最小时所求得的值。也就是说，把所有校准点数据都标在坐标图上，用最小二乘法拟合的直线，其校准点与对应的拟合直线上的点之间的残差平方和为最小。设拟合直线方程式为

$$y = a + kx \qquad (2\text{-}9)$$

若实际校准测试点有 n 个，则第 i 个校准数据 y_i 与拟合直线上相应值之间的残差为

$$e_i = y_i - (a + kx_i) \qquad (2\text{-}10)$$

最小二乘法拟合直线的原理就是使 $\sum\limits_{i=1}^{n} e_i^2$ 为最小值，也就是使 $\sum\limits_{i=1}^{n} e_i^2$ 对 k 和 a 的一阶偏导数等于 0，即

$$\frac{\partial}{\partial k} \sum_{i=1}^{n} e_i^2 = 2 \sum_{i=1}^{n} (y_i - a - kx_i)(-x_i) = 0 \qquad (2\text{-}11)$$

$$\frac{\partial}{\partial a} \sum_{i=1}^{n} e_i^2 = 2 \sum_{i=1}^{n} (y_i - a - kx_i)(-1) = 0 \qquad (2\text{-}12)$$

从而求出 k 和 a 的表达式为

$$k = \frac{n\sum\limits_{i=1}^{n}x_iy_i - \sum\limits_{i=1}^{n}x_i\sum\limits_{i=1}^{n}y_i}{n\sum\limits_{i=1}^{n}x_i^2 - (\sum\limits_{i=1}^{n}x_i)^2} \qquad (2\text{-}13)$$

$$a = \frac{\sum\limits_{i=1}^{n}x_i^2\sum\limits_{i=1}^{n}y_i - \sum\limits_{i=1}^{n}x_i\sum\limits_{i=1}^{n}x_iy_i}{n\sum\limits_{i=1}^{n}x_i^2 - (\sum\limits_{i=1}^{n}x_i)^2} \qquad (2\text{-}14)$$

在获得 k 和 a 值之后，代入式(2-9)即可得到拟合直线，然后按式(2-10)求出误差的最大值 $e_{i\max}$，即为 $\Delta L_{\max}$。最小二乘法有严格的数学依据，尽管计算繁杂，但所得到的拟合直线精确度高，即误差小。

（4）灵敏度

灵敏度是指检测系统（仪表）在测量时，输出量的变化量与引起该变化量的输入量之比，即

$$K = \Delta y / \Delta x \qquad (2\text{-}15)$$

对于线性检测系统来说，灵敏度是一个常数，为图 2.5(a) 中的斜率，即

$$K = \frac{\Delta y}{\Delta x} = \tan\theta = 常数$$

对于零点迁移灵敏度不变，而量程迁移则意味着灵敏度的改变。

而对于非线性系统，灵敏度的大小往往与被测量所在区间有关，如图 2.5(b) 所示。

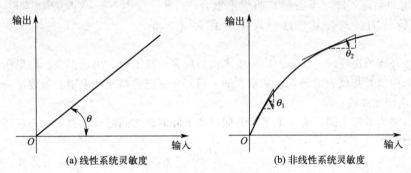

(a) 线性系统灵敏度　　　　　(b) 非线性系统灵敏度

图 2.5　灵敏度的示意图

通常情况下希望检测系统的灵敏度高，而且在满量程范围内是恒定的。因为灵敏度高，同样的输入会获得较大的输出。但灵敏度并不是越高越好，灵敏度过高会减小量程范围，同时也会使读数的稳定性变差，所以应根据实际情况合理选择。

（5）分辨率和分辨力

分辨率又称灵敏限，是仪表输出能响应和分辨的最小输入变化量。通常仪表的灵敏限不应大于允许绝对误差的一半。从某种意义上讲，灵敏限实际上是死区。

分辨率是灵敏度的一种反映，一般说仪表的灵敏度高，其分辨率也高。在实际应用中，希望提高仪表的灵敏度，从而保证其有较高的分辨率。

上述指标适用于指针式仪表，在数字式仪表中常常用分辨力来描述仪表灵敏度（或分辨率）的高低。

对于数字式仪表而言，分辨力是指该表的最末位数字间隔所代表的被测量的变化量。

如数字电压表末位间隔为 $10\mu V$，则其分辨力为 $10\mu V$。对于有多个量程的仪表，不同量

程的分辨力是不同的，将最低量程的分辨力称为该表的最高分辨力，对数字式仪表而言，也称为该表的灵敏度。例如，某表的最低量程是 $0\sim1.00000\text{V}$，显示六位数字，末位数字的等效电压为 $10\mu\text{V}$，则该表的灵敏度为 $10\mu\text{V}$。

数字式仪表的分辨力为灵敏度与它的量程的相对值。上述仪表的分辨力为 $10\mu\text{V}/1\text{V}=10^{-5}$，即十万分之一。

（6）死区、滞环和回差

在实际应用中，构成仪表的元器件大都具有磁滞、间隙等特性，使得检测仪表出现死区、滞环和回差的现象。

① 死区。仪表输入在小到一定范围内不足以引起输出的任何变化，这一范围称为死区，在这个范围内，仪表的灵敏度为零。

引起死区的原因主要有电路的偏置不当、机械传动中的摩擦和间隙等。死区也称不灵敏区，它会导致被测参数的有限变化不易被检测到，要求输入值大于某一限度才能引起输出变化，它使得仪表的上升曲线和下降曲线不重合，如图 2.6 所示。理想情况下，死区的宽度是灵敏限的 2 倍。死区一般以仪表量程的百分数来表示。

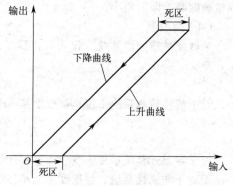

图 2.6 死区效应示意图

② 滞环。滞环又称为滞环误差。由于仪表内部的某些元件具有储能效应，如弹性元件的变形、磁滞效应等，仪表校验所得的实际上升（上行程）曲线和实际下降（下行程）曲线不重合，使仪表的特性曲线成环状，这一现象就称为滞环。

在有滞环现象出现时，仪表的同一输入值对应多个输出值，出现误差。这里所讲的上升曲线或下降曲线是指仪表的输入量从量程的下限开始逐渐升高或从上限开始逐渐降低而得到的输入-输出特性曲线。

滞环误差为对应于同一输入值下上升曲线和下降曲线之间的最大差值，一般用仪表量程的百分数表示。

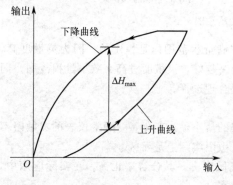

图 2.7 死区和滞环综合效应示意图

③ 回差。回差又称变差或来回差，是指在相同条件下，使用同一仪表对某一参数在整个测量范围内进行正、反（上、下）行程测量时，所得到的在同一被测值下正行程和反行程的最大绝对差值，如图 2.7 所示。回差一般用上行程与下行程在同一被测量下的最大差值与量程之比的百分数表示，即

$$\delta_H = \frac{\Delta H_{max}}{B} \times 100\% \tag{2-16}$$

式中，ΔH_{max} 为正反行程之间的最大差值；B 为检测系统（仪表）的满量程输出值。

回差是滞环和死区效应的综合效应。造成仪表回差的原因很多，如传动机构的间隙、运动部件的摩擦、弹性元件的弹性滞后等。在仪表设计时，应在选材上、加工精度上给予较多考虑，尽量减小回差。一个仪表的回差越小，其输出的重复性和稳定性越好。一般情况下，仪表的回差不能超出仪表的允许误差。

（7）精确度和精确度等级

精确度指的是检测仪器的测量精度，是反映检测系统测量结果与真实值之间接近程度的一个综合性技术指标。精确度是一个常用术语，它包含了系统误差、随机误差、回差、死区等影响。虽然把所有这些误差都组合在精确度这一标题下使用起来很方便，但它是一个定性的术语，其本身不赋数值。为了区分不同计量仪器的精确度差别，规定了精确度等级。按照《工业过程测量和控制用检测仪表和显示仪表精确度等级》（GB/T 13283—2008）的规定，由引用误差或相对误差表示与精确度有关因素的仪表，其精确度等级应自下列数系中选取：0.01，0.02，（0.03），0.05，0.1，0.2，（0.25），（0.3），（0.4），0.5，1.0，1.5，（2.0），2.5，4.0，5.0。

括号内的精确度等级不推荐采用。不宜用引用误差或相对误差表示与精确度有关因素的仪表（如热电偶、铂热电阻等），一般可用英文字母或罗马数字等约定的符号或数字表示精确度等级，如 A、B、C、…，Ⅰ、Ⅱ、Ⅲ、…或 1、2、3、…。按英文字母或罗马数字的先后次序表示精确度等级的高低。

所谓 1.0 级仪表，表示该仪表允许的最大相对百分误差为 ±1%，其余类推。

仪表的精确度等级一般根据最大引用误差来确定。相对误差可以用来表示某次测量结果的精确性，但仪表是用来测量某一测量范围内的被测量，而不是只测量某一固定大小的被测量的。而且，同一仪表的绝对误差，在整个测量范围内可能变化不大，但测量值变化可能很大，这样相对误差变化也很大。因此，用相对误差来衡量仪表的精确度是不方便的。为方便起见，通常用引用误差来衡量仪表的精确度。

检测仪表的最大引用误差不能超过它给出的精确度等级的百分数，即：

$$\gamma_{max} \leq \alpha\% \tag{2-17}$$

式中，α 为仪表的精确度等级。

如果已知仪表的满量程输出是 B，精确度等级为 α，则可求出该检测仪表的最大测量误差：

$$|\Delta|_{max} \leq B(\alpha\%) \tag{2-18}$$

仪表精确度等级是衡量仪表质量优劣的重要指标之一。精确度等级的数字越小，仪表的精确度等级就越高，也说明该仪表的精确度越高。

下面几个例题进一步说明了如何确定仪表的精确度等级。

【例 2-1】有两台测温仪表，测温范围分别为 0～100℃ 和 100～300℃，校验时得它们的最大绝对误差均为 ±2℃，试确定这两台仪表的精确度等级。

答：

$$\delta_{max1} = \frac{\pm 2}{100 - 0} = \pm 2\%$$

$$\delta_{max2} = \frac{\pm 2}{300 - 100} = \pm 1\%$$

去掉正负号和百分号，分别为 2 和 1。因为精确度等级中没有 2.0 级，而该表的误差又超过了 1.0 级仪表所允许的最大误差，取对应等级数上接近值 2.5 级，所以这台仪表的精确度等级是 2.5 级，另一台为 1.0 级。

从此例中还可以看出，最大绝对误差相同时，量程大的仪表精确度高。

【例 2-2】某台测温仪表的工作范围为 0～500℃，工艺要求测温时的最大绝对误差不允许超过 ±4℃，试问如何选择仪表的精确度等级才能满足要求？

答：根据工艺要求

$$\delta_允 = \frac{\pm 4}{500 - 0} = \pm 0.8\%$$

0.8介于0.5与1.0之间，若选用1.0级仪表，则最大误差为±5℃，超过工艺允许值。为满足工艺要求，应取0.8对应高等级数上接近值0.5级。故应选择0.5级仪表才能满足要求。

由以上的例子可以看出，根据仪表的校验数据来确定仪表的精确度等级和根据工艺来选择仪表精确度等级，要求是不同的。

① 根据仪表的校验数据来确定仪表的精确度等级时，仪表允许的最大引用误差要大于或等于仪表校验时所得到的最大引用误差。

② 根据工艺要求来选择仪表的精确度等级时，仪表允许的最大引用误差要小于或等于工艺上所允许的最大引用误差。

（8）反应时间

当用仪表对被测量进行测量时，被测量突然变化后，仪表指示值总是要经过一段时间以后才能准确地显示出来。反应时间就是用来衡量仪表能不能尽快反映出被测量变化的指标。反应时间长，说明仪表需要较长时间才能给出准确的指示值，那就不宜用来测量变化频繁的被测量。在这种情况下，当仪表尚未准确地显示出被测量时，被测量本身已经变化了，使仪表始终不能指示出被测量瞬时值的真实情况。因此，仪表反应时间的长短，实际上反映了仪表动态性能的好坏。

仪表的反应时间有不同的表示方法。当输入信号突然变化一个数值后，输出信号将由原始值逐渐变化到新的稳态值。仪表的输出信号（指示值）由开始变化到新稳态值的63.2%所用的时间，可用来表示反应时间。也有用变化到新稳态值的95%所用的时间来表示反应时间的。

（9）重复性和再现性

① 重复性。重复性指在相同测量条件下，检测系统（仪表）在输入量按同一方向（正行程或反行程）做全量程连续多次变动时所得特性曲线的不一致程度，它不包括滞环和死区。重复性好，则检测系统（仪表）的精确度高。重复性误差可以用同一方向多次重复测量得到的曲线之间的最大误差与满量程输出值的百分比来表示，即

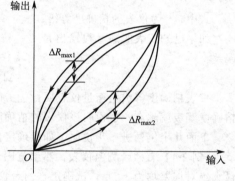

图 2.8　重复性示意图

$$\delta_R = \frac{\Delta R_{max}}{B} \times 100\% \qquad (2-19)$$

式中，ΔR_{max} 为同一方向重复测量时输出的最大误差，如图2.8所示；B 为检测系统（仪表）的满量程输出值。

所谓相同的测量条件应包括相同的测量程序、相同的观测者、相同的测量设备、相同的地点，以及在短时间内重复。

② 再现性。再现性指在相同的测量条件下，在规定的相对较长的时间内，对同一被测量从两个方向上重复测量时，仪表实际上升和下降曲线之间离散程度的表示。常用两种曲线之间的离散程度的最大值与量程之比的百分数表示。它包括了滞环和死区，也包括了重复性。

在评价仪表的性能时，常常对其重复性和再现性具有一定的要求。重复性和再现性的数值越小，仪表的质量越好。

那么重复性和再现性与仪表的精确度有什么关系呢？我们用打靶的例子来进行说明。A、B和C三人的打靶结果分别如图2.9（a）、（b）和（c）所示，可以看出，A的重复性不

好，精确度也不高；B的重复性好，但精确度不高；C的重复性好，精确度也高。从这个例子可以看出：重复性好，精确度不一定高。

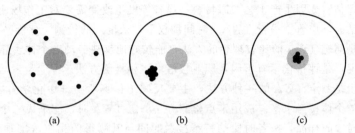

图 2.9　重复性和精度关系示意图

（a）　　　　　　　（b）　　　　　　　（c）

因此，重复性和再现性优良的仪表并不一定精确度高，但高精确度的优质仪表一定有很好的重复性和再现性。重复性和再现性的优良只是保证仪表准确度的必要条件。

（10）漂移

漂移是指在一定时间间隔内，仪表的输出存在着与被测输入量无关的、不需要的变化。漂移又包括时间漂移和温度漂移，简称时漂和温漂。时漂包括零点时漂和灵敏度时漂，温漂包括零点温漂和灵敏度温漂。时漂是指在规定的条件下，零点或灵敏度随时间有缓慢的变化。温漂是指由周围温度变化所引起的零点或灵敏度的变化。其中，零点时漂实际上就是长期稳定性。

漂移可通过实验方法测得，以测试某仪表零点温漂为例，将仪表置于一定温度（如20℃）下，将输出调至零或某一特定点，使温度上升或下降一定的数（比如上调5℃），稳定后读取仪表输出值，前后两次输出值之差即零点温漂。

2.3　工作场所有害因素职业接触限值

职业接触限值（occupational exposure limits，OELs）是指劳动者在职业活动过程中长期反复接触某种或多种职业性有害因素，不会引起绝大多数接触者不良健康效应的容许接触水平。

工作场所有害因素职业接触限值是用人单位监测工作场所环境污染情况、评价工作场所卫生状况和劳动条件以及劳动者接触化学、物理因素的程度的重要技术依据，也可用于评估生产装置泄漏情况，评价防护措施效果等。工作场所有害因素职业接触限值也是职业卫生监督管理部门实施职业卫生监督检查、职业卫生技术服务机构开展职业病危害评价的重要技术法规依据。

化学有害因素的职业接触限值分为时间加权平均容许浓度、短时间接触容许浓度和最高容许浓度三类。工作场所物理因素职业接触限值包括超高频辐射职业接触限值、高频电磁场职业接触限值、工频电场职业接触限值、激光辐射职业接触限值、微波辐射职业接触限值、紫外辐射职业接触限值、高温职业接触限值、噪声职业接触限值、手传振动职业接触限值、体力劳动时的心率等。

（1）时间加权平均容许浓度（PC-TWA）

时间加权平均容许浓度（permissible concentration-time weighted average，PC-TWA）

指以时间为权数规定的 8h 工作日、40h 工作周的平均容许接触浓度。PC-TWA 是评价劳动者接触水平和工作场所环境卫生状况的主要指标。职业病危害控制效果评价，如定期危害评价、系统接触评估，或因生产工艺、原材料、设备等发生改变需要对工作场所职业病危害程度重新进行评估时，应着重进行 TWA（时间加权平均浓度）的检测、评价。

个体检测是测定 TWA 的比较理想的方法，能较好地反映劳动者个体实际接触水平和工作场所卫生状况，是评价化学有害因素职业接触的主要检测方法。

定点检测也是测定 TWA 的一种方法，主要反映工作场所空气中化学有害因素的浓度，也反映劳动者的个体接触水平。应用定点检测方法测定 TWA 时，应采集一个工作日内某一工作地点、各时段的样品，按各时段的持续接触时间与其测得的相应浓度乘积之和除以 8，得出一个工作日（8h）的接触化学有害因素的时间加权平均浓度（C_{TWA}）。可采用下式计算。

$$C_{TWA} = \frac{C_1 T_1 + C_2 T_2 + \cdots + C_n T_n}{8} \tag{2-20}$$

式中，C_{TWA} 为 8h 时间加权平均浓度，mg/m^3；8 为一个工作日的标准工作时间，h，工作时间 >1h 但 <8h 者，原则上仍以 8h 计；C_1，C_2，$\cdots$，C_n 为 T_1，T_2，$\cdots$，T_n 时间段内测得的空气中化学有害因素的浓度；T_1，T_2，$\cdots$，T_n 为 C_1，C_2，$\cdots$，C_n 浓度下劳动者相应接触的时间。

【例 2-3】乙酸乙酯的 PC-TWA 为 $200mg/m^3$，劳动者接触状况为：$400mg/m^3$，接触 3h；$160mg/m^3$，接触 2h；$120mg/m^3$，接触 3h。

答：代入上述公式得

$$C_{TWA} = (400mg/m^3 \times 3h + 160mg/m^3 \times 2h + 120mg/m^3 \times 3h) \div 8 = 235mg/m^3$$

$235mg/m^3 > 200mg/m^3$，超过该物质的 PC-TWA。

【例 2-4】同样是乙酸乙酯，若劳动者接触状况为：$300mg/m^3$，接触 2h；$200mg/m^3$，接触 2h；$180mg/m^3$，接触 2h；不接触，2h。

答：代入上述公式得

$$C_{TWA} = (300mg/m^3 \times 2h + 200mg/m^3 \times 2h + 180mg/m^3 \times 2h) \div 8 = 170mg/m^3$$

$170mg/m^3 < 200mg/m^3$，未超过该物质的 PC-TWA。

（2）短时间接触容许浓度（PC-STEL）

劳动者在不同时间段接触化学有害因素的 TWA 水平在 PC-TWA 值上下波动，这种波动因物质的不同容许波动的范围而有所不同。为限制劳动者在一个工作日内短时间过高浓度的接触，保护劳动者即使短时间接触这些因素也不会发生急性毒性作用，对化学有害因素制定了相应的 PC-STEL。

短时间接触容许浓度（permissible concentration-short term exposure limit，PC-STEL）是指在实际测得的 8h 工作日、40h 工作周平均接触浓度遵守 PC-TWA 的前提下，容许劳动者短时间（15min）接触的浓度。

PC-STEL 主要用于以慢性毒性作用为主但同时具有急性毒性作用的化学物质，是与 PC-TWA 相配套的短时间接触限值，可视为对 PC-TWA 的补充。在对制定有 PC-STEL 的化学有害因素进行评价时，应同时使用 PC-TWA 和 PC-STEL 两种类型的限值。即使一个工作日内的 C_{TWA} 符合卫生要求，C_{STE} 也不应超过其对应的 PC-STEL 值，且当浓度在 PC-TWA 值至 PC-STEL 之间时，接触不应超过 15min，每个工作日接触次数不应超过 4 次，相继接触的间隔时间不应短于 60min。

如果实际测得的当日 C_{TWA} 已经超过 PC-TWA，则没必要使用 PC-STEL 防止这些效应。

（3）最高容许浓度（MAC）

最高容许浓度（maximum allowable concentration，MAC）是指在一个工作日内、任何时间、工作地点的化学有害因素均不应超过的浓度。

MAC是针对那些具有明显刺激、窒息或中枢神经系统抑制作用，可导致严重急性健康损害的化学物质而制定的在任何情况下都不容许超过的最高容许接触限值。一般情况下，设有MAC的化学物质均无PC-TWA或PC-STEL。

在对规定有MAC的化学物质进行监测和评价时，应在了解生产工艺过程的基础上，根据不同工种和工作地点采集能够代表最高瞬间浓度的空气样品进行检测。

（4）工作场所化学有害因素职业接触控制要求

劳动者接触制定有MAC的化学有害因素时，一个工作日内、任何时间、任何工作地点的最高接触浓度不得超过其相应的MAC值。

劳动者接触同时规定有PC-TWA和PC-STEL的化学有害因素时，实际测得的当日时间加权平均浓度不得超过该因素对应的PC-TWA值，同时一个工作日期间任何短时间接触浓度不得超过其对应的PC-STEL值。

劳动者接触仅制定有PC-TWA但尚未制定PC-STEL的化学有害因素时，实际测得的当日C_{TWA}不得超过其对应的PC-TWA值；同时，劳动者接触水平瞬时超出PC-TWA值3倍的接触每次不得超过15min，一个工作日期间不得超过4次，相继间隔不短于1h，且在任何情况下都不能超过PC-TWA值的5倍。

对于尚未制定OELs的化学有害因素的控制，原则上应使绝大多数劳动者即使反复接触该因素也不会损害其健康。用人单位可依据现有信息、参考国内外权威机构制定的OELs，制定供本用人单位使用的卫生标准，并采取有效措施控制劳动者的接触。

本章小结

本章解释了与测量误差相关的几个术语，真值、标称值、示值、测量误差、误差公理等，介绍了基本误差、绝对误差和相对误差的主要表现形式，简述了测量误差的不同分类标准。

本章解释了用于评价测控仪表性能优劣的几种常用指标的含义，有测量范围和量程、零点迁移和量程迁移、线性度（非线性误差）、灵敏度、分辨率和分辨力、死区、滞环、回差、精确度和精确度等级、反应时间、重复性和再现性、漂移等。

本章结合现行国家职业卫生标准，阐述职业接触限值的相关概念以及计算方式，同时说明了工作场所化学有害因素职业接触控制要求。

<<<< 习题与思考题 >>>>

1. 什么是仪表的测量范围、上下限和量程？它们之间的关系如何？

2. 何谓仪表的零点迁移和量程迁移？其目的是什么？

3. 什么是仪表的灵敏度和分辨率？两者之间关系如何？

4. 某采购员分别在三家商店购买50kg大米、5kg苹果、1kg巧克力，发现均缺少0.5kg，但该采购员对卖巧克力的商店意见最大，是何原因？

5. 有A、B两个电压表，测量范围分别为0～600V和0～150V，精确度等级分别为0.5级和1.0级。若待测电压约为100V，从测量准确度来看，选用哪一台电压表更好？

6. 设有一台精确度为 0.5 级的测温仪表，测量范围为 0～1000℃。在正常情况下进行校验，测得的最大绝对误差为＋6℃，问该仪表是否合格？

7. 校验一台测量范围为 0～250mmH$_2$O❶的差压变送器，差压由 0 上升至 100mmH$_2$O 时，差压变送器的读数为 98mmH$_2$O。当从 250mmH$_2$O 下降至 100mmH$_2$O 时，读数为 103mmH$_2$O。问此仪表在该点的回差是多少？

8. 检测某水泥厂装袋岗位空气中呼吸性粉尘浓度，共采样 5 次，每次采 15min，每次采样浓度见表 2.1，判断该作业点粉尘是否超标（水泥呼吸性粉尘职业接触限值 1.5mg/m^3）？

表 2.1　分时段采样浓度

浓度	采样时段	采样时间/min	空气浓度/(mg/m^3)
C_1	8:00～10:00	15	0.9
C_2	10:30～11:30	15	1.4
C_3	13:00～15:00	15	1.5
C_4	15:15～16:10	15	3.1
C_5	16:30～17:30	15	0.8

参考答案

❶　1mmH$_2$O＝9.80665Pa。

▶ 第 2 篇 ◀

工业过程参数检测

　　在工业生产过程安全检测中，为了对各种工业参数，如压力、温度、流量、物位等进行检测与监控，首先要把这些参数转换成便于传送的信息，这就要用到各种检测仪表，包括传感器，把检测仪表与其他装置组合在一起，组成一个检测系统或调节系统，完成对工业参数的检测与监控。

　　本篇包含 4 章，分别介绍压力和差压、温度、流量和物位等参数的检测原理、常用的检测仪表以及仪表的选用。

第3章

压力和差压检测

3.1 压力和差压的概念与分类

3.1.1 压力和差压的概念与单位

压力和差压是工业生产过程中安全检测的重要参数之一。在工业生产中，压力和差压的检测使用相当广泛，有许多需直接检测、控制的压力参数，如锅炉的汽包压力、炉膛压力、烟道压力，化工生产中的反应釜压力、加热炉压力等参数。此外，还有一些不易直接测量的参数，如液位、流量等往往也通过压力或差压的检测来间接获取。因而，压力和差压的检测在各类工业生产中，如石油、电力、化工、冶金、航天航空、环保、轻工等领域中占有很重要的地位。

工业上把垂直作用在单位面积上的力称压力，即物理学中的压强，见式(3-1)。而差压是指两个测量压力之间的差值，也就是压力差，本应叫作压差，但工程上习惯叫作差压。

$$p = \frac{F}{S} \tag{3-1}$$

式中，F 为作用力，N 或 kg·m/s^2；S 为作用面积，m^2。

由上式可知，压力与所承受力的面积成反比，与所受的作用力成正比。因此，在同一作用力的情况下，当作用面积大时压力小，而作用面积小时压力大；当作用面积一定时，压力随作用力的增大而增加，随作用力的减小而减少。

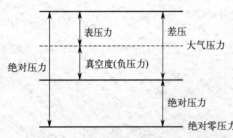

图 3.1 绝对压力、表压、负压力
(真空度)的关系

压力有以下几种不同的描述方法，它们之间的关系见图 3.1。

① 绝对压力。指作用于物体表面上的全部压力，其零点以绝对真空为基准，又称总压力或全压力。

② 大气压力。指地球表面上的空气柱重量所产生的压力。

③ 相对压力。指绝对压力与大气压力之差。当绝对压力大于大气压力时，称为正压力，简称压力，又称表压力；当绝对压力小于大气压力时，称为负压力，负压力又可用真空度表示，负压力的绝对值称为真空度。测压仪表指

示的压力一般都是表压力。

压力在国际单位制中的单位是牛顿每平方米（N/m^2）。通常称为帕斯卡或简称帕（Pa）。由于帕的单位很小，工业上一般采用千帕（kPa）或兆帕（MPa）作为压力的单位。

在工程上还有一些习惯使用的压力单位，如：我国在实行法定计量单位前使用的千克力每平方厘米（kgf/cm^2），它是指每平方厘米的面积上垂直作用 1 千克力的压力；标准大气压（atm）是指 0℃时汞密度为 13.5462g/cm^3，在标准重力加速度 9.80665m/s^2 下高 760mm 汞柱对底面的压力；毫米水柱（mmH_2O）是指标准状态下高 1mm 的水柱对底面的压力；毫米汞柱（mmHg）指标准状态下高 1mm 的汞柱对底面的压力；等等。一些西方国家还有使用巴（bar）或毫巴（mbar）和磅力每平方英寸（bf/in^2）等旧时压力单位的，这些压力单位的相互换算见表 3.1。

表 3.1 压力单位的相互换算

压力单位	帕/Pa	千克力每平方厘米/(kgf/cm²)	标准大气压/atm	毫米水柱/mmH₂O	毫米汞柱/mmHg	毫巴/mbar	磅力每平方英寸/(lbf/in²)
帕/Pa	1	1.020×10^{-3}	9.869×10^{-6}	0.102	7.500×10^{-3}	1.000×10^{-2}	1.450×10^{-4}
千克力每平方厘米/(kgf/cm²)	9.807×10^4	1	0.968	1.000×10^4	7.360×10^2	9.810×10^2	14.223
标准大气压/atm	1.013×10^5	1.033	1	1.033×10^4	7.600×10^2	1.013×10^3	14.696
毫米水柱/mmH₂O	9.807	1.000×10^{-4}	0.968×10^{-4}	1	7.356×10^{-2}	9.807×10^{-2}	1.422×10^{-3}
毫米汞柱/mmHg	1.333×10^2	1.360×10^{-3}	1.316×10^{-3}	13.595	1	1.333	1.934×10^{-2}
毫巴/mbar	1.000×10^2	1.020×10^{-3}	9.869×10^{-4}	10.200	7.501×10^{-1}	1	1.450×10^{-2}
磅力每平方英寸/(lbf/in²)	6.895×10^3	7.031×10^{-2}	6.805×10^{-2}	7.031×10^2	51.715	68.948	1

注：1. mmH_2O 单位为温度为 4℃时的值，重力加速度规定为 9.80665m/s^2。

2. mmHg 单位为温度为 0℃时的值，重力加速度规定为 9.80665m/s^2。

3. lbf/in^2 可缩写为 psi。

4. 表中除单位 Pa 之外均为非法定单位。

3.1.2 压力仪表的分类

由于在各个领域中都广泛地应用着不同的压力检测仪表，所以致使压力表的种类繁多，对压力表的分类也常采用不同的方法。

（1）按敏感元件和转换原理的特性不同分类

① 液柱式压力计。根据液体静力学原理，把被测压力转换为液柱的高度来实现测量。如 U 形管压力计、单管压力计和斜管压力计等。

② 弹性式压力计。根据弹性元件受力变形的原理，把被测压力转换为位移来实现测量。如弹簧管压力计、膜片压力计和波纹管压力计等。

③ 负荷式压力计。基于静力平衡原理测量。如活塞式压力计、浮球式压力计等。

④ 电气式压力仪表。利用敏感元件将被测压力转换为各种电量。根据电量的大小间接进行检测。

电阻、电感、感应式压力计是把弹性元件的变形转换成相应的电阻、电感或者感应电势的变化，再通过对电阻、电感或电势的测量来测量压力。霍尔式压力计是弹性元件的变形经霍尔元件的变换，变成霍尔电势输出，再根据电势大小测量压力。应变式压力计应用应变片（丝）直接测量弹性元件的应变来测量压力。电容式压力计把弹性膜片作为测量电容的一个极，当压力变化时使极性电容发生变化，根据电容变化测量压力。振弦式压力计用测量弹性元件位移的方法通过测量一端固定在膜片（弹性元件）中心的钢弦频率，从而测量出压力。压电式压力计利用压电晶体的压电效应测量压力。

以上各类压力检测仪表的分类及性能特点见表3.2。

表3.2　压力仪表的分类

类别	压力仪表形式	测压范围/kPa	精确度等级	输出信号	性能特点
液柱式压力计	U形管压力计	$-10\sim10$	0.2,0.5	水柱高度	实验室低、微压测量
	补偿式压力计	$-2.5\sim2.5$	0.02,0.1	旋转刻度	用作微压基准仪器
	自动液柱式压力计	$-10^2\sim10^2$	0.005,0.01	自动计数	用光、电信号自动跟踪液面，用作压力基准仪器
弹性式压力计	弹簧管压力计	$-10^2\sim10^6$	$0.1\sim4.0$	位移,转角或力	就地测量或校验
	膜片压力计	$-10^2\sim10^2$	$1.5\sim2.5$		用于腐蚀性、高黏度介质测量
	膜盒压力计	$-10^2\sim10^2$	$1.0\sim2.5$		微压测量与控制
	波纹管压力计	$0\sim10^2$	1.5,2.5		生产过程低压测控
负荷式压力计	活塞压力计	$0\sim10^6$	$0.01\sim0.1$	砝码负荷	结构简单，坚实，精确度极高，用作压力基准器
	浮球压力计	$0\sim10^4$	0.02,0.05		
电气式压力计（压力传感器）	电阻式压力计	$-10^2\sim10^4$	1.0,1.5	电压,电流	结构简单，耐振动性差
	电感式压力计	$0\sim10^5$	$0.2\sim1.5$	毫伏,毫安	环境要求低,信号处理灵活
	电容式压力计	$0\sim10^4$	$0.05\sim0.5$	伏,毫安	响应速度极快,限于动态测量
	压阻式压力计	$0\sim10^5$	$0.02\sim0.2$	毫伏,毫安	性能稳定可靠,结构简单
	压电式压力计	$0\sim10^4$	$0.1\sim1.0$	伏	响应速度极快,限于动态测量
	应变式压力计	$-10^2\sim10^4$	$0.1\sim0.5$	毫伏	冲击,温湿度影响小,电路复杂
	振频式压力计	$0\sim10^4$	$0.05\sim0.5$	频率	性能稳定,精确度高
	霍尔式压力计	$0\sim10^4$	$0.5\sim1.5$	毫伏	灵敏度高,易受外界干扰

（2）按测量压力的种类分类

可分为压力表、真空表、绝对压力表和差压压力表。

（3）按仪表的精确度等级分类

① 一般压力计精确度等级有 1.0 级、1.5 级、2.5 级和 4.0 级。

② 精密压力计精确度等级有 0.4 级、0.25 级、0.16 级、0.1 级和 0.05 级压力表。

③ 活塞式压力计有 0.2 级（三等）、0.05 级（二等）、0.02 级（一等）。

除上述一些分类方法外，还有根据使用用途划分的，如标准压力计、实验室压力计、工业用压力计等。

3.2 液柱式压力计

液柱式压力测量是以流体静力学理论为基础的压力测量方法。根据流体静力学，一定高度的液柱对底面产生的静压力要与被测压力相平衡，这样液柱的高度实际上就反映了被测压力的大小。以此原理构造的液柱式压力计测压元件主要由装有一定介质液体的玻璃管组成，这种压力计结构简单、使用方便、测量精确度高，但测量结果只能就地读取，不能进行远传，而且测量的量程也受限于玻璃管的高度，因而应用受到一定的限制。现在，液柱式压力计主要是在实验室或工程实验上使用。

液柱式压力计按其结构形式不同，可分为 U 形管压力计、单管压力计和斜管压力计。

（1）U 形管压力计

U 形管压力计可以测量表压、真空以及差压，其测量上限可达 1500mm 液柱高度。U 形管压力计的示意图如图 3.2 所示，它由 U 形玻璃管、刻度盘和固定板三部分组成。根据液体静力平衡原理可知，在 U 形管的左端接入待测压力，作用在其液面上的力与右边一段高度为 h 的液柱对底面产生的力，和大气压力 p_0 作用在液面上的力所平衡，即

$$pA = (\rho gh + p_0)A \qquad (3\text{-}2)$$

如将式（3-2）左右部分的 A 消去，得

$$h = \frac{p - p_0}{\rho g} = \frac{p_{\text{表}}}{\rho g} \qquad (3\text{-}3)$$

或

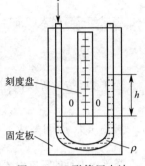

图 3.2　U 形管压力计

$$p_{\text{表}} = \rho gh \qquad (3\text{-}4)$$

式中，A 为 U 形管截面积；ρ 为 U 形管内所充入的工作液体密度；p、p_0 分别为绝对压力和大气压力；$p_{\text{表}}$ 为被测压力的表压力，$p_{\text{表}} = p - p_0$；h 为左右两边液面高度差。

可见，使用 U 形管压力计测得的表压力值，与玻璃管截面积的大小无关，这个值等于 U 形管两边液面高度差与液柱密度、重力加速度的乘积。而且，液柱高度差 h 与被测压力的表压值成正比。

U 形管压力计的零位刻度在刻度板中间，液柱高度需两次读数。在使用之前，可以不调零，但在使用时应垂直安装。测量准确度受读数精确度和工作液体毛细管作用的影响，绝对误差可达 2mm。玻璃管内径为 5～8mm，截面积要保持一致。

（2）单管压力计

U 形管压力计在读数时，需读取两边液位高度。为了能够直接从一边读出压力值，人们将 U 形管压力计改成单管压力计，其结构如图 3.3 所示。即把 U 形管压力计的一个管改换成杯形容器，就成为单管压力计。

由于左边杯的内径 D 远大于右边管子的内径 d，当杯内通入待测压力 p 时，杯内液面由 0—0 截面下降到 2—2 截面处，其高度为 h_2，玻璃管内液柱由 0—0 截面上升到 1—1 截面处，其高度为 h_1，而杯内减少的工作液体的体积等于玻璃管内增

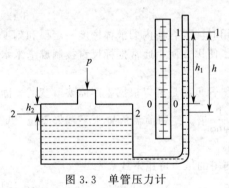

图 3.3　单管压力计

加的工作液体的体积，即

$$\frac{\pi D^2}{4} h_2 = \frac{\pi d^2}{4} h_1 \qquad (3\text{-}5)$$

或

$$h_2 = \left(\frac{d}{D}\right)^2 h_1 \qquad (3\text{-}6)$$

因为

$$h = h_1 + h_2$$

故

第 **3** 章 ▽ 压力和差压检测 ▲

$$h = h_1 + \left(\frac{d}{D}\right)^2 h_1 \tag{3-7}$$

根据 U 形管压力计平衡式(3-2)，有

$$p = p_0 + \rho g h \tag{3-8}$$

将式(3-7)代入(3-8)，可得被测压力 $p_{\text{表}}$。

$$p_{\text{表}} = p - p_0 = \rho g \left[h_1 + \left(\frac{d}{D}\right)^2 h_1 \right] \tag{3-9}$$

由于 $D \gg d$，所以 $\left(\frac{d}{D}\right)^2$ 项可以忽略

$$h \approx h_1 \tag{3-10}$$

被测压力 $p_{\text{表}}$ 可写成

$$p_{\text{表}} = \rho g h_1 \tag{3-11}$$

单管压力计的零位刻度在刻度标尺的下端，也可以在上端。液柱高度只需一次读数。使用前需调好零位，使用时要检查是否垂直安装。单管压力计的玻璃管直径，一般选用 3～5mm。

（3）斜管压力计

在测量微小压力或差压时，由于被测压力很小，单管压力计中的液柱高度也很小。为减小读数中的相对误差，一方面可以使用重度小的液体介质，另一方面可以把测量管倾斜一个角度安放，这样在同样 p 的作用下，虽然液面高度 h 的变化相同，但液柱的长度 l 被拉长，如图 3.4 所示。由于 h_1 读数标尺连同单管一起被倾斜放置，使刻度标尺的分度间距离得以放大，液面上升 h_1 与液柱长度 l 的关系应为

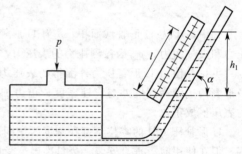

图 3.4　斜管压力计

$$h_1 = l \sin\alpha \tag{3-12}$$

斜管压力计有倾斜角固定的和变动的两种。使用时注入容器内的液体密度一定要和刻度标尺时所用的液体密度一致，否则要加以校正。为了使用方便，通常把标尺直接制成毫米水柱的刻度。

斜管压力计的零位刻度在刻度标尺的下端。倾斜管角度是可以根据生产需要改变的，固定的斜管压力计的液面变化范围比单管压力计放大 $\frac{1}{\sin\alpha}$ 倍。使用前需放置水平调好零位。更换工作液体时，其密度与原刻度标尺时的密度要一致。

如忽视容器中液面的降低，根据式(3-11)，则测得的压力可用下式表示。

$$p_{\text{表}} = \rho g l \sin\alpha \tag{3-13}$$

式中，l 为液体自标尺零位向上移动的距离；α 为玻璃管的倾斜角。

可见，斜管压力计所测量的压力等于倾斜管中液面移动的距离，与该液体密度、玻璃管倾斜角 α 的正弦和重力加速度之乘积。

3.3　弹性式压力计

物体在外力作用下如果改变了原有的尺寸或形状，当外力撤除后它又能恢复原有的尺寸

或形状，具有这类特性的元件称为弹性元件。弹性式压力计利用各种形式的弹性元件在被测介质的压力作用下产生弹性变形的程度来衡量被测压力的大小。这种仪表具有结构简单、价格低廉、使用方便、测量范围宽、易于维修的优点，在工程中得到广泛的应用。若增加附加装置，如记录机构、电气变换装置及控制元件等，则可实现压力的记录、远传、信号报警和自动控制等。

（1）弹性元件

不同材料、不同形状的弹性元件适配于不同场合、不同范围的压力测量。常用的弹性元件有弹簧管（单圈和多圈）、波纹管、膜盒和膜片等，图3.5为一些弹性元件的示意图。

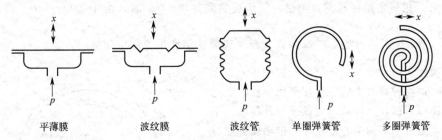

| 平薄膜 | 波纹膜 | 波纹管 | 单圈弹簧管 | 多圈弹簧管 |

图 3.5　弹性元件示意图

弹性元件的测压原理是当弹性元件在轴向受到外力 F 作用时，就会产生拉伸或压缩位移 x。由于弹性元件通常是工作在弹性特性的线性范围内，即符合胡克定律 $x = \dfrac{F}{C}$，外力 F 与被测压力 p 满足 $F = Ap$，其中，C 为弹性系数，A 为受力面积，所以可以近似地认为 A/C 为常数，可见弹性元件的位移 x 与被测压力 p 呈线性关系，可以通过测量弹性元件的位移来测量压力。

另外，要保证测量精确度，弹性元件的弹性后效、弹性滞后和弹性模数的温度系数要小。所谓弹性后效，即在弹性极限内，当作用在弹性元件上的压力去掉时，它也不能立即恢复原状，还有一个数值不大的 x，需要经过一段时间后，才能恢复原状。弹性滞后是引起测量仪表变差的原因。材料的弹性模数受温度影响，引起弹性元件的弹性力随温度变化而产生漂移，温漂也会影响仪表测量精确度。

（2）弹簧管压力计

弹簧管压力计的应用历史悠久，其敏感元件是弹簧管，有单圈弹簧管和多圈弹簧管两种。弹簧管的横截面呈非圆形（椭圆形或扁形），由弯成圆弧形的空心管子（中心角 θ 通常为 270°）组成，其中一端封闭为自由端，另一端开口为输入被测压力的固定端，如图3.6所示。

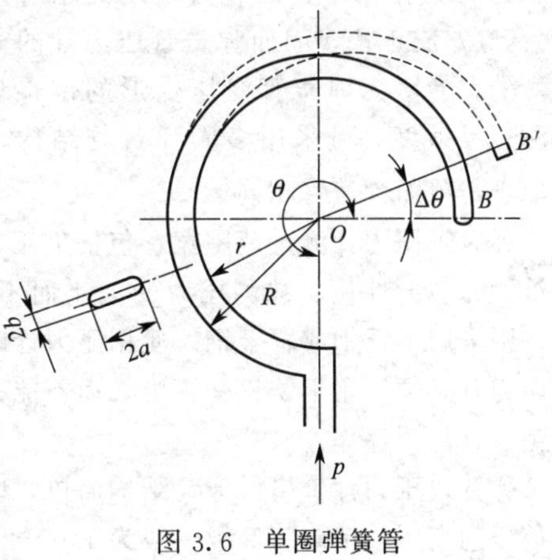

图 3.6　单圈弹簧管

当开口端通入被测压力 p 后，非圆形横截面在压力作用下将趋向圆形，并使弹簧管有伸直的趋势而产生力矩，其结果使弹簧管的自由端产生位移，同时改变中心角。中心角的相对变化量与被测压力有如下的函数关系。

$$\frac{\Delta\theta}{\theta} = \frac{pR^2\alpha(1-\mu^2)\left(1-\frac{b^2}{a^2}\right)}{Ebh(\beta+k^2)} \tag{3-14}$$

式中，μ、E 为弹簧管材料的泊松系数和弹性模数；h 为弹簧管的壁厚；a、b 为扁形或椭圆形弹簧管截面的长半轴、短半轴；k 为弹簧管的几何参数，$k = Rh/a^2$；α、β 为与 a/b 比值有关的系数。

由上式可知，要使弹簧管在被测压力 p 作用下使其自由端的相对角位移 $\Delta\theta/\theta$ 与 p 成正比，必须保持由弹簧材料和结构尺寸决定的其余参数不变，而且扁圆管截面的长、短轴差距越大，相对角位移越大，测量的灵敏度越高。当 $b = a$ 时，由于 $1-\dfrac{b^2}{a^2}=0$，相对角位移量 $\dfrac{\Delta\theta}{\theta}=0$，说明具有均匀壁厚的完全圆形弹簧管不能作为测压元件。

弹簧管压力计如图 3.7 所示。被测压力由下部通入，迫使弹簧管 1 的自由端产生位移。通过拉杆 2 使扇形齿轮 3 传动机构做逆时针偏转，于是指针 5 通过同轴的中心齿轮 4 的带动而做顺时针偏转，在面板 6 的刻度标尺上显示出被测压力的数值。此外，仪表中游丝 7 的作用用来克服扇形齿轮 3 和中心小齿轮传动间隙所产生的不良影响，调整螺钉 8 用来调整弹簧管 1 位移与扇形齿轮 3 之间的机械传动放大系数进而调整压力计量程，压力计的零位可以通过指针与针轴的不同安装位置来加以调整。根据式（3-14）知，在被测压力 p 的作用下弹簧管自由端的相对角位移 $\Delta\theta/\theta$ 与 p 成正比，因而弹簧管压力计的刻度是线性的。为增大弹簧管受压变形的位移量，提高测压灵敏度，可采用多圈弹簧管结构，其基本原理与单圈弹簧管相同。

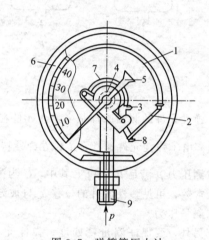

图 3.7　弹簧管压力计

1—弹簧管；2—拉杆；3—扇形齿轮；4—中心齿轮；
5—指针；6—面板；7—游丝；8—调整螺钉；9—接头

弹簧管压力计测量范围宽，包括负压、微压、低压、中压和高压的测量。弹簧管的材料因被测介质的性质、被测压力的大小而不同。一般在 $p < 20\mathrm{MPa}$ 时采用磷铜，$p > 20\mathrm{MPa}$ 时，则采用不锈钢或合金钢。使用压力计时，必须注意被测介质的化学性质。例如：测量氨气压力时必须采用不锈钢弹簧管，而不能采用铜质材料；测量氧气压力时，严禁沾有油脂，以免着火甚至爆炸。

弹性式压力计价格低廉，结构简单，坚实牢固，因此得到广泛应用。其测量范围从微压或负压到高压，精确度等级一般为 1.0～2.5 级，精密型压力计可达 0.1 级。它可直接安装在各种设备上或用于露天作业场合，制成特殊形式的压力计还能在恶劣的环境（如高温、低温、振动、冲击、腐蚀、黏稠、易堵和易爆）条件下工作。但因其频率响应低，所以不宜用于测量动态压力。

（3）波纹管压力计

波纹管是一种形状类似于手风琴风箱，表面有许多同心环状波形皱纹的薄壁圆管。在外部压力作用下，波纹管将产生伸长或缩短的形变。由于金属波纹管的轴向容易变形，所以测压的灵敏度很高，常用于低压或负压的测量。用波纹管组成压力计时，波纹管本身可以既作为弹性测压元件，又作为与被测介质隔离的隔离元件。为改变量程，在波纹管内部还可以采用一些辅助弹簧，构成组合式测压装置。

波纹管压力计如图 3.8 所示。被测压力 p 引入压力室施压于波纹管底部，波纹管受力产生轴向变形，变形产生的位移经传动机构传动和放大，带动指针旋转，指示被测压力的数值。在波纹管变形量允许的情况下，波纹管不因外施压力过大而产生波纹接触，也不因拉力过大使其波纹变形。

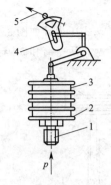

图 3.8　波纹管压力计
1—压力接头；2—底板；3—波纹管；
4—传动机构；5—指针

（4）膜盒压力计

用两片或两片以上的金属波纹膜组合起来，可做成空心膜盒或膜盒组，其在外力作用下的变形非常敏感，位移量也较大。因此，用空心膜盒测压元件组成的压力计常用来测量 $1000\text{mmH}_2\text{O}$ 以下无腐蚀性气体的微压，如炉膛压力、烟道压力等。膜盒压力计的结构原理如图 3.9 所示。被测压力 p 引入膜盒内后，膜盒产生弹性变形位移，带动连杆机构、曲柄、拉杆等动作，最后带动指针转动，在面板标尺上指示出被测压力的数值。

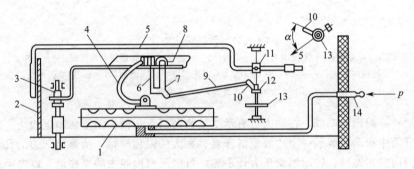

图 3.9　膜盒压力计
1—膜盒；2—面板；3—调节螺母；4—弧形连杆；5—指针；6—簧片；7—曲柄；8—调整螺钉；
9—拉杆；10—拐臂；11—固定指针套；12—固定轴；13—游丝；14—压力接头

3.4　负荷式压力计

（1）活塞式压力计

活塞式压力计也称为压力天平，主要在计量室、实验室以及生产或科学实验环节作为压力基准器使用，也有将活塞式压力计直接应用于高可靠性监测的环节，对其他压力仪表进行校验。活塞式压力计是基于帕斯卡定律及流体静力学平衡原理产生的一种高准确度、高复现性和高可信度的标准压力计量仪器。活塞式压力计是通过将专用砝码加载在已知有效面积的活塞上所产生的压强来表达精确压力量值的，由于活塞式压力计较其他压力量计来说，测量结果真实可信、性能更显稳定，因此，活塞式压力计在其领域内有着相当广泛的应用。国际上常将活塞式压力计作为国家基准和工作基准或压力计量标准器。

0.05 级的活塞式压力计是用来检定 0.25 级和 0.4 级精密压力计的基准仪器。此种仪器是按国家标准进行生产的，其测量范围有 0.04~0.6MPa，0.1~6MPa，0.5~25MPa，1~60MPa，5~250MPa。另外，−0.1~0.25MPa 的活塞式压力真空计是按企业标准进行生产的。

活塞式压力计如图 3.10 所示。由图 3.10(a) 的原理图可知，仪表的测量变换部分包括：测量活塞、活塞筒和砝码。

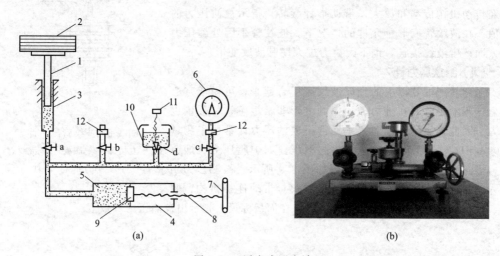

图 3.10 活塞式压力计

a，b，c—切断阀；1—测量活塞；2—砝码；3—活塞筒；4—螺旋压力发生器；5—工作液；
6—被校压力表；7—手轮；8—丝杠；9—工作活塞；10—储油杯；11—进油阀手轮；
12—管接头；d—进油阀

测量活塞一般由钢制成，在它上边有承受重物的圆盘，而在测量活塞下边为了防止测量活塞从活塞筒中滑出，装了一个比测量活塞直径稍大的限程螺帽。活塞筒下边的孔道是与螺旋压力计的内腔相连的，转动螺旋压力计手轮，可以压缩内腔中的工作液，以产生所需的压力。与活塞系统相连的还有管接头，通过它可以把被校压力表接在系统中。工作时，把工作液（变压器油或蓖麻油等）注入系统中，再在测量活塞承重盘上部加上必要的砝码，旋转手轮使系统压力提高，当压力达到一定程度时，由于系统内压力的作用，使测量活塞浮起。

在活塞压力计工作中，应使测量活塞及重物旋转。旋转的目的是使测量活塞与活塞筒之间不会有机械接触，产生摩擦。这样也便于发现测量活塞工作中的一些不正常现象，如点接触、偏心、阻力过大等。测量活塞旋转以后，如果能很平稳地转动，并且保持足够的旋转持续时间，说明仪表在最佳状态下工作。

当系统处于平衡时，即系统内的压力作用在测量活塞上的力与重物及测量活塞本身的质量相平衡，系统内部的压力为

$$p = \frac{G}{S_0} \tag{3-15}$$

式中，G 为重物（砝码）加测量活塞及上部圆盘的总质量；S_0 为活塞的有效面积。

对于一定的活塞压力计，它的活塞有效面积是一个常数，这样为了得到不同的压力可以在承重盘上加适当的砝码。由于活塞有效面积及砝码等参数都可以准确知道，所以所得的压力值也可以准确知道，可用它来校准其他压力表。

（2）浮球式压力计

浮球式压力计是以压缩空气或氮气作为压力源，以精密浮球处于工作状态时的球体下部的压力作用面积为浮球有效面积的一种气动负荷式压力计。如图 3.11 所示，精密浮球置于筒形的喷嘴内部，专用砝码通过砝码架作用在球体的顶端，喷嘴内的气压作用在球体下部，使浮球在喷嘴内飘浮起来。当已知质量的专用砝码所产生的重力与气压的作用力相平衡时，

浮球式压力计便输出一个稳定而精确的压力值。

在浮球式压力计的砝码架上增、减砝码时，会改变测量系统的平衡状态，致使浮球下降或上升，排入大气的气体流量随即发生改变，浮球下部的压力则发生变化，流量调节器会及时准确地改变气体的流入量，使系统重新达到平衡状态，保持浮球的有效面积恒定，保持输出压力与砝码负荷之间的比例关系，确保了浮球式压力计的高准确度。

浮球式压力计原理图如图 3.11 所示，压缩空气或氮气通过流量调节器进入球体的下部，并通过球体和喷嘴之间的缝隙排入大气，在球体下部形成的压力将球体连同砝码向上托起。当排入大气的气体流量等于来自调节器的流量时，系统处于平衡状态。这时，球

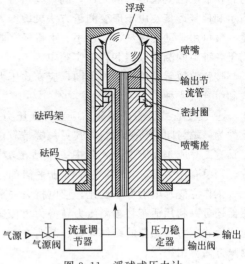

图 3.11　浮球式压力计

体将浮起一定高度，球体下部的压力作用面积（即浮球的有效面积）也就一定。由于球体下部的压力通过压力稳定器后作为输出压力，因此输出压力将与砝码负荷成比例。

在砝码架上增、减砝码时，将破坏上述的平衡状态，使浮球下降或上升。从而也改变了排入大气的气体流量，使浮球下部的压力发生变化。调节器测出压力变化后，立即改变气体的流入量，使系统重新达到平衡状态，以保持浮球的有效面积不变。因而，保持了输出压力与砝码负荷之间的固定比例关系，使浮球式压力计达到很高的精确度。

与传统的活塞式压力计相比，浮球式压力计具有下列特点。

① 浮球式压力计内置自动流量调节器，增、减砝码后无需再做任何操作，即可得到精确的输出压力。

② 工作时浮球不下降，可连续、稳定地输出精确的压力信号。

③ 浮球式压力计具有流量自行调节功能，其精确度与操作者的技术水平无关。

④ 仪器工作时气流使浮球悬浮于喷嘴内，球体与喷嘴之间处于非接触状态。其摩擦小、重复性好、分辨能力高，且免除了旋转砝码的必要，这是浮球式压力计所独具的特性。

⑤ 工作进程中，气流能不断地对浮球体进行自清洗，确保了仪器的高可靠性。

浮球式压力计的底盘安装在一个箱式底座上，底盘即为压力计的工作台面。其上设有水平仪和操控阀，其侧设有气源接口，用于压力计与压力源的连接。在工作台面的边上是安放砝码的砝码盘。另外，仪器有一个罩盖，在仪器不用时可用来防尘，将罩盖与底盘锁住后，仪器即可随身携带。

3.5　电气式压力（差压）仪表

（1）应变式压力传感器

应变式压力传感器由应变电阻片和测量线路两部分组成，其中应变电阻片感应被测量压力（包括扭矩、荷重、拉力），并在外力作用下产生弹性变形导致电阻值发生改变，它是将

力转换成电阻变化的检测元件，测量线路将变化的电阻转换为电信号，实现被测压力的最终指示和信号远传。由于应变测量方法灵敏度高，测量范围广，频率响应快，既可用于静态测量，又可用于动态测量，尺寸小、重量轻，能在各种恶劣环境下可靠工作，所以被广泛地应用于各种力的测量仪器和科学实验中。

按弹性敏感元件结构的不同，应变式压力传感器大致可分为应变管式、膜片式、应变梁式和组合式4种。

① 应变管式压力传感器。应变管式压力传感器又称应变筒式压力传感器，其弹性敏感元件为一端封闭的薄壁圆筒，其另一端带有法兰与被测系统连接，如图3.12所示。在筒壁上贴有2片或4片应变片，其中一半贴在实心部分作为温度补偿片，另一半作为测量应变片。当没有压力时，4片应变片组成平衡的全桥式电路。当压力作用于内腔时，应变管膨胀，工作应变片电阻发生变化，使电桥失去平衡，产生与压力变化相应的电压输出。这种传感器还可以利用活塞将被测压力转换为力传递到应变筒上或通过垂链式膜片传递被测压力。应变管式压力传感器的结构简单、制造方便、适用性强，在火箭弹、炮弹和火炮的动态压力测量方面应用广泛。

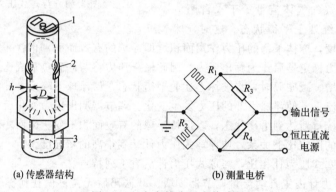

(a) 传感器结构　　　　　(b) 测量电桥

图 3.12　应变管式压力传感器

1—补偿应变片；2—测量应变片；3—应变管

② 膜片式压力传感器。膜片式压力传感器的弹性敏感元件是周边固定的圆形金属平膜片。图3.13是一种最简单的平膜式压力传感器。由膜片直接感受被测压力而产生变形，应变片贴在膜片的内表面，在膜片产生应变时，使应变片有一定的电阻变化输出。

对于边缘固定的圆形膜片，在受到均匀分布的压力 p 后，膜片中一方面产生径向应力，同时还有切向应力，由此引起的径向应变 ε_r 和切向应变 ε_τ 分别为

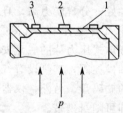

图 3.13　平膜式压力传感器

1—平膜片；2—测量应变片；
3—补偿应变片

$$\varepsilon_r = \frac{3p}{8h^3 E}(1-\mu^2)(R^2 - 3x^2) \tag{3-16}$$

$$\varepsilon_\tau = \frac{3p}{8h^3 E}(1-\mu^2)(R^2 - x^2) \tag{3-17}$$

式中，R、h 为平膜片工作部分半径和厚度；E、μ 为平膜片的弹性模量和材料泊松比；x 为任意点离圆心的径向距离。

由式(3-16)、式(3-17)可知，在膜片中心处，即 $x=0$，ε_r 和 ε_τ 均达到正的最大值，即

$$\varepsilon_{r\max} = \varepsilon_{\tau\max} = \frac{3p}{8h^3 E}(1-\mu^2)R^2 \tag{3-18}$$

而在平膜片的边缘，即 $x=R$ 处，$\varepsilon_\tau = 0$，ε_r 达到负的最大值。

$$\varepsilon_{r\min} = \frac{-3p}{4h^3 E}(1-\mu^2)R^2 \tag{3-19}$$

在 $x = R/\sqrt{3}$ 处，$\varepsilon_r = 0$，则

$$\varepsilon_\tau = \frac{p}{4h^3 E}(1-\mu^2)R^2 \tag{3-20}$$

根据切向应变和径向应变的表达式，可画出在均匀载荷下应变分布曲线，如图 3.14 所示。为充分利用膜片的工作压限，可以把两片应变片中的一片贴在正应变最大区（即膜片中心附近），另一片贴在负应变最大区（靠近边缘）。这时可得到最大差动灵敏度，并且具有温度补偿特性。图 3.14（a）中的 R_1、R_2 所在位置以及将两片应变片接成相邻桥臂的半桥电路就是按上述特性设计的。

图 3.15 是专用圆形的箔式应变片，在膜片 $R/\sqrt{3}$ 范围内，两个承受切力处均加粗以减小变形的影响，引线位置在 $R/\sqrt{3}$ 处。这种圆形箔式应变片能最大限度地利用膜片的应变形态，使传感器得到较大的输出信号。平膜式压力传感器最大优点是结构简单、灵敏度高，但它不适于测量高温介质，输出线性差。

③ 应变梁式压力传感器。应变梁式压力传感器的弹性敏感元件为悬臂梁，应变电阻片 R_1、R_2 分别贴在被测试件上、下表面的轴线方向，如图 3.16 所示。这样在受力过程中，贴在悬臂梁上表面的应变电阻片 R_1 感受到的是拉应力，而贴在下表面的 R_2 感受到的是压应力。在桥式测量电路中，将 R_1、R_2 特性相同的应变电阻片接在相邻臂上，而其他两臂接固定电阻。由于电阻片 R_1、R_2 处于相同的工作环境下，当环境

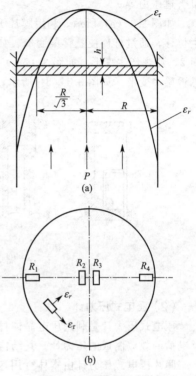

图 3.14 平膜式压力传感器应变分布曲线

温度变化时，两个特性相同的应变片电阻的变化不但数量相等，而且变化方向也相同，加之应变片是接在电桥的相邻臂上，使这一温度引起的应变被抵消，实现了桥路的温度补偿。但由于实际中应变片的特性不可能完全一致，在悬臂梁进行贴片处理接成检测桥路后，电桥不可能完全平衡，可进行零位补偿。

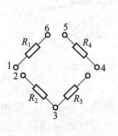

(a) 箔式应变片半桥电路

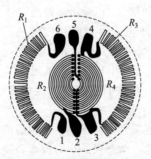

(b) 箔式应变片结构图

图 3.15 专用圆形的箔式应变片

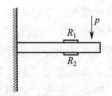

图 3.16 应变梁式压力传感器

④ 组合式压力传感器。在组合式应变压力传感器中，弹性敏感元件可分为感受元件和弹性应变元件。感受元件把压力转换为力传递到弹性应变元件应变最敏感的部位，而应变片则贴在弹性应变元件的最大应变处。感受元件有膜片、膜盒、波纹管及波登管等，弹性应变元件有悬臂梁、薄壁筒等。它们之间可根据不同需要组合成多种形式。应变式压力传感器主要用来测量流动介质动态或静态压力，例如动力管道设备的进出口气体或液体的压力、内燃机管道压力等。

如图 3.17(a) 所示，利用膜片 1 和悬臂梁 2 组合成弹性系统，在压力的作用下，膜片产生位移，通过杆件使悬臂梁变形。如图 3.17(b) 所示，利用垂链式膜片 1 将压力传给薄壁筒 2，使之产生变形。如图 3.17(c) 所示，弹簧管 1 在压力的作用下，自由端产生拉力，使悬臂梁 2 变形。如图 3.17(d) 所示，利用波纹管 1 产生的轴向力，使悬臂梁 2 变形。

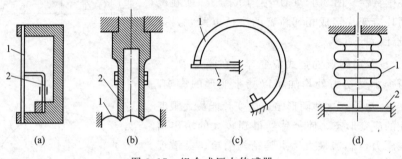

图 3.17　组合式压力传感器

1—膜片；2—悬臂梁

（2）压电式压力计

压电式压力计是利用压电晶体材料在一定方向上受压力后，在其两个表面上产生符号相反电荷的效应制成的压力计。其结构有膜片式和活塞式两种。

膜片压电式压力计由本体（用途不同结构不同）、弹性敏感元件（平膜片）和压电转换元件组成。实际中由传力块将加于膜片上的压力加于压电转换元件（两片石英并联），如图 3.18 所示。膜片受到压力 p 作用时，两片石英输出总电荷量为

$$Q = 2d_{11}Ap$$

式中，d_{11} 为纵向压电系数；A 为受力面积；p 为压力，通过电荷放大电路读出产生电荷值，即可测量压力。

活塞式压电压力传感器的结构如图 3.19 所示。被测压力通过活塞、砧盘将压力传递给压电元件，两片压电元件产生的电荷由中间导电片、引线、插头座输出，并与仪表相连。该结构的活塞面积小，适用于中、高压测

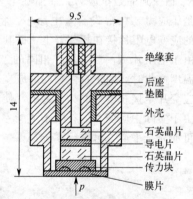

图 3.18　膜片式压电压力计

量。但该结构由于活塞质量和刚度、活塞杆前端所测流体黏度等因素的影响，自振频率不高，一般在 20～30kHz 之间。

压电式压力计灵敏度高、线性范围大、体积小、结构简单、可靠性高、寿命长，应用非常广泛。尤其是它的动态响应频带宽、动态误差小的特点，使它在动态力（如振动压力、冲击力、振动加速度）的测量中占据了主导地位。它可用来测量压力范围为 $10^4 \sim 10^8$ Pa、频率为几赫兹至几万赫兹（甚至十万赫兹以上）的动态压力，但不能应用于静态压力的测量。

（3）电容式压力计

电容式压力计不但应用于压力、差压、液压、料位、成分含量等热工参数测量，也广泛用于位移、振动、加速度、荷重等机械量的测量。

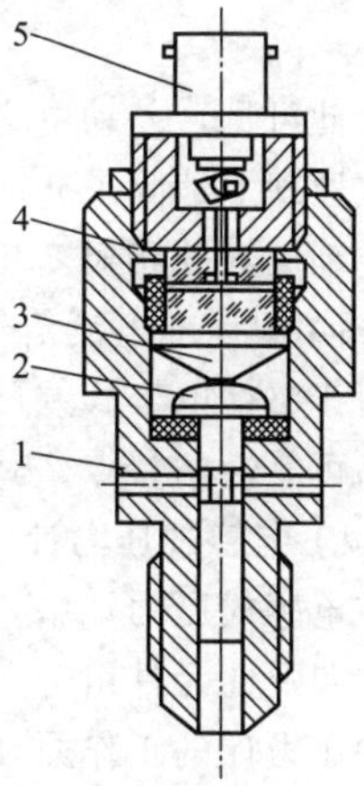

本节主要介绍电容式差压变送器。

电容式差压变送器采用差动电容作为检测元件，主要包括测量部件和转换放大器两部分。图3.20是电容式差压变送器的结构示意图，它主要是利用中心感压膜片（可动电极）和左右两个弧形电容极板（固定电极）把差压信号转换为差动电容信号，中心感压膜片分别与左右两个弧形电容极板形成电容 C_{i1} 和 C_{i2}。当正、负压力（差压）由正、负压室导压口加到膜盒两边的隔离膜片上时，腔内硅油液体传递到中心感压膜片，中心感压膜片产生位移，使可动电极和左右两个固定电极之间的间距不再相等，形成差动电容。

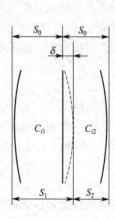

图 3.19　活塞式压电压力传感器
1—本体；2—活塞；3—砧盘；
4—压电元件；5—插头座

如图3.21所示，当 $\Delta p = 0$ 时，极板之间的间距满足 $S_1 = S_2 = S_0$；当 $\Delta p \neq 0$ 时，中心膜片会产生位移 δ，则

$$S_1 = S_0 + \delta, S_2 = S_0 - \delta \tag{3-21}$$

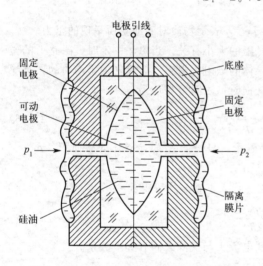

图 3.20　电容式差压变送器结构示意图

图 3.21　差动电容原理示意图

由于中心感压膜片是在施加预张力条件下焊接的，其厚度很薄，因此中心感压膜片的位移 δ 与输入差压 Δp 之间可以近似为线性关系 $\delta \propto \Delta p$。

若不考虑边缘电场影响，中心感压膜片与两边电极构成的电容 C_{i1}、C_{i2} 可作平板电容处理，即

$$C_{i1} = \frac{\varepsilon A}{S_1} = \frac{\varepsilon A}{S_0 + \delta}, C_{i2} = \frac{\varepsilon A}{S_2} = \frac{\varepsilon A}{S_0 - \delta} \tag{3-22}$$

式中，ε 为介电常数；A 为电极面积（各电极面积是相等的）。

由于

$$C_{i1} + C_{i2} = \frac{2\varepsilon A S_0}{S_0^2 - \delta^2}, C_{i1} - C_{i2} = \frac{2\varepsilon A \delta}{S_0^2 - \delta^2} \tag{3-23}$$

取两电容量之差与两电容量之和的比值，即取差动电容的相对变化值，则有

$$\frac{C_{i1}-C_{i2}}{C_{i1}+C_{i2}}=\frac{\delta}{S_0}\propto\Delta p \qquad (3\text{-}24)$$

由此可见，差动电容的相对变化值与差压呈线性对应关系，并与腔内硅油的介电常数无关，从原理上消除了介电常数的变化给测量带来的误差。

差动电容的相对变化值将通过电容-电流转换、放大的输出限幅等电路，最终输出一个 4～20mA 的标准电流信号。

由于整个电容式差压变送器内部没有杠杆的机械传动机构，因而具有高精确度、高稳定性和高可靠性的特点，其精确度等级可达 0.2 级，是目前工业上普遍使用的一类变送器。

（4）电感式压力计

在电感式压力计中，大都采用变隙式电感作为检测元件，它和弹性元件组合在一起构成电感式压力计。图 3.22 为这种压力计的工作原理图。

图 3.22 中，检测元件由线圈、铁芯、衔铁组成，衔铁安装在弹性元件上。在衔铁和铁芯之间存在着气隙 δ，它的大小随着外力 F 的变化而变化。其线圈的电感 L 可按下式计算。

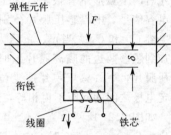

图 3.22　变隙式电感压力计工作原理图

$$L=\frac{N^2}{R_m} \qquad (3\text{-}25)$$

式中，N 为线圈匝数；R_m 为磁路总磁阻，H^{-1}，表示物质对磁通量所呈现的阻力。

磁通量的大小不但和磁势有关，而且也和磁阻的大小有关。当磁势一定时，磁路上的磁阻越大，则磁通量越小。磁路上气隙的磁阻比导体的磁阻大得多。假设气隙是均匀的，且导磁截面与铁芯的截面相同，在不考虑磁路中的铁损时，磁阻可表示为

$$R_m=\frac{L}{\mu A}+\frac{2\delta}{\mu_0 A} \qquad (3\text{-}26)$$

式中，L 为磁路长度，m；μ 为导磁体的导磁率，H/m；A 为导磁体的截面积，m^2；δ 为气隙量，m；μ_0 为空气的磁导率，$4\pi\times10^{-7}H/m$。

由于 $\mu_0\ll\mu$，因此上式中的第一项可以忽略，代入电感公式可得到

$$L=\frac{N^2\mu_0 A}{2\delta} \qquad (3\text{-}27)$$

如果给传感器线圈通以交流电源，流过线圈电流 I 与气隙之间有如下关系。

$$I=\frac{2U\delta}{\mu_0\omega N^2 A} \qquad (3\text{-}28)$$

式中，U 为交流电压，V；ω 为交流电源角频率，rad/s。

从以上各式可以看出，当压力引起衔铁的位置变化时，衔铁与铁芯的气隙发生变化，传感器线圈的电感量会发生相应的变化，流过传感器的电流 I 也发生相应变化。因此，通过测量线圈中电流的变化便可得知压力的大小。

（5）力平衡式差压（压力）变送器

力平衡式差压（压力）变送器采用反馈力平衡的原理，由测量部分（膜盒）、杠杆系统、放大器和反馈机构等部分组成，被测差压信号 Δp 经测量部分转换成相应的输入力 F_i，F_i 与反馈机构输出的反馈力 F_f 一起作用于杠杆系统，使杠杆产生微小的位移，再经放大器转换成标准统一信号输出。当输入力与反馈力对杠杆系统所产生的力矩 M_i、M_f 达到平衡时，杠杆系统便达到稳定状态，此时变送器的输出信号反映了被测压力的大小。下面以 DDZ-Ⅲ型差压变送器为例进行讨论。DDZ-Ⅲ型差压变送器是两线制变送器，其结构示意图如图

3.23 所示。

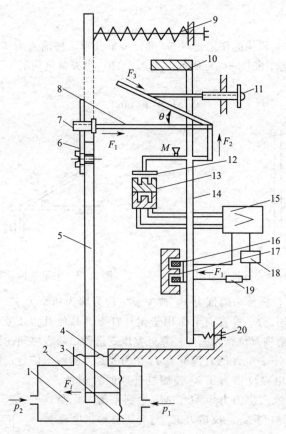

图 3.23 DDZ-Ⅲ型差压变送器结构示意图

1—低压室；2—高压室；3—测量元件（膜盒）；4—轴封膜片；5—主杠杆；6—过载保护簧片；7—静压调整螺钉；
8—矢量机构；9—零点迁移弹簧；10—平衡锤；11—量程调整螺钉；12—位移检测片（衔铁）；13—差动变压器；
14—副杠杆；15—放大器；16—反馈动圈；17—永久磁钢；18—电源；19—负载；20—调零弹簧

① 测量部分。测量部分的作用，是把被测差压 Δp（$\Delta p = p_1 - p_2$）转换成作用于主杠杆下端的输入力 F_i。如果把 p_2 接大气，则 Δp 相当于 p_1 的表压。测量部分的结构如图 3.24 所示，输入力 F_i 与 Δp 之间的关系可用下式表示，即

$$F_i = p_1 A_1 - p_2 A_2 = \Delta p A_d \qquad (3\text{-}29)$$

式中，A_1、A_2 为膜盒正、负压室膜片的有效面积（制造时经严格选配使 $A_1 = A_2 = A_d$）。

因膜片工作位移只有几十微米，可以认为膜片的有效面积在测量范围内保持不变，即保证了 F_i 与 Δp 之间的线性关系。轴封膜片为主杠杆的支点，同时它又起密封作用。

② 主杠杆。杠杆系统的作用是进行力的传递和力矩比较。为了便于分析，这里把杠杆系统进行了分解。被测差压 Δp 经膜盒转换成作用于主杠杆下端的输入力 F_i，使主杠杆以轴封膜片 H 为支点而偏转，并以力 F_1 沿水平方向推动矢量机构。由图 3.25 可知 F_1 与 F_i 之间的关

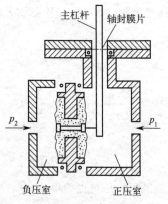

图 3.24 测量部分的结构原理图

系为

$$F_1 = \frac{l_1}{l_2} F_i \qquad (3-30)$$

③ 矢量机构。矢量机构的作用是对 F_1 进行矢量分解，将输入力 F_1 转换为作用于副杠杆上的力 F_2，其结构如图 3.26(a) 所示。图 3.26(b) 为矢量机构的力分析矢量图，由此可得出如下关系。

$$F_2 = F_1 \tan\theta \qquad (3-31)$$

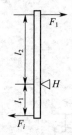

图 3.25 主杠杆受力分析示意图

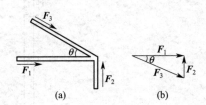

图 3.26 矢量机构及其受力分析示意图

④ 副杠杆。由主杠杆传来的推力 F_1 被矢量机构分解为两个力 F_2 和 F_3。F_3 顺着矢量板方向，不起任何作用，F_2 垂直向上作用于副杠杆上，并使其以支点 M 为中心逆时针偏转，带动副杠杆上的衔铁（位移检测片）靠近差压变送器，两者之间的距离的变化量通过位移检测放大器转换为 4～20mA 的直流电流 I_0 作为变送器的输出信号，同时，该电流又流过电磁反馈装置，产生电磁反馈力 F_f，使副杠杆顺时针偏转。当 F_i 与 F_f 对杠杆系统产生的力矩 M_i、M_f 达到平衡时，变送器便达到一个新的稳定状态。反馈力 F_f 与变送器输出电流 I_0 之间的关系可以简单地记为

$$F_f = K_f I_0 \qquad (3-32)$$

式中，K_f 为反馈系数。

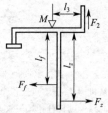

图 3.27 副杠杆受力分析示意图

需要注意的是，调零弹簧的张力 F_z 也作用于副杠杆，并与 F_1 和 F_2 一起构成一个力矩平衡系统，如图 3.27 所示。

输入力矩 M_i、反馈力矩 M_f 和调零力矩 M_z 分别为

$$M_i = l_3 F_2, \quad M_f = l_f F_f, \quad M_z = l_z F_z \qquad (3-33)$$

⑤ 整机特性。综合以上分析可得出该变送器的整机方块图，如图 3.28 所示，图中 K 为差压变压器、低频位移检测放大器等的等效放大系数，其余符号意义如前所述。

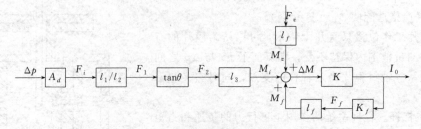

图 3.28 DDZ-Ⅲ型差压变送器的整机方块图

由图 3.28 可以求得

$$I_0 = \frac{K}{1 + K K_f l_f} \left(\Delta p A_d \frac{l_1 l_3}{l_2} \tan\theta + l_z F_z \right) \qquad (3-34)$$

在满足深度负反馈 $KK_f l_f \geqslant 1$ 条件时，DDZ-Ⅲ型差压变送器的输入输出关系如下。

$$I_0 = A_d \frac{l_1 l_3}{l_2 K_f l_f} \tan\theta \Delta p + \frac{l_z}{K_f l_f} F_z = K_i \Delta p + K_z F_z \tag{3-35}$$

式中，K_i 为变送器的比例系数。

由式(3-35)可以看出以下内容。

(a) 在满足深度负反馈条件下，在量程一定时，变送器的比例系数 K_i 为常数，即变送器的输出电流 I_0 和输入信号 Δp 之间呈线性关系，其基本误差一般为 $\pm 0.5\%$，变差为 0.25%。

(b) 式中 $K_z F_z$ 为调零项，调零弹簧可以调整 F_z 的大小，从而使 I_0 在 $\Delta p = \Delta p_{min}$ 时为 4mA。

(c) 改变 θ 和 K_f 可以改变变送器的比例系数 K_i 的大小：θ 的改变量是通过调节量程调整螺钉实现的，θ 增大，量程变小；K_f 的改变是通过改变反馈线圈的匝数实现的。另外，调整零点迁移弹簧可以进行零点迁移。

3.6 压力检测仪表的选用与安装

3.6.1 压力检测仪表的选用

压力表的选用应根据工艺生产过程对压力测量的要求、被测介质的性质、现场环境条件等来考虑仪表的类型、量程和精确度等级，并确定是否需要带有远传、报警等附加装置，这样才能达到经济、合理和有效的目的。

（1）压力表种类和型号的选择

① 从被测介质压力大小来考虑。如测量微压（几百至几千帕），宜采用液柱式压力计或膜盒压力计。如被测介质压力不大，在 15kPa 以下，且不要求迅速读数的，可选 U 形管压力计或单管压力计。如要求迅速读数，可选用膜盒压力计。如测高压（>50kPa），应选用弹簧管压力计。

② 从被测介质的性质来考虑。对稀硝酸、酸、氨及其他腐蚀性介质应选用防腐压力计，如以不锈钢为膜片的膜片压力计；对易结晶、黏度大的介质应选用膜片压力计；对氧、乙炔等介质应选用专用压力计。

③ 从使用环境来考虑。对爆炸性气体环境，使用电气压力计时，应选择防爆型。机械振动强烈的场合，应选用船用压力计。对温度特别高或特别低的环境，应选择温度系数小的敏感元件以及其他变换元件。

④ 从仪表输出信号的要求来考虑。若只需就地观察压力变化，应选用弹簧管压力计。若需远传，则应选用电气式压力计，如霍尔式压力计等。若需报警或位式调节，应选用带电接点的压力计。若需检测快速变化的压力，应选压阻式压力计等电气式压力计。若被检测的是管道水流压力且压力脉动频率较高，应选电阻应变式压力计。

（2）压力表量程的选择

为了保证压力计能在安全的范围内可靠工作，并兼顾到被测对象可能发生的异常超压情况，对仪表的量程选择必须留有余地。测量稳定压力时，最大工作压力不应超过量程的 3/

4；测量脉动压力时，最大工作压力则不应超过量程的 2/3；测高压时，则不应超过量程的 3/5。为了保证测量准确度，最小工作压力不应低于量程的 1/3。当被测压力变化范围大，最大和最小工作压力可能不能同时满足上述要求时，应首先满足最大工作压力条件。

目前，我国出厂的压力（包括差压）检测仪表有统一的量程系列，它们是 1kPa、1.6kPa、2.5kPa、4.0kPa、6.0kPa，以及它们的 10^n 倍数（n 为整数）。

（3）压力表准确度等级的选择

压力表的准确度等级主要根据生产允许的最大误差来确定。我国压力表准确度等级有 0.005、0.02、0.05、0.1、0.2、0.35、0.5、1.0、1.5、2.5、4.0 等。一般 0.35 级以上的仪表为校验用的标准仪表。

3.6.2　压力检测仪表的安装要求

到目前为止，几乎所有的压力检测仪表都是接触式的，即测量时需要将被测压力传递到压力检测仪表的引压入口，进入测量室。一个完整的压力检测系统至少包括以下几部分。

① 取压口：在被测对象上开设的专门引出介质压力的孔或设备。

② 引压管路：连接取压口与压力仪表入口的管路，使被测压力传递到测量仪表。

③ 压力检测仪表：检测压力。

压力检测系统如图 3.29 所示。

根据被测介质的不同和测量要求的不同，压力测量系统有的非常简单，有的比较复杂，为保证准确测量，系统还需加许多辅件，正确选用压力测量仪表十分重要，合理的测压系统也是准确测量的重要保证。

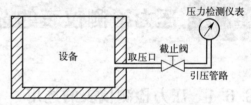

图 3.29　压力检测系统示意图

（1）取压口的选择原则

为真实反映被测压力的大小，要合理选择取压点，注意取压口形式。工业系统中取压点的选取原则主要有以下几条。

① 取压口要选在被测介质直线流动的管段部分，不要选在管道弯曲、分叉及流束形成涡流的地方。

② 当管道中有突出物（如温度计套管）时，取压口应在突出物的上游方向一侧。

③ 取压口处在管道阀门、挡板之前或之后时，其与阀门、挡板的距离应大于 $2D$ 及 $3D$（D 为管道内径）。

④ 流体为液体介质时，取压口应开在管道横截面的下侧部分，以防止介质中气泡进入压力信号导管，引起测量延迟，但也不宜开在最低部，以防沉渣堵塞取压口。

⑤ 如果是气体介质，取压口应开在管道横截面上侧，以免气体中析出液体进入压力信号导管，产生测量误差，但对水蒸气压力测量时，由于压力信号导管中总是充满凝结水，因此应按液体压力测量办法处理。

图 3.30 为取压口选择原则示意图。

（2）引压管路的铺设原则

引压管路应保证压力传递的实时、可靠和准确。实时即不能因引压管路影响压力传递速度，与引压管的内径和长度有关。可靠即必须有防止杂质进入引压管或被测介质本身凝固造成堵塞的措施。准确指管路中介质的静压力会对仪表产生附加力，可通过零位调整或计算进行修正，这要求引压管路中介质的特性（密度）必须稳定，否则会造成较大测量误差。

引压管铺设应遵循以下原则。

① 导压管粗细要合适，一般内径为 6～10mm，长度尽可能短，不得超过 50m，否则会引起压力测量的迟缓，如超过 50m，应选用能远距离传送的压力计。引压管路越长，介质的黏度越大（或含杂质越多），引压管的内径要求越大。

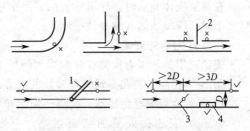

图 3.30　取压口选择原则示意图
1—温度计；2—挡板；3—阀门；4—导流板；
×—不适合做取压口的地点；
√—可用于做取压口的地点

② 导压管水平铺设时要有一定的倾斜度，以利于积存于其中液体（或气体）的排出。

③ 被测介质为易冷凝、结晶、凝固流体时，引压管路要有保温伴热措施。

④ 取压口与仪表之间要装截止阀，以备仪表检修时使用。

⑤ 测量特殊介质时，引压管上应加装附件。

测量特殊介质时，应注意的事项如下。

① 测量高温（60℃以上）流体介质的压力时，为防止热介质与弹性元件直接接触，压力仪表之前应加装 U 形管或盘旋管等形式的冷凝器，如图 3.31(a)、(b) 所示，避免因温度变化对测量精确度和弹性元件产生影响。

② 测量腐蚀性介质的压力时，除选择具有防腐能力的压力仪表之外，还可加装隔离装置，利用隔离罐中的隔离液将被测介质和弹性元件隔离开来，图 3.31(c) 所示为隔离液的密度大于被测介质的密度时的安装方式，图 3.31(d) 所示为隔离液的密度小于被测介质的密度时的安装方式。

③ 测量波动剧烈（如泵、压缩机的出口压力）的压力时，应在压力仪表之前加装针形阀和缓冲器，必要时还应加装阻尼器，如图 3.31(e) 所示。

④ 测量黏性大或易结晶的介质压力时，应在取压装置上安装隔离罐，使罐内和导压管内充满隔离液，必要时可采取保温措施，如图 3.31(f) 所示。

⑤ 测量含尘介质压力时，最好在取压装置后安装一个除尘器，如图 3.31(g) 所示。总之，针对被测介质的不同性质，要采取相应的防热、防腐、防冻、防堵和防尘等措施。

⑥ 当被测介质分别是液体、气体、蒸气时，引压管上应加装附件。

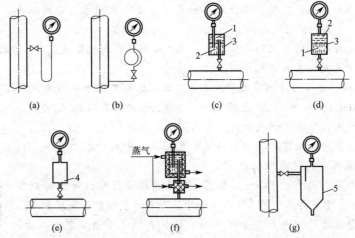

图 3.31　测量特殊介质压力时附件的安装示意图
1—被测介质；2—隔离液；3—隔离罐；4—缓冲器；5—除尘器

在测量液体介质时，在引压管的管路中应有排气装置，如果差压变送器只能安装在取样口之上时，应加装储气罐和放空阀。

（3）压力表的安装

无论选用何种压力检测仪表和采用何种安装方式，在安装过程中都应注意以下几点。

① 压力表应安装在易观察和检修的地方。

② 安装地点应避免振动、高温、潮湿和粉尘等影响。

③ 压力表连接处要加装密封垫，一般低于 80℃ 温度及 2MPa 压力，用石棉纸或铝片，温度和压力更高时用退火紫铜或铅垫。另外还要考虑介质影响。

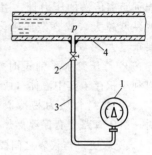

④ 当被测压力较小时，而压力计与取压口又不在同一高度时（如图 3.32 所示），对由此高度而引起的测量误差应按式（3-36）进行修正，即

$$\Delta p = \pm H \rho g \tag{3-36}$$

图 3.32　压力计位于
被测设备之下
1—压力计；2—截止阀；
3—引压管路；4—被测设备

式中，H 为压力计与取压口的高度差；ρ 为导压管中介质的密度；g 为重力加速度。

⑤ 为安全起见，测量高压的压力计除选用有通气孔的外，安装时表壳应面向墙壁或无人通过之处，以防止发生意外。

本章小结

压力参数是生产企业保证安全生产、预防事故发生的最基本、最重要的参数。压力检测与监控可以有效地预防生产过程因过压而引起破坏或爆炸。

本章首先介绍了压力和差压的基本概念和单位；其次按敏感元件和转换原理的特性不同，分别介绍了 4 类压力（差压）检测仪表，液柱式压力计、弹性式压力计、负荷式压力计以及电气式压力（差压）仪表等；最后阐述了压力仪表的选用与安装要求。

<<<< 习题与思考题 >>>>

1. 简述压力和差压的定义、单位及各种表示方法？表压力、绝对压力、真空度之间有何关系？

2. 按敏感元件和转换原理的特性不同，压力检测仪表如何分类？各基于什么原理？

3. 简述压力检测仪表的选用原则。

4. 用 U 形玻璃管压力计测量某管段上的差压，已知工作介质为汞，汞柱在 U 形管上的高度差为 25mm，当地重力加速度 $g = 9.8065 \text{m/s}^2$，工作温度为 30℃，汞的密度为 13500kg/m³，试用国际单位制表示被测差压大小。

5. 用弹簧管压力计测某容器内的压力，已知压力表的读数为 0.85MPa，当地大气压为 759.2mmHg，求容器内的绝对压力。

6. 有一工作压力均为 6.3MPa 的容器，现采用弹簧管压力计进行测量，要求测量误差不大于压力示值的 1%，试选择压力表的量程和精确度等级。

7. 用弹簧管压力计测量蒸气管道内压力，仪表低于管道安装，二者所处标高为 1.6m 和 6m，若仪表指示值为 0.7MPa。已知蒸气冷凝水的密度为 $\rho = 966 \text{kg/m}^2$，重力加速度 $g = 9.8 \text{m/s}^2$，试求蒸气管道内的实际压力值。

参考答案

第4章

◆ 温度检测 ◆

4.1 温标及测温方法分类

温度是表征平衡系统冷热程度的物理量。从分子物理学角度来看，温度反映了系统内部分子无规则运动物体或系统的冷热程度的物理量。温度单位是国际单位制中七个基本单位之一。从能量角度来看，温度是描述系统不同自由度间能量分配状况的物理量，从热平衡观点来看，温度是描述热的剧烈程度。

各种温度计和温度传感器的温度数值均由温标确定。历史上提出过多种温标，如早期的经验温标（摄氏温标和华氏温标）、理论上的热力学温标，当前世界通用的是国际温标。热力学温标是以热力学第二定律为基础的一种理论温标，热力学温标确定的温度数值为热力学温度（符号为 T），单位为开尔文（符号为 K）。

(1) 温标

为了保证温度量值的统一，必须建立一个用来衡量温度高低的标准尺度，这个标准尺度称为温标。温度的高低必须用数字来说明，温标就是温度的一种数值表示方法，并给出了温度数值化的一套规则和方法，同时明确了温度的测量单位。人们一般借助于随温度变化而变化的物理量（如体积、压力、电阻、热电势等）来定义温度数值，并建立温标和制造各种各样的温度检测仪表。各种温度计和温度传感器的温度数值均由温标确定，温标三要素为：可实现的固定点温度、表示固定点之间温度的内插仪器、确定相邻固定温度点之间的内插公式。

下面介绍常用温标。

① 经验温标。借助于某一种物质的物理量与温度变化的关系，用实验的方法或经验公式所确定的温标称为经验温标。常用的有摄氏温标、华氏温标和列氏温标。

(a) 摄氏温标。摄氏温标是把在标准大气压下水的冰点定为零摄氏度，把水的沸点定为 100 摄氏度的一种温标。在零摄氏度到 100 摄氏度之间进行 100 等分，每一等份为 1 摄氏度，单位符号为℃，如图 4.1 所示。

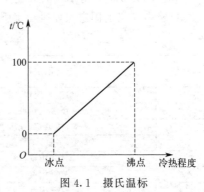

图 4.1 摄氏温标

(b) 华氏温标。人们规定标准大气压下的纯水的冰点温度为 32 华氏度，水的沸点定为 212 华氏度，中间进行 180 等分。每一等份称为 1 华氏度，单位符号为 ℉。

(c) 列氏温标。列氏温标规定标准大气压下纯水的冰熔点为 0 列氏度，水的沸点为 80 列氏度，中间等份为 80 等份，每一等份为 1 列氏度。单位符号为 °R。

摄氏、华氏、列氏温度之间的换算关系为

$$C = \frac{5}{9} \times (F-32) = \frac{5}{4}R \tag{4-1}$$

式中，C 为摄氏温度值；F 为华氏温度值；R 为列氏温度值。

摄氏温标、华氏温标都是用水银作为温度计的测温介质，而列氏温标则是用水和酒精的混合物来作为测温介质的。但它们均是依据液体受热膨胀的原理建立温标和制造温度计的。

② 热力学温标。1848 年英国科学家开尔文（Kelvin）提出以卡诺循环为基础建立热力学温标。他根据热力学理论，认为物质有一个最低温度点存在，定为 0K，把水的三相点温度 273.15K 选作唯一的参考点，在该温标中不会出现负温度值。从理想气体状态方程入手可以复现热力学温标，称作绝对气体温标。这两种温标在数值上完全相同，而且与测温介质无关。由于不存在理想气体和理想卡诺热机，故这类温标是无法实现的。在使用气体温度计测量温度时，要对其读数进行许多修正，修正过程又依赖于许多精确的测量，于是就出现了国际温标。

③ 国际温标。国际温标是用来复现热力学温标的，其指导思想是采用气体温度计测出一系列标准固定温度（相平衡点），以它们为依据在固定点中间规定传递的仪器及温度值的内插公式。第一个国际温标制定于 1927 年，此后随着社会生产和科学技术的进步，温标的探索也在不断地进展，1989 年国际计量委员会批准了新的国际温标，简称 ITS-90。我国于 1994 年起全面推行 ITS-90 新温标。

ITS-90 同时定义国际开氏温度（变量符号为 T_{90}）和国际摄氏温度（变量符号为 t_{90}）。水三相点热力学温度为 273.15K，摄氏温度与开氏温度保留原有简单的关系式

$$t_{90} = (T_{90} - 273.15)℃ \tag{4-2}$$

ITS-90 对某些纯物质各相（固、液体）间可复现的平衡态的温度赋予给定值，即给予了定义，定义的固定点共 17 个。ITS-90 规定把整个温标分成四个温区，其相应的标准仪器如下。

0.65～5.0K 之间，T_{90} 用 ^{3}He 和 ^{4}He 蒸气压与温度的关系式来定义。

3.0～24.5561K（氖三相点）之间，用氦气体温度计来定义。

13.8033K（平衡氢三相点）～961.78℃（银凝固点）之间，用基准铂电阻温度计来定义。

961.78℃ 以上，用单色辐射温度计或光电高温计来复现。

ITS-90 定义的固定点如表 4.1 所示。

表 4.1　ITS-90 定义的固定点

序号	定义固定点	国际实用温标的规定值	
		T_{90}/K	$t_{90}/℃$
1	氦蒸气压点	3～5	−270.15～−268.15
2	平衡氢三相点	13.8033	−259.3467
3	平衡氢（或氦）蒸气压点	≈17	≈−256.15
4	平衡氢（或氦）蒸气压点	≈20.3	≈−252.85
5	氖三相点	24.5561	−248.5939
6	氧三相点	54.3584	−218.7916
7	氩三相点	83.8058	−189.3442

序号	定义固定点	国际实用温标的规定值	
		T_{90}/K	$t_{90}/℃$
8	汞三相点	234.3156	−38.8344
9	水三相点	273.16	0.01
10	镓三相点	302.9146	29.7646
11	铟凝固点	429.7485	156.5985
12	锡凝固点	505.078	231.928
13	锌凝固点	692.677	419.527
14	铝凝固点	933.473	660.328
15	银凝固点	1234.93	961.78
16	金凝固点	1337.33	1064.18
17	铜凝固点	1357.77	1084.62

（2）温度检测的主要方法及分类

温度检测的方法一般可以分为两大类，即接触式测温方法和非接触式测温方法。

① 接触式测温方法。接触式测温方法是使温度敏感元件和被测温度对象相接触，当被测温度与感温元件达到热平衡时，温度敏感元件与被测温度对象的温度相等。这类温度传感器具有结构简单、工作可靠、精确度高、稳定性好、价格低廉等优点。这类测温方法的温度传感器主要有：基于物体受热体积膨胀性质的膨胀式温度传感器、基于导体或半导体电阻值随温度变化的电阻式温度传感器、基于热电效应的热电偶温度传感器。

② 非接触式测温方法。非接触式测温方法应用物体的热辐射能量随温度的变化而变化的原理。物体辐射能量的大小与温度有关，并且以电磁波形式向四周辐射，当选择合适的接收检测装置时，便可测得被测对象发出的热辐射能量，并且转换成可测量和显示的各种信号，实现温度的测量。这类测温方法的温度传感器主要有光电高温传感器、红外辐射温度传感器、光纤高温传感器等。非接触式温度传感器理论上不存在热接触式温度传感器的测量滞后和在温度范围上的限制，可测高温、腐蚀、有毒、运动物体及固体、液体表面的温度，不干扰被测温度场，但精确度较低，使用不太方便。

各种温度检测方法各有自己的特点和各自的测温范围，常用的测温方法、类型及特点如表4.2所示。

表4.2 温度检测方法的分类

测温方式	温度计或传感器类型			测量范围/℃	精确度/%	特点
接触式	热膨胀式	水银		50～650	0.1～1	简单方便，易损坏(水银污染)
		双金属		0～300	0.1～1	结构紧凑，牢固可靠
		压力	液体	30～600	1	耐振，坚固，价格低廉
			气体	20～350		
	热电偶	铂铑-铂		0～1600	0.2～0.5	种类多，适应性强，结构简单，经济方便，应用广泛，需注意寄生热电势及动圈式仪表电阻对测量结果的影响
		其他		200～1100	0.4～1.0	
	热电阻	铂		260～600	0.1～0.3	精确度及灵敏度均较好，需注意环境温度的影响
		镍		50～300	0.2～0.5	
		铜		0～180	0.1～0.3	
		热敏电阻		50～350	0.3～0.5	体积小，响应快，灵敏度高，线性差，需注意环境温度影响

测温方式	温度计或传感器类型	测量范围/℃	精确度/%	特点
非接触式	辐射温度计	800~3500	1	非接触式测温,不干扰被测温度场,辐射率影响小,应用简便
	光温度计	700~3000	1	
	热探测器	200~2000	1	非接触式测温,不干扰被测温度场,响应快,测温范围大,适于测温度分布。易受外界干扰,标定困难
	热敏电阻探测器	50~3200	1	
	光子探测器	0~3500	1	
其他	碘化银、二碘化汞、氯化铁、液晶等	35~2000	<1	测温范围大,经济方便,特别适于大面积连续运转零件上的测温,精确度低,人为误差大

4.2 接触式测温

4.2.1 热膨胀式温度计

热膨胀式温度计利用液体、气体或固体热胀冷缩的性质,即测温敏感元件在受热后尺寸或体积会发生变化,根据尺寸或体积的变化值得到温度的变化值。热膨胀式温度计分为液体膨胀式温度计和固体膨胀式温度计两大类。这里以固体膨胀式温度计中的双金属温度计和压力式温度计为例进行介绍。

(1)双金属温度计

固体膨胀式温度计中最常见的是双金属温度计,其典型的敏感元件为两种粘在一起且膨胀系数有差异的金属。双金属片组合成温度检测元件,也可以直接制成温度测量的仪表。通常的制造材料是高锰合金与殷钢。殷钢的膨胀系数仅为高锰合金的1/20,两种材料制成叠合在一起的薄片,其中膨胀系数大的材料为主动层,小的为被动层。将复合材料的一端固定,另一端自由。在温度升高时,自由端将向被动层一侧弯曲,弯曲程度与温度相关。自由端焊上指针和转轴随温度可以自由旋转,构成了室温计和工业用的双金属温度计。它也可用来实现简单的温度控制。

固体膨胀式温度仪表的型号较多,WTJ-1型测量范围为−40~500℃,耐振,适合航空、航海的应用。WTJ-150型测量范围为−60~100℃,其优点是刻度盘大,读数和使用方便,不易折损,且耐振与耐冲击力,缺点是热惯性大、精确度低。

双金属温度计敏感元件如图4.2所示。它们由两种热膨胀系数 a 不同的金属片组合而成,例如一片用黄铜,$a=22.8\times10^{-6}℃^{-1}$,另一片用镍钢,$a=1\times10^{-6}\sim2\times10^{-6}℃^{-1}$,将两片粘贴在一起,并将其一端固定,另一端设为自由端,自由端与指示系统相连接。当温度由 t_0 变化到 t_1 时,由于两者热膨胀不一致而发生弯曲,即双金属片由 t_0 时初始位置 AB 变化到 t_1 时的相应位置 $A'B'$,最后导致自由端产生一定的角位移,角位移的大小与温度成一定的函数关系,通过标定刻度,即可测量温度。双金属温度计一般应用在−80~600℃范围内,最佳状况下的精确度可达0.5~1.0级,常被用作恒定温度的控制元件,如一般用途的恒温箱、加热炉等就是采用双金属片来控制和调节恒温的,如图4.3所示。

安/全/检/测/与/监/控/技/术

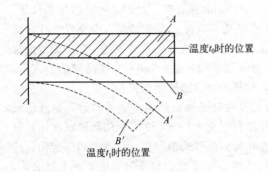

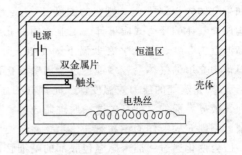

图 4.2　双金属温度计敏感元件　　　　图 4.3　双金属控制恒温箱示意图

双金属温度计的突出特点是：抗振性能好，结构简单，牢固可靠，读数方便，但它的精确度不高，测量范围也不大。

（2）压力式温度计

压力式温度计是根据一定质量的液体、气体在定容条件下其压力与温度呈确定函数关系的原理制成的，主要由感温包、传递压力元件（毛细管）、压力敏感元件（弹簧管、膜盒、波纹管等）、齿轮或杠杆传动机构、指针和读数盘组成。温包、毛细管和弹簧管的内腔共同构成一个封闭容器，其中充满了感温介质。当温包受热后，内部介质因温度升高而压力增大，压力的变化经毛细管传递给弹簧管使其变形，并通过传动系统带动指针偏转，指示出相应的温度数值。因此，这种温度计的指示仪表实际上就是普通的压力表。压力式温度计的主要特点是结构简单、强度较高、抗振性较好。

为了利于传热，温包的表面面积与其体积的比值应尽量大，所以通常采用细而长的圆筒形温包。虽然扁平断面要比圆断面更利于传热，但耐压能力远不如圆断面好。压力式温度计的毛细管细而长，其作用是传递压力，常用铜或不锈钢冷轧无缝管制作，内径为 0.4mm。为了减小周围环境温度变化引起的附加误差，毛细管的容积应远小于温包的容积，为了实现远距离传递，这就要求其内径较小。当然，长度加长、内径减小会使传递阻力增大、温度计的响应变慢，在长度相等的条件下，管越细则准确度越高。一般检测温度点的位置与显示温度的地方可相距 20m（特殊需要场合可制作到 60m），故它又被称为隔离温度计。

压力式温度计主要由温包、毛细管和压力敏感元件（如弹簧管、膜盒、波纹管等）组成，如图 4.4 所示。温包、毛细管和弹簧管三者的内腔共同构成一个封闭容器，其中充满封闭工作物质。温包直接与被测介质接触，把温度变化充分地传递给内部工作物质。所以，其材料具有防腐能力，并有良好的导热率。为提高灵敏度，温包本身的受热膨胀应远远小于其内部工

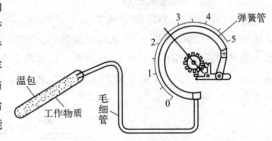

图 4.4　压力式温度计

作物质的膨胀，故材料的体膨胀系数要小。此外，还应有足够的机械强度，以便在较薄的容器壁上承受较大的内外差压。通常用不锈钢或黄铜制造温包，黄铜只能用在非腐蚀性介质里。当温包受热后，将使内部工作物质温度升高而压力增大，此压力经毛细管传到弹簧管内，使弹簧管产生变形，并由传动系统带动指针，指示相应的温度值。

目前生产的压力式温度计，根据充入密闭系统内工作物质的不同可分为充气体的压力式温度计和充蒸气的压力式温度计。

① 充气体的压力式温度计。气体状态方程式 $pV=nRT$ 表明，对一定物质的量的气体，如果它的体积 V 一定，则它的温度 T 与压力 p 成正比。因此，在密封容器内充以气体，就构成充气体的压力式温度计。工业上用的充气体的压力式温度计通常充氮气，它能测量的最高温度为 $500\sim550℃$。在低温下则充氢气，它的测温下限可达 $-120℃$。在过高的温度下，温包中充填的气体会较多地透过金属壁而扩散，这样会使仪表读数偏低。

② 充蒸气的压力式温度计。充蒸气的压力式温度计是根据低沸点液体的饱和蒸气压只和气液分界面的温度有关这一原理制成的。其感温包中充入约占 2/3 容积的低沸点液体，其余容积则充满液体的饱和蒸气。当感温包温度变化时，蒸气的饱和蒸气压发生相应变化，这一压力变化通过一插入感温包底部的毛细管进行传递。在毛细管和弹簧管中充满上述液体，或充满不溶于感温包中液体的、在常温下不蒸发的高沸点液体，称为辅助液体，以传递压力。感温包中充入的低沸点液体常用的有氯甲烷、氯乙烷和丙酮等。

充蒸气的压力式温度计的优点是感温包的尺寸比较小、灵敏度高。其缺点是测量范围小、标尺刻度不均匀（向测量上限方向扩展），而且由于充入蒸气的原始压力与大气压力相差较小，故其测量精确度易受大气压力的影响。

4.2.2 热电偶

热电偶是目前应用广泛、发展比较完善的温度传感器，它在很多方面都具备了一种理想温度传感器的条件。

（1）热电偶的特点

① 温度测量范围宽。随着科学技术的发展，目前热电偶的品种较多，它可以测量 $-271\sim2800℃$，乃至更高的温度。

② 性能稳定、准确可靠。在正确使用的情况下，热电偶的性能是很稳定的，其精确度高、测量准确可靠。

③ 信号可以远传和记录。由于热电偶能将温度信号转换成电压信号，因此可以远距离传递，也可以集中检测和控制。此外，热电偶的结构简单，使用方便，其测量端能做得很小。因此，可以用它来测量点的温度。又由于它的热容量小，因此反应速度很快。

（2）热电偶的测温原理

① 热电效应。热电偶的基本工作原理基于热电效应。所谓热电效应，即将两种不同的导体组成一个闭合回路，只要两个接触点处的温度不同，则回路中就有电流产生，这一现象称为热电效应。如图4.5所示，导体A、B称为热电极。在热电偶的两个接触点中，位于被测温度（T）中的接触点1称为工作端（热端），而处于恒定温度（T_0）中的接触点2称为参考端（冷端）。

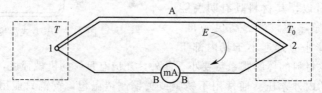

图 4.5 热电偶的测温原理

由于热电效应，回路中产生的电动势称为热电势 E。两个接触点间的温差越大，产生的电动势就越大。通过测量热电偶输出的电动势的大小，就可以得到被测温度的大小。热电偶的热电势是由两种导体的接触电势和单一导体的温差电势组成的。

② 接触电势。两种材料不同的导体 A 和 B 接触在一起时，由于自由浓度不同，便在接触处发生电子扩散，若导体 A、B 的电子浓度分别为 N_A、N_B，且 $N_A > N_B$，则在单位时间内，由 A 扩散到 B 的电子数要多于由 B 扩散到 A 的电子数。所以，导体 A 因失去电子而带正电，导体 B 因得到电子而带负电，在 A、B 的接触面处便形成一个从 A 到 B 的静电场，如图 4.6(a) 所示。这个电场又阻止电子继续由 A 向 B 扩散。当电子扩散能力与此电场阻力相平衡时，自由电子的扩散达到了动态平衡，这样在接触处形成一个稳定的电势，称为接触电势，如图 4.6(b) 所示。

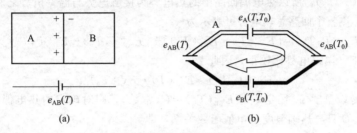

图 4.6　热电势示意图

在图 4.5 回路中，接触点 1 的接触电势为

$$E_{AB}(T) = \frac{KT}{e} \ln \frac{N_{A(T)}}{N_{B(T)}} \tag{4-3}$$

式中，$E_{AB}(T)$ 为导体 A、B 在温度 T 的接触电势；T 为接触处热力学温度；K 为玻尔兹曼常数，$K = 1.38 \times 10^{-23}$ J/K；e 为电子电荷，$e = 1.60 \times 10^{-19}$ C。

可以看出，如果热电偶的两个电极材料相同（$N_A = N_B$），则不会产生接触电势。因此，热电偶的两个电极材料必须不同。

在图 4.5 回路中，接触点 2 的接触电势为

$$E_{AB}(T_0) = \frac{KT_0}{e} \ln \frac{N_{A(T_0)}}{N_{B(T_0)}} \tag{4-4}$$

如果以顺时针方向为接触电势正方向，则回路中 $E_{AB}(T_0)$ 与 $E_{AB}(T)$ 的方向相反，热电偶回路中的总接触电势应为

$$E_{AB}(T) - E_{AB}(T_0) = \frac{K}{e} \left[T \ln \frac{N_{A(T)}}{N_{B(T)}} - T_0 \ln \frac{N_{A(T_0)}}{N_{B(T_0)}} \right] \tag{4-5}$$

由上式可见，热电偶回路总接触电势的大小只与热电极材料及两接触点的温度有关，当两接触点的温度相等时，总接触电势为零。

③ 温差电势。温差电势（也称汤姆逊电势）是指在同一根导体中，由于两端温度不同而产生的电势。导体 A 两端的温度分别是为 T_0 和 T 时的温差电势表示为 $E_A(T, T_0)$。设导体 A（或 B）两端温度分别为 T_0 和 T，且 $T > T_0$，此时导体 A（或 B）内形成温度梯度，使高温端的电子能量大于低温端的电子能量，因此从高温端扩散到低温端的电子数比从低温端扩散到高温端的要多，结果高温端因失去电子而带正电，低温端因获得电子而带负电。因而，在同一导体两端便产生电位差，并阻止电子从高端向低端扩散，最后使电子扩散达到动态平衡，此时形成温差电势。

在图 4.5 的回路中，A 导体上的温差电势 $E_A(T, T_0)$ 为

$$E_A(T, T_0) = \frac{K}{e} \int_{T_0}^{T} \frac{1}{N_{A(T)}} \mathrm{d}[T N_A(T)] \tag{4-6}$$

B 导体上的温差电势 $E_B(T, T_0)$ 为

$$E_B(T,T_0) = \frac{K}{e}\int_{T_0}^{T} \frac{1}{N_{B(T)}} \mathrm{d}[TN_B(T)] \tag{4-7}$$

则在导体 A、B 组成的热电偶回路中，两导体上产生的温差电势之和为

$$E_A(T,T_0) - E_B(T,T_0) = \frac{K}{e}\left\{\int_{T_0}^{T} \frac{1}{N_{A(T)}} \mathrm{d}[TN_A(T)] - \int_{T_0}^{T} \frac{1}{N_{B(T)}} \mathrm{d}[TN_B(T)]\right\} \tag{4-8}$$

④ 热电偶闭合回路的总电势。在图 4.5 回路中，接触点 1 处将产生接触电势 $E_{AB}(T)$，接触点 2 处将产生接触电势 $E_{AB}(T_0)$，导体 A 上将产生温差电势 $E_A(T,T_0)$，导体 B 上将产生温差电势 $E_B(T,T_0)$，所以热电偶回路中的热电势为接触电势与温差电势之和，取 $E_{AB}(T)$ 的方向为正向，则整个回路总热电势可表示为

$$E_{AB}(T,T_0) = [E_{AB}(T) - E_{AB}(T_0)] + [E_A(T,T_0) - E_B(T,T_0)] \tag{4-9}$$

通常情况下，温差电势比较小，因此

$$E_{AB}(T,T_0) \approx E_{AB}(T) - E_{AB}(T_0) \tag{4-10}$$

如果能使冷端温度 T_0 固定，即 $E_{AB}(T_0) = C$（常数），则对确定的热电偶材料，其总电势 $E_{AB}(T,T_0)$ 就只与热端温度呈单值函数关系，即

$$E_{AB}(T,T_0) \approx E_{AB}(T) - C \tag{4-11}$$

由此可见，当保持热电偶冷端温度 T_0 不变时，只要用仪表测得热电势 $E_{AB}(T,T_0)$，就可求得被测温度 T。

根据国际温标规定，在 $T_0 = 0℃$ 时，用实验的方法测出各种不同热电极组合的热电偶在不同的工作温度下所产生的热电势值，并将其列成一张表格，这就是常说的分度表。温度与热电势之间的关系也可以用函数关系表示，称为参考函数。同时，需注意以下几点。

① 两种相同材料的导体构成热电偶时，其热电势为零。

② 当两种导体材料不同，但两端温度相同时，其热电偶的热电势为零。

③ 热电势的大小只与电极的材料和接触点的温度有关，与热电偶的尺寸、形状无关。

（3）热电偶基本定律

① 中间导体定律。热电偶回路中接入中间导体，只要中间导体两端温度相同，则对热电偶回路总的热电势没有影响，如图 4.7 所示。

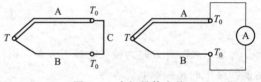

图 4.7 中间导体定律

热电偶回路中接入中间导体 C 后的热电势为

$$E_{ABC}(T,T_0) = E_{AB}(T) + E_{BC}(T_0) + E_{CA}(T_0) \tag{4-12}$$

若回路各接触点温度为 T_0，则回路的总电势为零，即

$$E_{AB}(T_0) + E_{BC}(T_0) + E_{CA}(T_0) = 0 \tag{4-13}$$

即

$$E_{BC}(T_0) + E_{CA}(T_0) = -E_{AB}(T_0) \tag{4-14}$$

所以

$$E_{ABC}(T,T_0) = E_{AB}(T) - E_{AB}(T_0) = E_{AB}(T,T_0) \tag{4-15}$$

根据这个定律，热电偶回路中可以接入各种类型的仪表，也允许热电偶采用任意焊接方法来焊接热电极。

② 中间温度定律。热电偶在接触点温度为 (T,T_0) 时的热电势，等于在接触点温度为 (T,T_n) 及 (T_n,T_0) 时的热电势之和，其中，T_n 称为中间温度，如图 4.8 所示。其热电势可用下式表达。

$$E_{AB}(T,T_0) = E_{AB}(T,T_n) + E_{AB}(T_n,T_0) \tag{4-16}$$

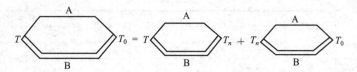

图 4.8　中间温度定律

中间温度定律的实用价值在于以下几方面。

（a）当热电偶冷端不为 0℃时，可用中间温度定律加以修正。

（b）由于热电偶电极不能做得很长，可根据中间温度定律选用适当的补偿导线。

③ 标准电极定律。如图 4.9 所示，如果 A、B 两种导体分别与第三种导体 C 组成热电偶，当两接触点温度为（T，T_0）时热电势分别为 $E_{AC}(T, T_0)$ 和 $E_{BC}(T, T_0)$，那么在相同温度下，由 A、B 两种热电偶配对后的热电势为

$$E_{AB}(T, T_0) = E_{AC}(T, T_0) + E_{BC}(T, T_0) \tag{4-17}$$

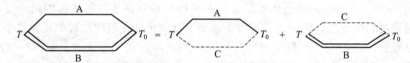

图 4.9　标准电极定律

因此，采用同一个标准热电极与不同的材料组成热电偶，先测试出各热电势，再计算合成热电势，这是测试热电偶材料的通用方法，可大大简化热电偶的选配工作。由于纯铂丝的物理和化学性能稳定、熔点高、易提纯，它常被用作标准电极。

④ 均质导体定律。由一种均质导体组成的闭合回路中，不论导体的截面和长度如何，以及各处的温度分布如何，都不能产生热电势。这条定理说明，热电偶必须由两种不同性质的均质材料构成。

（4）热电偶的材料

根据上述热电偶的测温原则，理论上任何两种导体均可配成热电偶，但因实际测温时对测量精确度及使用等有一定要求，故对制造热电偶的热电极材料也有一定要求。除满足上述对温度传感器的一般要求外，还应注意如下要求。

① 在测温范围内，热电性质稳定，不随时间和被测介质而变化，物理化学性能稳定，不易氧化或腐蚀。

② 电导率要高，并且电阻温度系数要小。

③ 它们组成的热电偶的热电势随温度的变化率要大，并且希望该变化率在测温范围内接近常数。

④ 材料的机械强度要高，复制性要好，复制工艺要简单，价格要便宜。

完全满足上述条件要求的材料很难找到，故一般只根据被测温度的高低选择适当的热电极材料。下面分别介绍国内生产的几种常用热电偶。它们又分为标准化热电偶与非标准化热电偶。标准化热电偶指国家标准规定了其热电势与温度的关系和允许误差，并有统一的标准分度表。

（5）热电偶的分类

① 按热电偶材料分类。按热电偶材料分类有廉金属、贵金属、难熔金属和非金属四大类。廉金属中有铁-康铜、铜-康铜、镍铬-考铜、镍铬-康铜、镍铬-镍硅（镍铝）等；贵金属中有铂铑10-铂、铂铑30-铂铑6、铂铑系、铱铑系、铱钌系和铂铱系等；难熔金属中有钨铼系、钨铂系、铱钨系和铌钛系等；非金属中有二碳化钨-二碳化钼、石墨-碳化物等，如表 4.3 所示。

表 4.3　热电偶的分类

名称	IEC	中国		美国	英国	日本		俄国
		新	旧			新	旧	
铂铑10-铂	S	S	LB-3	S	S	S	—	ПП-1
铂铑13-铂	R	R		R	R	R	PR	
铂铑 30-铂铑 6	B	B	LL-2	B	B	B	—	П-30/6
镍铬-镍铝(硅)	K	K	EU-2	K	K	K	CA	XA
镍铬-铜镍	E	E	EA-2	E	E	E	CRC	XK
铁-铜镍	J	J	—	J	J	J	IC	—
铜-铜镍	T	T	CK	T	T	T	CC	—

注：1. 我国不准备发展 R 型热电偶。

2. 含 40%镍、1.5%锰的铜合金过去在我国称为康铜。

3. 含 43%～45%镍、0.5%锰的铜合金过去在我国称为考铜。

4. XK 为镍铬-考铜热电偶。

(a) 铂铑 10-铂热电偶（S 型）。这是一种贵金属热电偶，由直径为 0.5mm 以下的铂铑合金丝（铂 90%，铑 10%）或纯铂丝制成。由于容易得到高纯度的铂和铂铑，故这种热电偶的复制精确度和测量准确度较高，可用于精密温度测量。在氧化性或中性介质中具有较好的物理化学稳定性，在 1300℃ 以下范围内可长时间使用。其主要缺点是金属材料的价格昂贵，热电势小，而且热电特性曲线非线性较大，在高温时易受还原性气体所发出的蒸气和金属蒸气的侵害而变质，失去测量准确度。

(b) 铂铑 30-铂铑 6 热电偶（B 型）。它也是贵金属热电偶，长期使用的最高温度可达 600℃，短期使用可达 1800℃，它宜在氧化性和中性介质中使用，在真空中可短期使用。它不能在还原性介质及含有金属或非金属蒸气的介质中使用，除非外面套有合适的非金属保护管才能使用。它具有铂铑 10-铂的各种优点，抗污染能力强，主要缺点是灵敏度低、热电势小，因此，冷端在 40℃ 以上使用时，可不必进行冷端温度补偿。

(c) 镍铬-镍硅（镍铬-镍铝）热电偶（K 型）。由镍铬与镍硅制成，热电偶丝直径一般为 1.2～2.5mm。镍铬为正极，镍硅为负极。该热电偶化学稳定性较高，可在氧化性介质或中性介质中长时间地测量 900℃ 以下的温度，短期测量可达 1200℃。如果用于还原性介质中，就会很快地受到腐蚀，在此情况下只能用于测量 500℃ 以下温度。这种热电偶具有复制性好、产生热电势大、线性好、价格便宜等优点。虽然测量精确度偏低，但完全能满足工业测量要求，是工业生产中最常用的一种热电偶。表 4.4 为其分度表。

表 4.4　K 型热电偶分度表

分度	电动势值/mV													
	−0℃	+0℃	100℃	200℃	300℃	400℃	500℃	600℃	700℃	800℃	900℃	1000℃	1100℃	1200℃
0	0	0	4.095	8.137	12.207	16.395	20.64	24.902	29.128	33.277	37.325	41.269	45.108	48.828
10	−0.392	0.397	4.508	8.537	12.623	16.818	21.066	25.327	29.547	33.686	37.724	41.657	45.486	49.192
20	−0.777	0.798	4.919	8.938	13.039	17.241	21.493	25.751	29.965	34.095	38.122	42.045	45.863	49.555
30	−1.156	1.203	5.327	9.341	13.456	17.664	21.919	26.176	30.383	34.502	38.519	42.432	46.238	49.916
40	−1.527	1.611	5.733	9.745	13.874	18.088	22.346	26.599	30.799	34.909	38.915	42.817	46.612	50.276
50	−10.89	2.022	6.137	10.151	14.292	18.513	22.772	27.022	31.214	35.314	39.31	43.202	46.985	50.633
60	−2.243	2.436	6.539	10.56	14.712	18.938	23.198	27.445	31.629	35.718	39.703	43.585	47.356	50.99
70	−2.586	2.85	6.939	10.969	15.132	19.363	23.624	27.867	32.042	36.121	40.096	43.968	47.726	51.344
80	−2.92	3.266	7.338	11.381	15.552	19.788	24.05	28.288	32.455	36.524	44.349	48.095	51.697
90	−3.242	3.681	7.737	11.793	15.974	20.214	24.476	28.709	32.866	36.925	40.897	44.729	48.462	52.049

注：1. 参考端温度为 0℃。

2. K 为镍铬-镍硅热电偶的新分度号，旧分度号为 EU-2。

（d）镍铬-康铜热电偶（E型）。其正电极为镍铬合金，9%～10%铬，0.4%硅，其余为镍。负极为康铜，56%铜，44%硅。镍铬-康铜热电偶的热电势是所有热电偶中最大的，如 $E_E(100,0) = 6319mV$，比铂铑-铂热电偶高了十倍左右，其热电特性的线性也好，价格又便宜。它的缺点是不能用于高温，长期使用温度上限为600℃，短期使用可达800℃。另外，康铜易氧化而变质，使用时应加保护套管。以上几种标准热电偶的温度与热电势特性曲线如图4.10所示。

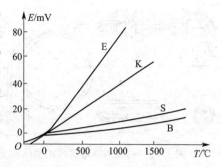

图4.10　热电偶的温度与电势特性曲线

非标准热电偶无论在使用范围或数量上均不及标准热电偶，但在某些特殊场合，譬如在高温、低温、超低温、真空等被测对象中，这些热电偶则具有某些特别良好的特性。随着生产和科学技术的发展，人们正在不断地研究和探索新的热电极材料，以满足特殊测温的需要。下面三种热电偶为非标准热电偶。

（e）钨铼系热电偶。该热电偶属廉价热电偶，可用来测量2760℃的温度，通常用于测量低于2316℃的温度，短时间测量可达3000℃。这种系列热电偶可用于干燥的氢气、中性介质和真空中，不宜用在还原性介质、潮湿的氢气及氧化性介质中。常用的钨铼系热电偶有钨-钨铼26，钨铼-钨铼25，钨铼5-钨铼20和钨锌5-钨铼26，这些热电偶的常用温度为300～2000℃，分度误差为±1%。

（f）铱铑系热电偶。该热电偶属贵金属热电偶。铱铑-铱热电偶可用在中性介质和真空中，但不宜用在还原性介质中，在氧化性介质中使用将缩短寿命。它们在中性介质和真空中测温长期使用可达2000℃左右。它们热电势虽较小，但线性好。

（g）镍钴-镍铝热电偶。测温范围为300～1000℃。其特点是在300℃以下热电势很小，因此不需要冷端温度补偿。

② 按用途和结构分类。热电偶按照用途和结构分为普通工业用和专用两类。普通工业用的热电偶分为直形、角形和锥形（其中包括无固定装置、螺纹固定装置和法兰固定装置等品种）。专用的热电偶分为钢水测温的消耗式热电偶、多点式热电偶和表面测温热电偶等。

（6）热电偶的结构

热电偶的基本组成包括热电极、绝缘套管、保护套管和接线盒等部分，其结构如图4.11所示。

热电偶的结构形式各种各样，按其结构形式，热电偶可以分为以下4种。

① 普通型热电偶。这类热电偶主要用于测量气体、蒸气和液体介质的温度，目前已经标准化、系列化。

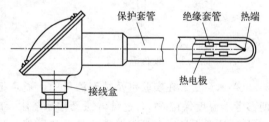

图4.11　普通型热电偶的典型结构

② 铠装热电偶。铠装热电偶又称缆式热电偶，它是将热电极、绝缘材料和金属保护套三者结合成一体的特殊结构形式，其断面结构如图4.12所示。它具有体积小、热惯性小、精确度高、响应快、柔性强的特点，广泛用于航空、原子能、冶金、电力、化工等行业中。

③ 薄膜热电偶。薄膜热电偶是采用真空蒸镀的方法，将热电偶材料蒸镀在绝缘基板上而成的热电偶，如图4.13所示。它可以做得很薄，具有热容量小、响应速度快的特点，适于测量微小面积上的瞬变温度。

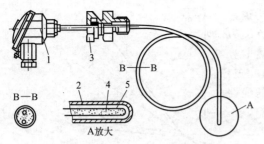

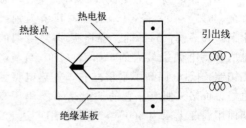

图 4.12　铠装型热电偶的典型结构
1—接线盒；2—金属套管；3—固定装置；
4—绝缘材料；5—热电极

图 4.13　薄膜热电偶的典型结构

④ 快速消耗型热电偶。这种热电偶是一种专用热电偶，主要用于测量高温熔融物质的温度，如钢水温度，通常是一次性使用。这种热电偶可直接用补偿导线接到专用的快速电子电位差计上，直接读取温度。

（7）热电偶的参考端的处理

从热电偶测温基本公式可以看到，对某一种热电偶来说热电偶产生的热电势只与工作端温度 T 和自由端温度 T_0 有关，即热电偶的分度表是以 $T_0 = 0℃$ 作为基准进行分度的。而在实际使用过程中，参考端温度往往不为 $0℃$，因此需要对热电偶参考端温度进行处理。热电偶的冷端温度补偿有下面几种方法。

① 温度修正法。采用补偿导线可使热电偶的参考端延伸到温度比较稳定的地方，但只要参考端温度不等于 $0℃$，就需要对热电偶回路的电势值加以修正，修正值为 $E_{AB}(T_0, 0)$。经修正后的实际热电势可由分度表中查出被测实际温度值。温度修正法分硬件法和软件法，硬件法如图 4.14 所示，软件法如图 4.15 所示。

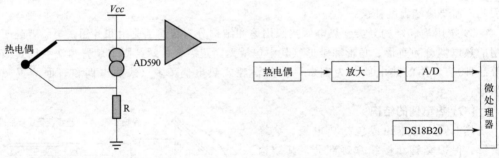

图 4.14　硬件温度修正法

图 4.15　软件温度修正法

② 冰浴法。在实验室及精密测量中，通常把参考端放入装满冰水混合物的容器中，以便参考端温度保持 $0℃$，这种方法又称冰浴法。冰浴法如图 4.16 所示。

③ 补偿电桥法。补偿电桥法是在热电偶与显示仪表之间接入一个直流不平衡电桥，也称冷端温度补偿器，如图 4.17 所示。图中经稳压后的直流电压 E 经过电阻 R 对电桥供电，电桥的 4 个桥臂由电阻 R_1、R_2、R_3（均由锰铜丝绕成）及 R_{Cu}（铜线绕制）组成，R_{Cu} 与热电偶冷端感受同样的温度。设计时使电桥在 $20℃$ 处于平衡状态，此时电桥的 a、b 两端无电压输出，电桥对仪表无影响。当环境温度变化时，热电偶冷端温度也变化，则热电势将随冷端温度的变化而改变。但此时 R_{Cu} 阻值也随温度而变化，电桥平衡被破坏，电桥输出不平衡电压，此时不平衡电压与热电偶电势叠加在一起送到仪表，以此起到补偿作用。应该设计出这样的电桥，使它产生的不平衡电压正好补偿由于冷端温度变化而引起的热电势变化值，仪表便可以指示正确的测温值。

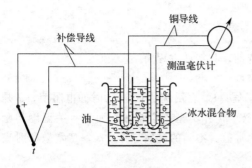

图 4.16　冰浴法

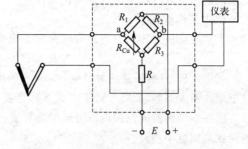

图 4.17　具有补偿电桥的热电偶测量线路

必须注意，由于电桥是在 20℃ 平衡，所以采用这种电桥需要把仪表的机械零位调整到 20℃ 处。不同型号规格的补偿电桥（即冷端温度补偿器）应与热电偶配套。

④ 补偿导线法。在实际测温时，需要把热电偶输出的电势信号传输到远离现场数十米的控制室里的显示仪表或控制仪表，这样参考端温度 T_0 也比较稳定。热电偶一般做得较短，需要用导线将热电偶的冷端延伸出来，如图 4.18 所示。

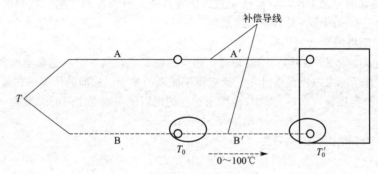

图 4.18　补偿导线法

工程中采用一种补偿导线，它通常由两种不同性质的廉价金属导线制成，而且要求在 0～100℃ 的温度范围内，补偿导线和所配热电偶具有相同的热电特性。通常热电偶的补偿导线如表 4.5 所示。

表 4.5　常用热电偶的补偿导线规程

热电偶	补偿导线				热端为 100℃，冷端为 0℃ 时的标准电势/mV
	正极		负极		
	材料	颜色	材料	颜色	
铂铑-铂铑	铜	红	镍铜	白	0.64±0.03
镍铬-镍铝（硅）	铜	红	康铜	白	4.10±0.15
镍铬-考铜	镍、铬	褐、绿	考铜	白	6.95±0.30
铁-考铜	铁	白	考铜	白	5.75±0.25
铜-康铜	铜	红	康铜	白	4.10±0.15

4.2.3　热电阻

利用热电阻和热敏电阻的温度系数制成的温度传感器，均称为热电阻温度传感器。工业上广泛利用热电阻来测量 −200～500℃ 的温度。

热电阻由电阻体、保护套管和接线盒等部分组成。作为测量用的热电阻应具有下述要求：电阻温度系数要尽可能大和稳定，电阻率大，电阻与温度变化关系最好呈线性，在整个测温范围内应具有稳定的物理和化学性质。

（1）工作原理

大多数金属导体的电阻具有随温度变化的特性，其特性方程为

$$R_t = R_0[1 + a(t - t_0)] \tag{4-18}$$

式中，R_t 表示任意绝对温度 t 时金属的电阻值；R_0 表示基准状态 t_0 时的电阻值；a 是热电阻的温度系数，$℃^{-1}$。对于绝大多数金属导体，a 并不是一个常数，而是有关温度的函数，但在一定的温度范围内，可近似地看成一个常数。不同的金属导体，a 保持常数所对应的温度范围也不同。

一般选作感温电阻的材料必须满足如下要求。

① 电阻温度系数 a 要高，这样在同样条件下可加快热响应速度，提高灵敏度。通常纯金属的温度系数比合金大，一般均采用纯金属材料。

② 在测温范围内，化学、物理性能稳定，以保证热电阻的测温准确性。

③ 具有良好的输出特性，即在测温范围内电阻与温度之间必须有线性或接近线性的关系。

④ 具有比较高的电阻率，以减小热电阻的体积和重量。

⑤ 具有良好的可加工性，且价格便宜。比较适合的材料有铂、铜、铁和镍等。它们的阻值随温度的升高而增大，具有正温度系数。

（2）热电阻类型

① 铂热电阻（WZP 型号）。铂的物理、化学性能稳定，是目前制造热电阻的最好材料。铂热电阻主要作为标准电阻温度计，广泛应用于温度的基准、标准的传递。它是目前测温复现性最好的一种温度计。在 0～850℃ 范围内铂丝的电阻值与温度之间的关系为

$$R_t = R_0(1 + At + Bt^2) \tag{4-19}$$

在 −200～0℃ 范围内的关系为

$$R_t = R_0[1 + At + Bt^2 + C(t - 100)t^3] \tag{4-20}$$

式中，R_t 为温度在 t 时的电阻值；R_0 为温度在 0℃ 时的电阻值；t 为任意温度值；A，B，C 均为常数，其值分别为 $A = 3.90803 \times 10^{-3}℃^{-1}$，$B = -5.775 \times 10^{-7}℃^{-2}$，$C = -4.183 \times 10^{-12}℃^{-4}$。

由以上两式可见，0℃ 时的阻值 R_0 十分重要，它与材质纯度和制造工艺水平有关，另一个对测温有直接作用的因素是电阻温度系数，即温度每变化 1℃ 时阻值的相对变化量，它本身也随温度变化。为便于比较，常选共同的温度范围 0～100℃ 内阻值变化的倍数，即 R_{100}/R_0 的比值来比较，这个比值相当于 0～100℃ 范围内，平均电阻系数的 100 倍，此值越大越灵敏。

铂热电阻中的铂丝纯度用电阻比 $W(100)$ 表示，即

$$W(100) = \frac{R_{100}}{R_0} \tag{4-21}$$

式中，R_{100} 为铂热电阻在 100℃ 时的电阻值；R_0 为铂热电阻在 0℃ 时的电阻值。

电阻比 $W(100)$ 越大，其纯度越高。按 IEC 标准，工业使用的铂热电阻的 $W(100) \geqslant 1.3850$。目前技术水平可达到 $W(100) = 1.3930$，其对应铂的纯度为 99.9995%。

我国规定工业用铂热电阻有 $R_0 = 10\Omega$ 和 $R_0 = 100\Omega$ 两种，它们的分度号分别为 Pt10 和 Pt100，其中以 Pt100 为常用。铂热电阻不同分度号亦有相应分度表，即 $R_t \sim t$ 的关系表，这样在实际测量中，只要测得热电阻的阻值 R_t，便可从分度表上查出对应的温度值。表 4.6 为 R_t 的分度表。

由于铂为贵金属，因此一般用于高精度工业测量。铂热电阻主要作为标准电阻温度计，广泛应用于温度的基准，长时间稳定的复现性使它成为目前测温复现性最好的温度计。在一般测量精确度和测量范围较小时采用铜热电阻。

表 4.6 铂热电阻 Pt100 ($R_0 = 100\Omega$) 的分度表

温度/℃	0	10	20	30	40	50	60	70	80	90
	电阻/Ω									
−200	18.49									
−100	60.25	56.19	52.11	48.00	43.87	39.71	35.53	31.32	27.08	22.80
0	100.00	96.09	92.16	88.22	84.27	80.31	76.33	72.33	68.33	64.30
0	100.00	103.90	107.19	111.67	115.54	119.41	123.24	127.07	130.89	134.70
100	138.50	142.29	146.06	149.82	153.58	157.31	161.04	164.76	168.46	172.16
200	175.84	179.51	183.17	186.82	190.45	194.07	197.69	201.29	204.88	208.45
300	212.02	215.57	219.12	222.65	226.17	229.69	233.17	236.65	240.13	243.59
400	247.04	250.48	253.90	257.32	260.72	264.11	267.49	270.86	274.22	277.56
500	280.90	284.22	287.53	290.83	294.11	297.39	300.65	303.91	307.15	310.38
600	313.59	316.80	319.99	323.18	326.35	329.51	332.66	335.79	338.92	342.03
700	345.13	348.22	351.30	354.37	357.35	360.47	363.50	366.52	369.53	372.52
800	375.51	378.48	381.45	384.40	387.34	390.26				

② 铜热电阻（WZC 型号）。铂热电阻虽然优点多，但价格昂贵。铜易于提纯，价格低廉，电阻-温度特性线性较好。在测量精确度要求不高且温度较低的场合，铜热电阻得到广泛应用。铜的电阻温度系数大，易加工提纯，其电阻值与温度呈线性关系，价格便宜，在 −50～150℃ 内有很好的稳定性。但温度超过 150℃ 后易被氧化而失去线性特性，因此，它的工作温度一般不超过 150℃。

铜的电阻率小，要具有一定的电阻值，铜电阻丝必须较细且长，则热电阻体积较大，机械强度低。

在 −50～150℃ 的温度范围内，铜电阻与温度近似呈线性关系，可用下式表示，即

$$R_t = R_0(1 + At + Bt^2 + Ct^3) \tag{4-22}$$

式中，R_t 是温度为 t 时的铜电阻值；R_0 是温度为 0℃ 时的铜电阻值；t 为任意温度值；A，B，C 均为常数，其值分别为 $A = 4.28899 \times 10^{-3}$℃$^{-1}$，$B = -2.133 \times 10^{-7}$℃$^{-2}$，$C = 1.233 \times 10^{-9}$℃$^{-3}$。

由于 B、C 很小，某些场合可以近似表示为

$$R_t = R_0(1 + at) \tag{4-23}$$

式中，a 是电阻温度系数，取 $a = 4.28 \times 10^{-3}$℃$^{-1}$。

铜热电阻的 R_0 分度表号 Cu50 为 50Ω，Cu100 为 100Ω。铜的电阻率仅为铂的几分之一。因此，铜热电阻所用阻丝细而且长，机械强度较差，热惯性较大，在温度高于 100℃ 或侵蚀性介质中使用时，易氧化，稳定性较差。因此，只能用于低温及无侵蚀性的介质中。热电阻新、旧分度号如表 4.7 所示。

表 4.7 热电阻新、旧分度号

名称	新型	旧型
铂热电阻	Pt100($R_0 = 100\Omega$) ($a = 0.00385$℃$^{-1}$)	BA$_1$($R_0 = 46\Omega$) ($a = 0.00391$℃$^{-1}$) BA$_2$($R_0 = 100\Omega$) ($a = 0.00391$℃$^{-1}$)
	Pt10($R_0 = 10\Omega$)	
铜热电阻	Cu50($R_0 = 50\Omega$) Cu100($R_0 = 100\Omega$)	G($R_0 = 53\Omega$)

注：1. R_0——温度为 0℃ 时热电阻电阻值。

2. a——电阻温度系数。

③ 其他热电阻。近年来，在低温和超低温测量方面，采用了新型热电阻。

铟电阻用 99.999% 高纯度的铟绕成电阻，适宜在 −296～−258℃ 温度范围内使用。实

验证明，在 4.2～15K 温度范围内，铟电阻的灵敏度比铂热电阻高 10 倍，缺点是材料软，复制性差。

（3）热电阻温度计的结构

热电阻温度计由电阻体、绝缘套管、保护套管、引线和接线盒等组成，如图 4.19 所示。

热电阻温度计外接引线如果较长时，引线电阻的变化会使测量结果有较大误差，为减小误差，可采用三线式电桥连接法测量电路或四线电阻测量电路，具体可参考有关资料。

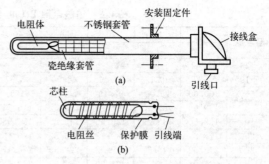

图 4.19 普通热电阻温度计结构图

4.2.4 温度变送器

温度变送器与测温元件配合使用将温度信号转换成为统一的标准信号 4～20mA DC 或 1～5V DC，以实现对温度的自动检测或自动控制。温度变送器还可以作为直流毫伏变送器或电阻变送器使用，配接能够输出直流毫伏信号或电阻信号的传感器，实现对其他工艺参数的测量。

温度变送器可分为以 DDZ-Ⅲ 温度变送器为主流的模拟温度变送器和智能化温度变送器两大类。在结构上，温度变送器有测温元件和变送器连成一个整体的一体化结构及测温元件另配的分体式结构。

DDZ-Ⅲ 温度变送器主要有三种：直流毫伏变送器、热电偶温度变送器和热电阻温度变送器。其原理和结构形式大致相同。直流毫伏变送器将直流毫伏信号转换成 4～20mA DC 电流信号，而热电偶、热电阻温度变送器将温度信号线性地转换成 4～20mA DC 电流信号。这三种变送器均属安全火花防爆仪表，采用四线制连接方式，都分为量程单元和放大单元两部分，它们分别设置在两块印刷电路板上，用接插件相连接，其中，放大单元是通用的，而量程单元随型号、测量范围的不同而不同。

（1）直流毫伏变送器

直流毫伏变送器作用是把直流毫伏信号 E_i 转换成 4～20mA DC 电流信号。直流毫伏变送器的构成框图如图 4.20 所示。它把由检测元件送来的直流毫伏信号 E_i 和桥路产生的调零信号 U_z 以及同反馈电路产生的反馈信号 U_f 进行比较，其差值送入前置运放进行电压放大，再经功率放大器转换成具有一定带负载能力的电流信号，同时把该电流调制成交流信号，通过 1:1 的隔离变压器实现隔离输出。

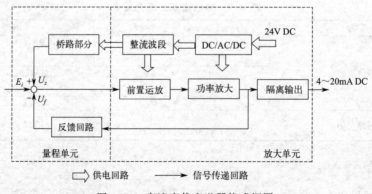

图 4.20 直流毫伏变送器构成框图

从图 4.20 中不难看出，在量程单元中调 U_z 可实现调零，调反馈信号 U_f 可实现调量程功能，放大单元实现信号放大、调制和隔离。

（2）热电偶温度变送器

热电偶温度变送器与热电偶配合使用，要求将温度信号线性地转换为 $4\sim20\text{mA DC}$ 电流信号或 $1\sim5\text{V DC}$ 电压信号。由于热电偶测量温度的两个特点，一是需冷端温度恒定，二是热电偶的热电势与热端温度呈非线性的关系，故热电偶温度变送器线路需在直流毫伏线路的基础上做两点修改。

① 在量程单元的桥路中，用铜电阻代替原桥路中的恒电阻，并组成正确的冷端补偿回路。

② 在原来的反馈回路中，构造与热电偶温度特性相似的非线性反馈电路，利用深度负反馈电路来实现温度与热电偶温度变送器输出电流呈线性关系。热电偶温度变送器的构成框图如图 4.21 所示。

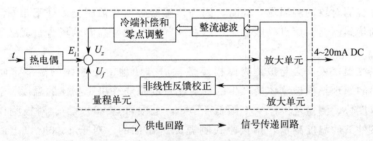

图 4.21　热电偶温度变送器的构成框图

需要注意的是，由于不同分度号热电偶的热电特性不相同，故与热电偶配套的温度变送器中的非线性反馈电路也是随热电偶的分度号和测温范围的不同而变化的，这也正是热电偶温度变送器量程单元不能通用的原因。

（3）热电阻温度变送器

热电阻温度变送器与热电阻配合使用，要求将温度信号转换为 $4\sim20\text{mA DC}$ 电流信号或 $1\sim5\text{V DC}$ 电压信号。由于热电阻传感器的输出量代表电阻的变化，故需引入桥路，将电阻的变化转换成电压的变化。又由于热电阻温度特性具有非线性，故在直流毫伏线路的基础上需引入线性化环节。热电阻温度变送器的构成框图如图 4.22 所示。

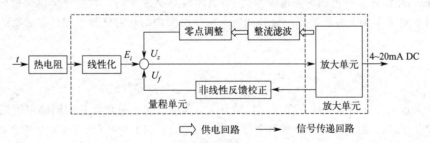

图 4.22　热电阻温度变送器的构成框图

需要注意的是，热电阻温度变送器的线性化电路不同于热电偶温度变送器。它采用的是热电阻两端电压信号正反馈的方法，使流过热电阻的电流随电压增大而增大，即电流随温度的增高而增大，从而补偿热电阻引线电阻由于环境温度增加而导致输出变化量减小的部分，最终使热电阻两端的电压信号与被测温度呈线性关系。

由于热电阻温度变送器本质上测量的是电阻的变化，故对引线电阻的要求较高，一般采用三线制接法。

（4）DDZ-Ⅲ温度变送器防爆措施

DDZ-Ⅲ温度变送器安全火花防爆措施有三条：在输入、输出及电源回路之间通过变压器而相互隔离；在输入端设有限压和限流元件；在输出端及电源端装有大功率二极管及熔断丝。

4.3 非接触式测温

对于常见的热电偶、热电阻式测温仪表，其测温元件与被测物体必须相接触才能测温，因此容易破坏被测对象的测温场。同时，因为传感器必须和被测物体处于相同温度，仪表的测温上限受到传感器材料熔点的限制，所以在一些需要测量高温的场合，就必须采用非接触式测温仪表。

非接触式测温仪表不必与被测物体相接触就可方便地测出物体的温度，而且响应速度快。辐射测温的原理根据被测体所产生的辐射能量的强弱来决定物体的温度。非接触式测温法具有反应速度快、测量范围广（下限低于0℃，上限可达2500℃）、对被测体无影响等特点，在某些条件下的温度测量，是接触式测温无可比拟的。对于1800℃以上测温对象，它是唯一可行的测温方法。工业上常用的是利用辐射测温原理制成的辐射式温度计和光学高温计等。

4.3.1 辐射测温原理

（1）黑体辐射定律

辐射测温的理论基础是黑体辐射定律，黑体是指能对落在它上面的辐射能量全部吸收的物体。自然界中任何物体只要其温度在绝对零点以上，就会不断地向周围空间辐射能量。温度越高，辐射能量就越多。黑体辐射满足下述各定律。

① 普朗克定律（单色辐射强度定律）。当黑体的温度为T时，它的每单位面积向半球面方向发射的对应于某个波长的单位波长间隔、单位时间内的辐射能量与波长、温度的函数关系为

$$E_0(\lambda, T) = \frac{C_1}{\lambda^5 (e^{\frac{C_2}{\lambda T}} - 1)} \tag{4-24}$$

式中，$E_0(\lambda, T)$ 为黑体在温度T、波长λ、单位时间、单位波长间隔辐射的能量，其单位为 W/m^3；C_1 为普朗克第一辐射常数，$C_1 = 3.7418 \times 10^{-12} W \cdot m^2$；$C_2$ 为普朗克第二辐射常数，$C_2 = 1.4388 \times 10^{-2} m \cdot K$；$\lambda$ 为辐射波长，m；T 为黑体表面的绝对温度，K。

② 维恩位移定律。单色辐射强度的峰值波长 λ_m 与温度 T 之间的关系由下式表述。

$$\lambda_m T = 2.8978 \times 10^{-3} m \cdot K \tag{4-25}$$

式中，λ_m 为对应黑体辐射能量最大值的波长，m；T 为黑体表面的绝对温度，K。

上式称为维恩位移定律。可见，对于温度较低的黑体，其辐射能量主要在长波段。当它的温度升高时，辐射能量增加。对应最大辐射能量的波长向短波方向移动。

③ 斯特藩-玻耳兹曼定律。在一定的温度下，黑体在单位时间内单位面积辐射的总能

量为

$$E_b = \int_0^\infty E_b(\lambda, T)\, d\lambda = \alpha T^4 \tag{4-26}$$

式中，α 为斯特藩-玻耳兹曼常数，$\alpha = 5.67 \times 10^{-12}\ W/(cm^2 \cdot K^4)$。

由上式可见，黑体辐射的所有波长总能量与它的绝对温度的四次方成正比。当黑体的温度升高时，辐射能量将迅速增加。

上述各定律只适用于黑体。实际物体都是非黑体，它们的辐射能力均低于黑体。实际物体的辐射能量与黑体在相同温度下的辐射能量之比称为该物体的比辐射率或黑度，记为 ε，则

$$E = \varepsilon E_b \tag{4-27}$$

式中，E 为实际物体的辐射能量；E_b 为黑体在相同温度下的辐射能量。

（2）辐射测温方法

被测体的温度在不同的条件下以黑体的温度表示，有以下三种测温方法。

① 亮度测温法。亮度温度的定义是：某一被测体在温度为 T、波长为 λ 时的光谱辐射能量，等于黑体在同一波长下的光谱辐射能量。此时，黑体的温度称为该物体在该波长下的亮度温度（简称亮温），由普朗克定律可以得到

$$\frac{1}{T} = \frac{\lambda_e}{C_2} \ln \varepsilon_\lambda + \frac{1}{T_L} \tag{4-28}$$

式中，λ_e 为有效波长；ε_λ 为有效波长 λ_e 的比辐射率；T 为被测体的真温；T_L 为被测体的亮温。

物体的亮温比真温要低，测得亮温后尚需校正。一般选有效波长为 $0.65 \sim 0.66 \mu m$。

② 比色测温法。比色温度的定义是：黑体在波长 λ_1 和 λ_2 下的光谱辐射能量之比等于被测体在这两个波长下的光谱辐射能量之比，此时黑体的温度称为被测体的比色温度（简称色温）。

由普朗克定律可求得被测体的温度与其色温的关系为

$$\frac{1}{T} - \frac{1}{T_e} = \frac{\ln \dfrac{\varepsilon_1}{\varepsilon_2}}{C_2 \left(\dfrac{1}{\lambda_1} - \dfrac{1}{\lambda_2} \right)} \tag{4-29}$$

式中，T_e 为被测体的色温；T 为被测体温度；ε_1、ε_2 分别为被测体对应于波长 λ_1 和 λ_2 的比辐射率，当比辐射率 ε_1、ε_2 为已知时，根据上式可由测得的色温求出被测体的真温。

如果物体的比辐射率不随波长而变，则该物体称为灰体。显然，对于灰体，色温与真温是相等的。

③ 全辐射测温法。全辐射测温的理论依据是斯特藩-玻耳兹曼定律。全辐射温度的定义是：当某一被测体的全波长范围的辐射总能量与黑体的全波长范围的辐射总能量相等时，黑体的温度就称为该被测体的全辐射温度。此时有

$$T = T_b \sqrt[4]{\frac{1}{\varepsilon}} \tag{4-30}$$

当被测体的全波比辐射率 ε 为已知时，可由上式校正后，求得真温 T。

由上述三种测温原理可知，比色测温与亮度测温都具有较高的精确度。比色测温的抗干扰能力强，在一定程度上可以消除电源电压的影响和背景杂散光的影响等。全辐射测温容易受背景干扰。

从三种辐射测温原理可见，辐射测温法并非直接测得物体的真温，每种方法都需要由已知的比辐射率校正后求出真温。这样，比辐射率的测量误差将会影响辐射测温结果的准确

性，这是辐射测温法的缺点。因此，尽管辐射测温法具有很多优点，但测温精确度还不够高，这在一定程度上影响了它的使用。加之，辐射测温仪表复杂，价格较贵，因此它的使用范围远不及接触式测温仪表广泛。

4.3.2　辐射式测温仪表

（1）灯丝隐灭式光学高温计

灯丝隐灭式光学高温计是一种典型的单色辐射光学高温计，在所有的辐射式温度计中它的精确度最高，因此很多国家用来作为基准仪器，复现黄金凝固点温度以上的国际实用温标。灯丝隐灭式光学高温计的原理图如图4.23所示。

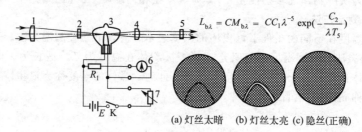

$$L_{b\lambda} = CM_{b\lambda} = CC_1\lambda^{-5}\exp(-\frac{C_2}{\lambda T_5})$$

(a)灯丝太暗　(b)灯丝太亮　(c)隐丝(正确)

图4.23　灯丝隐灭式光学高温计

1—物镜；2—吸收玻璃；3—高温计标准灯；4—目镜；5—红色滤光片；6—毫伏表；7—滑线变阻器

高温计的核心元件是一只标准灯3，其弧形灯丝的加热采用直流电源E，用滑线变阻器7调整灯丝电流以改变灯丝亮度。标准灯经过校准，电流值与灯丝亮度的关系是已知的。灯泡的亮度温度用毫伏表6测出。物镜1和目镜4均可调整沿轴向移动，调整目镜位置使观测者清晰地看到标准灯的弧形灯丝，调整物镜的位置使被测物体成像在灯丝平面上，在物像形成的发光背景上可以看到灯丝。观测者目视比较背景和灯丝的亮度，如果灯丝亮度比被测物体的亮度低，则灯丝在背景上显现出暗的弧线，如图4.23(a)所示；若灯丝亮度比被测物体亮度高，则灯丝在相对较暗的背景上显现出亮的弧线，如图4.23(b)所示；只有当灯丝亮度和被测物体亮度相等时，灯丝才消隐在物像的背景里，如图4.23(c)所示，此时由毫伏计指示的电流值就可得出被测物体的亮度温度。在图4.23所示的光学高温计原理图中，2是灰色吸收玻璃，它的作用是在保证标准灯泡钨丝不过热的情况下增加高温计的测量范围。当亮度温度超过1400℃时，钨丝开始升华使阻值改变，且在灯泡壁上形成暗黑膜，改变了灯丝的温度亮度特性，给测量造成误差，为此当被测物体亮度温度高于1400℃时，光路中要加入吸收玻璃，以减弱辐射源进入光学高温计的辐射强度。这样可以利用最高亮度温度不超过1400℃的钨丝灯去测高于1400℃的物体温度。

使用单色辐射高温计应注意的事项如下。

① 非黑色辐射的影响。由于被测物体均为非黑体，其单色辐射强度随波长、温度、物体表面情况而变化，使被测物体温度示值具有较大误差。为此人们往往把一根具有封底的细长管插入被测对象中去，管底的辐射就近似于黑体辐射。光学高温计测得的管子底部温度就可以视为被测对象的真实温度。

② 中间介质。理论上光学高温计与被测目标间没有距离上的要求，只要求物像能均匀布满目镜视野即可。但实际上其间的灰尘、烟雾、水蒸气和二氧化碳等对热辐射均有散射效应和吸收作用，会造成测量误差。所以实际使用时高温计与被测物体距离不宜太远，一般在1~2m比较合适。

③ 被测对象。光学高温计不宜测量反射光很强的物体，不能测量不发光的透明火焰，也不能用光学高温计测量冷光的温度。

（2）光电高温计

光电高温计的工作原理如图 4.24 所示。被测体的辐射光由物镜聚焦，经光栏、调制遮光板的上方孔、滤光片，投射到光电元件上。另一路光由参比光源灯泡发出，经透镜、调制遮光板的下方孔、滤光片后投射到光电元件的同一位置。调制遮光板将来自被测体和参比光源的两束光变成脉冲光束，并交替地投射到光电元件上。如果两束光存在亮度差，则差值将被放大，可推动可逆电动机旋转并带动滑线电阻的触点变化，从而调节灯泡的电源，直至两束光的亮度平衡为止。同时可逆电动机也带动显示记录仪表记录相应的温度值。

使用光电高温计时所应注意的事项和使用灯丝隐灭式光学高温计应注意事项相同。不过，由于参比灯和光电元件的特性有较大分散性，器件互换性差，因此在更换参比灯和光电池时需要重新进行调整和分区。

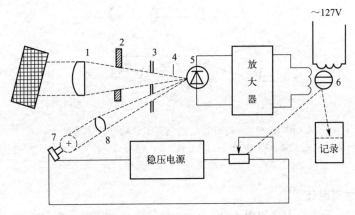

图 4.24　光电高温计工作原理图

1—物镜；2—光栏；3—调制遮光板；4—滤光片；5—光电元件；6—可逆电动机；7—参比光源；8—透镜

（3）光电比色高温计

根据维恩偏移定律，当温度增高时，绝对黑体的最大单色辐射强度向波长减小的方向移动，使两个固定波长 λ_1 和 λ_2 的亮度比随温度而变化。因此，测量亮度比值即可知其相应温度。图 4.25 是单通道光电比色高温计的工作原理。

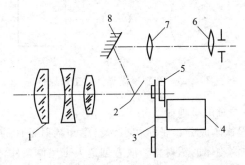

图 4.25　单通道光电比色高温计的工作原理图

1—物镜；2—通孔成像镜；3—调制盘；4—同步电动机；5—硅光电池接收器；6—目镜；7—倒像镜；8—反射镜

被测物体的辐射经物镜组 1 聚焦，经过通孔成像镜 2 到达硅光电池接收器 5。同步电动机 4 带动圆盘 3 转动，圆盘上装有两种不同颜色的滤光片，交替通过两种波长的光，接收器

5 输出两个相应的电信号。对被测对象的瞄准由反射镜 8、倒像镜 7 和目镜 6 来实现。单通道比色高温计的测温范围为 $900 \sim 2000℃$，仪表基本误差为 $\pm 1\%$。如果采用 PbS 光电池代替硅光电池作为接收器，则测温下限可到 $400℃$。

双通道比色高温计不像单通道那样采用转动圆盘进行调制，而是采用分光镜把辐射分成不同波长的两路。图 4.26 为其原理图。

被测物体的辐射经物镜 1 聚焦于视场光栏 10，再经透镜 9 到分光镜 7，其中红外光透过分光镜投射到硅光电池 6 上，可见光则被分光镜反射到另一光电池 8 上。在 6 的前面有红色滤光片将少量可见光滤去，在 8 的前面有可见光滤光片将少量长波辐射滤去。两个硅光电池的输出信号分别为电动势 E_1 和 E_2。

这种双通道比色高温计结构简单，使用方便，但两个光电池要保持特性一致且不发生时变是比较困难的。

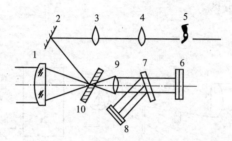

图 4.26 双通道光电比色高温计的结构原理图
1—物镜；2—反射镜；3—倒像镜；4—目镜；5—人眼；6、8—硅光电池；7—分光镜；
9—场镜；10—视场光栏

（4）全辐射高温计

全辐射高温计的工作原理如图 4.27 所示。与前面几种辐射高温计相比，它是把被测体的所有波长的能量全部接收下来，而不需要变为单色光。因此，全辐射高温计要求光敏元件对整个光谱的光都能较好地响应。一般选用热电堆或热释电器件。热释电器件近年来应用较多。它的响应速度快，并且有很宽的动态范围，对光谱辐射的响应几乎与波长无关，直到远红外波段灵敏度都相当均匀。

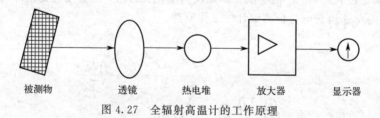

被测物　　　　透镜　　　　热电堆　　　　放大器　　　　显示器

图 4.27 全辐射高温计的工作原理

使用全辐射高温计应注意的事项如下。

① 全辐射的辐射率因物体成分、表面状态、温度和辐射条件的不同有较大的变化，因此应尽可能准确地得知被测物体的辐射率。或者创造人工黑体条件，例如将细长封底氧化铝管插入被测对象。

② 温度计和被测物体之间的介质，如水蒸气、二氧化碳、尘埃等对热辐射有较强的吸收能力，而且不同介质对各波长的吸收率也不相同，为此高温计与被测物体之间距离不可太远。

③ 用时环境温度不宜太高，以免引起热电堆冷端温度增高而增加测量误差。虽然设计

高温计时对冷端温度有一定补偿措施，但还做不到完全补偿。例如被测物体温度 1000℃、环境温度为 50℃ 时，高温计指示值偏高约 5℃，环境温度为 80℃ 时示值偏低约 10℃，当环境温度高于 1000℃ 时必须加冷却水降温。

④ 被测物体到高温计之间距离 L 和被测物体的直径 D 之比 L/D 有一定限制。当比值太大时，被测物体在热电堆平面上成像太小，使热电堆接收到的辐射能减少，温度示值偏低；当比值太小时，物像过大，使热电堆附近的其他零件受热，冷端温度上升，也造成示值下降。

总之，全辐射高温计不宜进行精确测量，多用于中小型炉窑的温度监视。该高温计的优点是结构简单、使用方便、价格低廉，其时间常数约为 $4\sim20s$。近年来，全辐射高温计的热接收器除了热电堆之外，还采用热敏电阻、硅光电池等器件，此外除热接收器的输出电路有所变化外，其他光学系统无变化。

4.4 温度检测仪表的选用与安装

4.4.1 温度检测仪表的选用

（1）一般选用原则

温度检测仪表的选用应根据工艺要求，正确选择仪表的量程和精确度。正常使用温度范围一般为仪表量程的 $30\%\sim90\%$。现场直接测量的仪表可按工艺要求选用。

玻璃液体温度计具有结构简单、使用方便、测量准确、价格便宜等优点，但强度差、容易损坏，通常用于指示精确度较高、现场没有振动的场合，还可作温度报警和位式控制。

双金属温度计具有体积小、使用方便、刻度清晰、机械强度高等优点，但测量误差较大，适用于指示清晰、有振动的场合，也可作报警和位式控制。

压力式温度计有充气式、充液体式和充蒸气式三种。可以实现温度指示、记录、调节、远传和报警，刻度清晰，但毛细管的机械强度较差，测量误差较大，一般用于就地集中测量或要求记录的场合。

热敏电阻温度计具有体积小、灵敏度高、惯性小、结实耐用等优点，但是热敏电阻的特性差异很大，可用于间断测量固体表面温度的场合。

测量微小物体和运动物体的温度或测量因高温、振动、冲击等原因而不能安装测温元件的物体的温度，应采用光学高温计、辐射感温器等辐射型温度计。

辐射型温度计测温度必须考虑现场环境条件，如受水蒸气、烟雾、一氧化碳、二氧化碳等影响，应采取相应措施，克服干扰。

光学高温计具有测温范围广、使用携带方便等优点，但是只能目测，不能记录或控制温度。

辐射感温器具有性能稳定、使用方便等优点，与显示仪表配套使用能连续指示记录和控制温度，但测出的物体温度和真实温度相差较大，使用时应进行修正。当与瞄准管配套测量时，可测得真实温度。

（2）特殊场合选用原则

特殊场合应考虑选择如下热电偶、热电阻。

① 温度高于870℃、氢含量大于5%的还原性气体、惰性气体及真空场合，选用钨铼热电偶或吹气热电偶。

② 设备、管道外壁和转体表面温度，选用端（表面）式、压簧固定式或铠装热电偶、热电阻。

③ 含坚硬固体颗粒介质，选用耐磨热电偶。

④ 在同一检出（测）元件保护管中，要求多点测量时，选用多点（支）热电偶。

⑤ 为了节省特殊保护管材料，提高响应速度或要求检出元件弯曲安装时，可选用铠装热电偶、热电阻。

⑥ 高炉、热风炉温度测量，可选用高炉、热风炉专用热电偶。

4.4.2　温度检测仪表的安装

在石油化工生产过程中，温度检测仪表一般安装在工艺管道上或烟道中。下面针对这两种情况进行讨论。

（1）管道内流体温度的测量

通常采用接触式测温方法测量管道内流体的温度，测温元件直接插入流体中。接触式测温仪表所测得的温度都是由测温（感温）元件来决定的。在正确选择测温元件和二次仪表之后，如不注意测温元件的正确安装，那么测量精确度仍得不到保证。

为了正确地反映流体温度和减少测量误差，要注意合理地选择测点位置，并使测温元件与流体充分接触。工业上，一般是按下列要求进行安装的。

① 测点位置要选在有代表性的地点，不能在温度的死角区域，尽量避免电磁干扰。

② 在测量管道温度时，应保证测温元件与流体充分接触，以减少测量误差。因此，要求安装时测温元件应迎着被测介质流向插入，至少需与被测介质流向垂直（成90°），切勿与被测介质形成顺流，如图4.28所示。

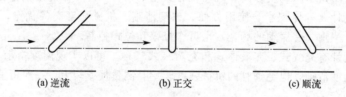

(a) 逆流　　　　　　　(b) 正交　　　　　　　(c) 顺流

图4.28　测温元件安装示意图1

③ 测温元件的感温点应处于管道中流速最大处。一般来说，热电偶、铂热电阻、铜热电阻保护套管的末端应分别越过流束中心线5~10mm、50~70mm、25~30mm。

④ 测温元件应有足够的插入深度，以减小测量误差。为此，测温元件应斜插安装或在弯头处安装，如图4.29所示。

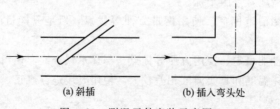

(a) 斜插　　　　　　　　(b) 插入弯头处

图4.29　测温元件安装示意图2

⑤ 若工艺管道过小（直径小于 80mm），安装测温元件处应接装扩大管，如图 4.30 所示。

⑥ 热电偶、热电阻的接线盒面盖应该在上面，以避免雨水或其他液体、脏物进入接线盒中影响测量，如图 4.31 所示。

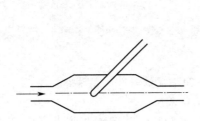 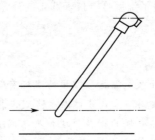

图 4.30　扩大管安装示意图　　　　图 4.31　热电偶或热电阻安装示意图

⑦ 为了防止热量散失，在测点引出处要有保温材料隔热，以减少热损失带来的测量误差。

⑧ 测温元件安装在负压管道中时，必须保证其密封性，以防外界冷空气进入，使读数降低。

（2）烟道中烟气温度的测量

烟道的管径很大，测温元件插入深度有时可达 2m，应注意降低套管的导热误差和向周围环境的辐射误差。可以在测温元件外围加热屏蔽罩，如图 4.32 所示。也可以采用抽气的办法加大流速，增强对流换热，减少辐射误差。图 4.33 给出一种抽气装置的示意图，热电偶装于有多层屏蔽的管中，屏蔽管的后部与抽气器连接。当蒸气或压缩空气通过抽气器时，会夹带着烟气以很高的流速流过热电偶测量端。在抽气管路上加装的孔板是为了测量抽气流量，以计算测量处的流速来估计误差。

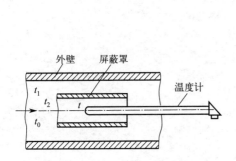 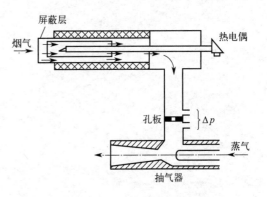

图 4.32　测温元件外围加热屏蔽罩　　　　图 4.33　抽气装置示意图

本章小结

温度是工业生产过程中最普遍、最重要的热工参数之一。本章首先介绍了温标的概念，分别介绍了经验温标（包括摄氏温标、华氏温标和列氏温标）、热力学温标以及国际温标。

根据测温方式的不同，温度测量可以分为接触式测温与非接触式测温两大类。在接触式测温中，介绍了热膨胀式温度计、热电偶、热电阻和温度变送器。重点是热电偶和热电阻温

第**4**章　温度检测

度计，其中热电偶的测温原理、标准热电偶的特性、热电偶的冷端处理与补偿、热电偶的分度表、热电阻的测温原理、标准热电阻的特性以及热电阻的分度表等均应很好地理解和应用。在非接触式测温中，介绍了灯丝隐灭式光学高温计、光电高温计、光电比色高温计、全辐射高温计等。

简述了温度检测仪表选用的注意事项。

<<<< 习题与思考题 >>>>

1. 什么是温标？常用的温标有哪几种？

2. 按测温方式分，温度检测仪表分成哪几类？常用温度检测仪表有哪些？

3. 热电偶的测温原理和热电偶测温的基本条件是什么？

4. 用分度号为 S 的热电偶测温，其冷端温度为 20℃，测得热电势 $E(t, 20) = 11.30\text{mV}$，试求被测温度 t。

5. 用 K 型热电偶测量某设备的温度，测得的热电势为 20mV，冷端温度（室温）为 25℃，求设备的温度。如果选用 E 型热电偶来测量，在相同的条件下，E 型热电偶测得的热电势是多少？

6. 用热电偶测温时，为什么要进行冷端温度补偿？补偿的方法有哪几种？

7. 试述热电阻测温原理。常用热电阻的种类有哪些？R_0 各为多少？

8. 试述灯丝隐灭式光学高温计的工作过程。在使用过程中，应注意什么？

参考答案

第 5 章

▶流量检测◀

流量是指单位时间内流过管道某截面流体的体积或质量。前者称为体积流量，后者称为质量流量。在一段时间内流过的流体量就是流体的总量，即瞬时流量对时间的积累。流体的总量对于计量物质的损耗和存储、流体的贸易等都具有重要意义。测量总量的仪表一般叫作流体计量表或流量计。

为满足各种状况流量测量，目前已出现一百多种流量计，它们适用于不同的测量对象和场合。本节主要介绍常见的差压式、容积式、速度式、质量式等流量计。

5.1 流量的概念及单位

（1）流量的概念

流量有瞬时流量和累积流量两种。瞬时流量指单位时间内通过管道横截面的流体的量。累积流量指一段时间内的总流量。瞬时流量可以用体积流量、质量流量两种方法来表示。

① 瞬时体积流量。体积流量 Q_v 是以体积计算的单位时间内通过的流体量，在工程中可用 L/h（升每时）或 m^3/h（立方米每时）等单位表示。

若设被测管道内某个横截面 S 的截面积为 $A(m^2)$，取其上的面积微元 dS，对应流速为 $v(m/s)$，则

$$Q_v = \int_s v dS \tag{5-1}$$

若设被测管道内整个横截面 S 上的各处流速相等，均为 $v(m/s)$，则 $Q_v = vA$。但在工程中，管道内各处的流体流速是不相等的。为了解决流体中各点速度不相等的问题，设定截面 S 上各点有一个平均流速 $\overline{v}(m/s)$，则有

$$\overline{v} = \frac{Q_v}{A} = \frac{\int_s v dS}{A} \tag{5-2}$$

② 瞬时质量流量。质量流量 Q_m 以质量表示单位时间内通过的流体量，工程中常用 kg/h（千克每时）表示。显然，质量流量 Q_m 等于体积流量 Q_v 与流体密度 ρ 的乘积，用数学表达式可以表示为

$$Q_m = Q_v \rho \qquad\qquad (5\text{-}3)$$

除了上述瞬时流量之外，生产过程中有时还需要测量某段时间之内流体通过的累积总量，称为累积流量，也常被称为总流量。质量总量以 M 表示，体积流量以 V 表示。

③ 累积体积流量。累积体积流量 V 是以体积计算的单位时间内通过的流体量，在工程过程中可用 L（升）或 m^3（立方米）等单位表示。

若设被测管道内某个横截面 S 上的瞬时体积流量为 Q_v，则在 t 时间内流体的累积体积流量则为

$$V = \int_t Q_v \, \mathrm{d}t \qquad\qquad (5\text{-}4)$$

若设被测管道内整个横截面 S 上的瞬时体积流量在 t 时间内相等，则 $V = Q_v t$。

④ 累积质量流量。累积质量流量 M 等于累积体积流量 V 与流体密度 ρ 的乘积。

（2）流量的检测方法

流体的性质各不相同，例如液体和气体在可压缩性上差别很大，其密度受温度、压力的影响也相差较大。况且各种流体的黏度、腐蚀性、导电性等也不一样，很难用同一种方法测量其流量。尤其是工业生产过程情况复杂，某些场合的流体伴随着高温、高压，甚至是气液两相或液固两相的混合流体流动。

为满足各种状况流量测量，目前已出现一百多种流量计，它们适用于不同的测量对象和场合。流体流量检测的方法大致有下面几种。

① 节流差压法。在管道中安装一个直径比管径小的节流件，如孔板、喷嘴、文丘里管等，当充满管道的单相流体流经节流件时，由于流道截面突然缩小，流束将在节流件处形成局部收缩，使流速加快。由能量守恒定律可知，动压能和静压能在一定条件下可以互相转换，流速加快必然导致静压力降低，于是在节流件前后产生静压差，而静压差的大小和流过的流体流量有一定的函数关系，所以通过测量节流件前后的静压差即可求得流量。

② 容积法。应用容积法可连续地测量密闭管道中流体的流量，它由壳体和活动壁构成流体计量室。当流体流经该测量装置时，在其入、出口之间产生差压，此流体差压推动活动壁旋转，将流体一份一份地排出，记录总的排出份数，则可得出一段时间内的累积流量。容积式流量计有椭圆齿轮流量计、腰轮（罗茨式）流量计、刮板式流量计、膜式煤气表及旋转叶轮式水表等。

③ 速度法。测出流体的流速，再乘以管道截面积即可得出流量。显然，对于给定的管道，其截面积是个常数。流量的大小仅与流体流速大小有关，流速大流量大，流速小流量小。由于该方法是根据流速而来的，故称为速度法。根据测量流速方法的不同，有不同的流量计，如动压管式、热量式、电磁式和超声式等。

④ 流体阻力法。流体阻力法利用流体流动给设置在管道中的阻力体以作用力，而作用力大小和流量大小有关的原理来测流体流量。常用的靶式流量计其阻力体是靶，由力平衡传感器把靶的受力转换为电量，实现测量流量的目的。转子流量计利用设置在锥形测量管中可以自由运动的转子（浮子）作为阻力体，它受流体自下而上的作用力而悬浮在锥形管道中某个位置，其位置高低和流体流量大小有关。

⑤ 涡轮法。在测管入口处装一组固定的螺旋叶片，使流体流入后产生旋转运动。叶片后面是一个先缩后扩的管段，旋转流在收缩段加速，在管道轴线上形成一条高速旋转的涡线。该涡线进入扩张段后，受到从扩张段后返回的回流部分流体的作用，偏离管道中心，涡线发生进动运动，而进动频率与流量成正比。利用灵敏的压力或速度检测元件将其频率测出，即可测出流体流量。

⑥ 卡门涡街法。在被测流体的管道中插入一个断面为非流线型的柱状体，如三角柱体

或圆柱体，称为旋涡发生体。旋涡分离的频率与流速成正比，通过测量旋涡分离频率可测出流体的流速和瞬时流量。当流体流过柱体两侧时，会产生两列交替出现而又有规则的旋涡列。由于旋涡在柱体后部两侧产生压力脉动，在柱体后面尾流中安装测压元件，则能测出压力的脉动频率，经信号变换即可输出流量信号。

⑦ 质量流量测量。质量流量测量分为间接式和直接式。间接式质量流量测量是在直接测出体积流量的同时，再测出被测流体的密度或测出压力、温度等参数，求出流体的密度。因此，测量系统的构成将由测量体积流量的流量计（如节流差压法、涡轮法等）和密度计或带有温度、压力等的补偿环节组成，其中还有相应的计算环节。

直接式质量流量测量直接利用热、差压或动量来检测，如双涡轮质量流量计，它的一根轴上装有两个涡轮，两涡轮间由弹簧联系，当流体由导流器进入涡轮后，推动涡轮转动，涡轮的转矩和质量流量成正比。由于两涡轮叶片倾角不同，转矩是不同的。因此，使弹簧受到扭转，产生扭角，扭角大小正比于两个转矩之差，即正比于质量流量，通过两个磁电式传感器分别把涡轮转矩变换成交变电势，两个电势的相位差即为扭角。如科里奥利质量流量计就是利用动量来检测质量流量。

5.2 差压式流量计

差压式流量计是目前流量测量中用得最多的一种流量仪表，它的使用量大概占整个流量仪表的 $60\%\sim70\%$，应用范围特别广泛，例如：工作环境可以是清洁的，也可以是脏污的；工作条件则有高温、常温、低温、高压、常压、真空等不同情况；测量管径也可从几毫米到几米；全部单相流体，包括液、气、蒸气皆可测量，部分混相流，如气固、气液、液固等亦可应用，一般生产过程的管径、工作状态（压力、温度）皆有对应产品。其他优点还包括性能稳定、结构牢固、便于规模生产，测量的重复性、精确度在流量计中属于中等水平。节流式差压流量计应用最普遍的节流件标准孔板，结构简单、牢固、易于复制、性能稳定可靠、使用期限长、价格低廉、应用范围极广泛。节流式差压流量计也存在有测量精确度普遍偏低、压力损失大、测量范围窄、现场安装要求高等缺点。例如：使用范围度窄，一般范围度仅为 3:1～4:1；现场安装条件要求较高，如需较长的直管段；检测件与差压显示仪表之间的引压管线为薄弱环节，易产生泄漏、堵塞、冻结及信号失真等故障；孔板、喷嘴的压损大；流量刻度为非线形。

差压式流量计是安装在管道中，根据流量检测件产生的差压、已知的流体条件以及检测件与管道的几何尺寸来推算流量的仪表。差压式流量计由一次装置（节流装置）和二次装置（差压转换和流量显示仪表）组成。差压式流量计既可以测量流量参数，也可以测量其他参数（如压力、液位、密度）。

（1）差压式流量计原理

流体流动的能量有两种形式：静压能和动能。流体由于有压力而具有静压能，又由于有流动速度而具有动能，这两种形式的能量在一定条件下是可以互相转化的。

设稳定流动的流体沿水平管经节流件，在节流件前后将产生压力和速度的变化，如图 5.1 所示。在截面 1 处流体未受节流件影响，流束充满管道，流体的平均流速为 v_1，静压力为 p_1；流体接近节流装置时，由于遇到节流装置的阻挡，使一部分动能转化为静压能，出现节流装置入口端面靠近管壁处流体的静压力升高至最大 $p_{\max}$；流体流经节流件时，导致流束截面的收缩，流体流速增大，由于惯性的作用，流束流经节流孔以后继续收缩，到截面 2 处达到最小，此时流速最大为 v_2，静压力 p_2 最小；随后，流体的流束逐渐扩大，到截面 3 以后完全复原，流速恢复到原来的数值，即 $v_3 = v_1$，静压力逐渐增大到 p_3。由于流体流动产生的涡流和流体流经节流孔时需要克服的摩擦力，导致流体能量的损失，所以在截面 3 处的静压力 p_3 不能恢复到原来的数值，而产生永久的压力损失。

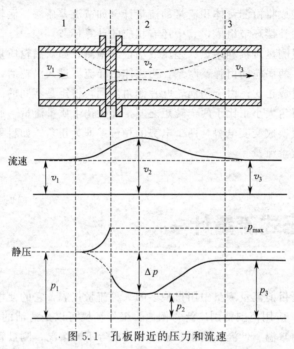

图 5.1　孔板附近的压力和流速

流量方程为

$$Q_v = \alpha\varepsilon a \sqrt{\frac{2\Delta p}{\rho}} , Q_m = \alpha\varepsilon a \sqrt{2\Delta p\rho} \tag{5-5}$$

式中，α 为流量系数，它与节流件的结构形式、取压方式、孔口截面积与管道截面积之比、直径、雷诺数、孔口边缘锐度、管壁粗糙度等因素有关；ε 为膨胀校正系数，它与孔板前后压力的相对变化量、介质的等熵指数、孔口截面积与管道截面积之比等因素有关；a 为节流件的孔口截面积；Δp 为节流件前后实际测得的差压；ρ 为流体密度。

（2）标准节流装置与取压方式

① 标准节流装置。人们对节流装置做了大量的研究工作，一些节流装置已经标准化了。对于标准化的节流装置，只要按照规定进行设计、安装和使用，不必进行标定就能准确地得到其精确的流量系数，从而准确地进行流量测量。图 5.2、图 5.3 为标准节流装置。

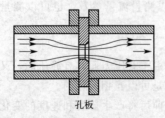

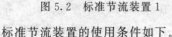

孔板

图 5.2　标准节流装置 1

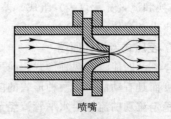

喷嘴

图 5.3　标准节流装置 2

标准节流装置的使用条件如下。

（a）被测介质应充满全部管道截面并连续地流动。

（b）管道内的流束（流动状态）是稳定的。

（c）在节流装置前后要有足够长的直管段，并且要求节流装置前后长度为二倍管道直径，管道的内表面上不能有凸出物和明显的粗糙不平现象。

② 节流装置取压方式。目前，对各种节流装置取压的方式均不同，即取压孔在节流装置前后的位置不同。即使在同一位置上，为了达到压力均衡，也采用不同的方法。对标准节流装置的每种节流元件的取压方式都有明确规定。

以孔板为例，通常采用的取样方式有：角接取压法、理论取压法、径距取压法、法兰取压法和管接取压法五种。

（a）角接取压法。上、下游的取压管位于孔板前后端面处，如图5.4中1-1所示。通常用环室或夹紧环取压，环室取压是在紧靠孔板上、下游形成两个环室，通过取压管测量两个环室的差压。夹紧环取压是在紧靠孔板上、下游两侧钻孔，直接取出管道压力进行测量。两种方法相比，环室取压均匀，测量误差小，对直管段长度要求较小，多用于管道直径小于400mm处，而夹紧环取压多用于管道直径大于200mm处。

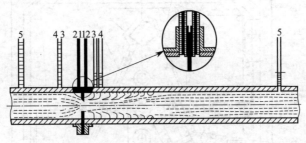

图 5.4　各种取压位置图

（b）法兰取压法。不论管道直径大小，上、下游取压管中心均位于距离孔板两侧相应端面 25.4mm 处，如图 5.4 中 2-2 所示。

（c）理论取压法。上游取压管的中心位于距孔板前端面一倍管道直径 D 处，下游取压管的中心位于流速最大的最小收缩断面处，如图 5.4 中 3-3 所示。通常最小收缩断面位置和面积比 m 有关，而且有时因为法兰很厚，取压管的中心不一定能准确地放置在该位置上。这就需要对差压式流量计的示值进行修正，特别是孔板流束的最小断面位置随着流量的变化也在变化，而取压点不变。因此，在流量的整个测量范围内，流量系数不能保持恒定。通常这种取压方法应用于管道内径 $D>100$mm 的情况，对于小直径管道，因为法兰的相对厚度较大，不宜采用该法。

（d）径距取压法。上游取压管的中心位于距离孔板前端面一倍管道直径 D 处，下游取压管的中心位于距孔板前端面 $D/2$ 处，如图 5.4 中 4-4 所示。径距取压法与理论取压法相比，其下游取压点是固定的。

（e）管接取压法。上游取压管中心位于距离孔板前端面 2.5D 处，下游取压管中心位于距孔板后端面 8D 处，如图 5.4 中 5-5 所示。这种取压方式测得的差压值，即为流体流经孔板的压力损失值，所以也叫损失压降法。

（3）节流装置前后差压测量方法

节流装置前后的差压测量是应用各种差压计实现的。差压计的种类很多，如膜片差压变送器、双波纹管差压计和力平衡式差压计等。

① 双波纹管差压计。双波纹管差压计主要由两个波纹管、量程弹簧、扭力管及外壳等部分组成。当被测流体的压力 p_1 和 p_2 分别由导压管引入高、低压室后，在差压 $\Delta p = p_1 -$

$p_2>0$ 的作用下，高压室的波纹管 B_1 被压缩，容积减小，内部充填的不可压缩液体将流向 B_2，使低压侧的波纹管 B_2 伸长，容积增大，从而带动连接轴自左向右运动。当连接轴移动时，将带动量程弹簧伸长，直至其弹性变形与差压值产生的测量力平衡为止。而连接中心上的挡板将推动扭力管转动，通过扭管的芯轴将连接轴的位移传给指针或显示单元，指示差压值。

CW-612-Y 型双波纹管差压计如图 5.5 所示。该差压计附加有压力自动补偿装置，与节流装置相配合测量工业锅炉饱和蒸气的流量，并可连续地对流量进行累计。还可用于其他气体流量的测量和计量。它具有现场记录装置，可将被测流体（蒸气）的瞬时流量记录在直径为 300mm 的圆记录图纸上，还有差压、压力及流量的现场指示及变送功能，输出 $0\sim10\text{mA}$ 的标准电流信号，并可在 DDZ-Ⅲ 型电动单元组合仪表配合使用进行远距离传送，对被测流体（蒸气）进行自动控制和调节。

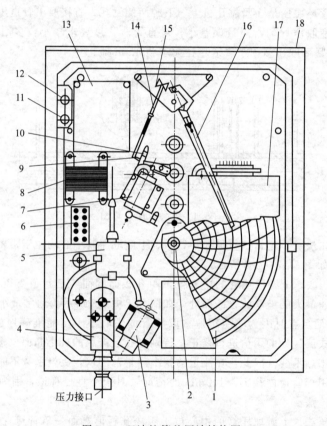

图 5.5　双波纹管差压计结构图

1—记录图纸；2—驱纸机构；3—差动线圈；4—压力弹簧管；5—记录墨水瓶；6—接线架；
7—连杆机构；8—变压器；9—拨杆；10—限位柱；11—保险丝座；12—电源开关；13—电源印版；
14—连杆；15—量程微调器；16—记录笔；17—运算部分印版；18—表壳

仪表机械记录系统是一个简单的四连杆机构。当差压计部分加入差压值时，差压计输出轴便转动相应角度，带动拨杆（主动杆）动作，然后通过连杆传给装在记录笔转轴上的量程微调器（被动杆），使记录笔转过相应的角度。记录笔转过的角度与加入的差压值成正比例关系。

差压、压力、流量变送系统的功能，一方面在于将被测流体变化差压和压力值转换成与之成比例的直流电信号，另一方面将压力电信号和差压电信号同时送入运算器，进行一系列模拟数学运算，以实现差压与流量的转换及压力对流量的补偿，最后转换成流量电信号。

②膜片式差压计。膜片式差压计主要由差压测量室（高压和低压室）、三通导压阀和差动变压器三大部件构成，如图 5.6 所示。

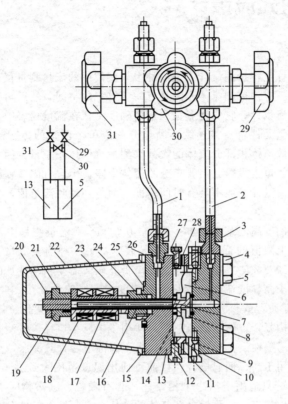

图 5.6　膜片式差压计结构图

1—低压导管；2—高压导管；3—连接螺母；4—螺栓；5—高压容室；6—膜片；7—挡板；
8，15—密封环；9—密封垫圈；10，28—滚珠；11，12，27—螺钉；13—低压容室；14—挡板；
16—连杆；17—差动变压器线圈；18—铁芯；19—套管；20—紧固螺母；21—调整螺母；22—罩壳；
23—弹簧；24—空心螺栓；25—密封浮圈；26—垫片；29—高压阀；30—平衡阀；31—低压阀

当高压 p_1 和低压 p_2 分别导入高、低压室之后，在差压 $\Delta p = p_1 - p_2$ 的作用下，膜片向低压室方向产生位移，从而带动不锈钢连杆及其端部的软铁在差动变送器线圈内移动，通过电磁感应将膜片的位移行程转化为电信号，再通过显示仪表显示。

膜片式差压计安装得正确和可靠与否，对能否保证将节流装置输出的差压信号准确地传送到差压计或差压变送器上是十分重要的。因此，流量计的安装必须符合要求。

①安装时必须保证节流件的开孔和管道同心，节流装置端面与管道的轴线垂直。在节流件的上、下游，必须配有一定长度的直管段。

②导压管尽量按最短距离敷设在 3～50m 之内。为了不致在此管路中积聚气体和水分，导压管应垂直安装。水平安装时，其倾斜率不应小于 1：10，导压管为直径 10～20mm 的铜、铝或钢管。

③测量液体流量时，应将差压计安装在低于节流装置处。如一定要装在上方时，应在连接管路的最高点处安装带阀门的集气器，在最低点处安装带阀门的沉降器，以便排除导压管内的气体和沉积物。

5.3 容积式流量计

容积式流量计又称定排量流量计，是一种很早就使用的流量测量仪表，用来测量各种液体和气体的体积流量。它使被测流体充满具有一定容积的空间，然后再把这部分流体从出口排出，所以叫容积式流量计。它的优点是测量精确度高，在流量仪表中是精确度最高的一类仪表。它利用机械测量元件将流体连续不断地分割成单个已知的体积部分，根据计量室逐次、重复地充满和排放该体积部分流体的次数来测量流体体积总量。因此，受被测流体黏度影响小，不要求前后管道直径等，但要求被测流体干净，不含有固体颗粒，否则应在流量计前加过滤器。容积式流量计一般不具有时间基准，为得到瞬时流量值，需要另外附加测量时间的装置。

容积式流量计精确度高，基本误差一般为±0.5%R（在流量测量中常用两种方法表示相对误差：一种为测量上限值的百分数，以%FS表示；另一种为被测量值的百分数，以%R表示），特殊的可达±0.2%R或更高，通常在昂贵介质或需要精确计算的场合使用，没有前置直管段要求，可用于高黏度流体的测量，范围度宽，一般为5:1到10:1，特殊的可达30:1或更大，它属于直读式仪表，无需外部能源，可直接获得累积总量。

容积式流量计结构复杂，体积大，一般只适用于中、小口径；被测介质种类、介质工况（温度、压力）、口径局限性大，适应范围窄；由于高温下零件热膨胀、变形，低温下材质变脆等问题，一般不适用于高、低温场合，目前可使用温度范围大致为$-30\sim+160℃$，压力最高为10MPa；大部分只适用于洁净单相流体，含有颗粒、脏污物时上游需装过滤器，既增加压损，又增加维护工作，如测量含有气体的液体，必须装上气体分离器；安全性差，如检测活动件卡死，流体就无法通过；部分形式仪表（如椭圆齿轮式、腰轮式、卵轮式、旋转活塞式、往复活塞式）在测量过程中会给流体带来脉动，较大口径仪表还会产生噪声，甚至使管道产生振动。

容积式流量计由于具有精确的计量特性，适合在石油、化工、涂料、医药、食品以及能源等工业部门计量昂贵介质的总量或流量。容积式流量计需要定期维护，在放射性或有毒流体等不允许人们接近维护的场所则不宜采用。

5.3.1 椭圆齿轮流量计

椭圆齿轮流量计是最常见的一种容积式流量计，是一种测量流体总量（体积）的仪表，特别适用于测量黏度较大的纯净（无颗粒）液体的总量，其主要优点是精确度高，但加工复杂，成本高，且齿轮容易磨损。

椭圆齿轮流量计由流量变送器和计数机构组成。变送器与计数机构之间加装散热器，则构成高温型流量计。变送器由装有一对椭圆齿轮转子的计量室和密封联轴器组成，计数机构则包含减速机构、调节机构、计数器、发信器。椭圆齿轮流量计结构如图5.7所示。

计量室内由一对椭圆齿轮与盖板构成的空腔作为流量的计量单位。椭圆齿轮靠流量计进出口差压推动而旋转，从而不断地将液体经空腔计量后送到出口处，每转流过的液体是空腔的四倍，由密封联轴器将椭圆齿轮旋转的总数以及旋转的快慢传递给计数机构或发信器，从而知道通过管道的液体总量和瞬时流量。

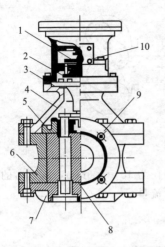

图 5.7 椭圆齿轮流量计结构图
1—计数机构；2—调节机构；3—密封联轴器；
4—上盖；5—盖板；6—壳体；
7—下盖；8—椭圆齿轮；
9—法兰；10—发信器接口

椭圆齿轮流量计的工作原理见图 5.8。在仪表的测量室中安装两个互相啮合的椭圆形齿轮，可绕轴自己转动。被测介质流入仪表，推动齿轮旋转。两个齿轮所处位置不同，分别起主、从动轮作用。在图 5.8 (a) 位置时，由于 p_1 大于 p_2，轮 B 受到一个逆时针的转矩，而轮 A 虽受到 p_1 和 p_2 的作用，但合力矩为 0，此时轮 B 将带动轮 A 旋转，于是将外壳与轮 B 之间标准测量室内的液体排入下游。当齿轮转至图 5.8 (b) 所示位置时，轮 B 受逆时针力矩，轮 A 受顺时针力矩，两齿轮在 p_1、p_2 作用下继续转动。当齿轮转至图 5.8(c) 位置时，类似图 5.8(a)，只不过此时轮 A 为主动轮，轮 B 为从动轮。上游流体又被封入轮 A 形成的测量室内。这样，每个齿轮转一周，两个齿轮共送出四个标准体积的流体（阴影部）。

椭圆齿轮的转数由设在测量室外部的机械式齿轮减速机构及滚轮计数机构累计。为了减小密封轴的摩擦，这里多采用永久磁铁做成的磁联轴节传递主轴转动，既保证了良好的密封性，又减小了摩擦。设流量

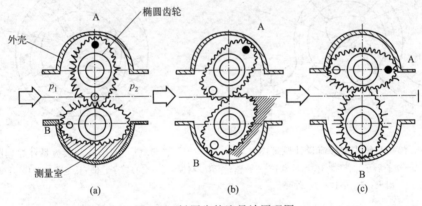

图 5.8 椭圆齿轮流量计原理图

计初月形测量室容积为 v，一定时间内齿轮转动次数为 N，在该时间内流过流量计的流体体积为 V，则

$$V = 4Nv \tag{5-6}$$

由于齿轮在一周内受力不均，其瞬时角速度也不均，其次，被测介质是由固定容积分成一份份地送出，因此不宜用于瞬时流量的测量。椭圆齿轮流量计有时虽可以外加等速化机构，输出等速脉冲，但也很少用于瞬时流量的测量。

5.3.2 腰轮流量计

腰轮流量计又称罗茨流量计，它的工作原理与椭圆齿轮流量计的工作原理相似，只是一对测量转子是两个不带齿的腰形轮。腰形轮保证在转动过程中两轮外缘保持良好的面接触，以依次排出定量流体，而两个腰轮的驱动由套在壳体外的与腰轮同轴的啮合齿轮来完成。因此它较椭圆齿轮流量计的明显优点是能保持长期稳定性，其工作原理如图 5.9 所示。

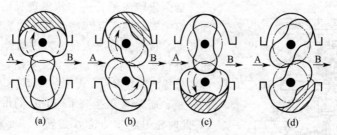

图 5.9　腰轮流量计原理图

腰轮流量计有测液体的，也有测气体的，测液体的口径为 10～600mm，测气体的口径为 15～250mm，可见腰轮流量计既可以测小流量也可测大流量。

5.3.3　刮板流量计

刮板流量计的原理和上面两种流量计的原理相似，它有两种形式：一种是凸轮式刮板流量计，如图 5.10 所示；另一种是凹陷式刮板流量计，如图 5.11 所示。

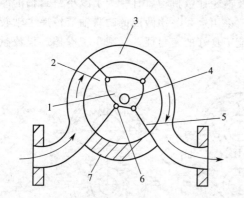

图 5.10　凸轮式刮板流量计原理图
1—凸轮；2—空心转子（筒）；3—计量室；4—转轴；
5—刮板；6—滚柱；7—外壳

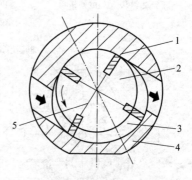

图 5.11　凹陷式刮板流量计原理图
1—刮板；2—空心转子；3—计量部分；4—外壳；5—连杆

凸轮式刮板流量计的计量部分由转子、凸轮、轮轴、刮板、滚柱和外壳构成。外壳内腔是一个圆柱形空腔，转子为一空心薄壁圆筒。流量的转子中开有四个两两垂直的槽，槽中装有可以伸出、缩进的刮板，伸出的刮板在被测流体的推动下带动转子旋转。伸出的两个刮板与壳体内腔之间形成计量容积，转子每旋转一周便有四个这样容积的被测流体通过流量计。因此，计量转子的转数即可测得流过流体的体积。凸轮式刮板流量计的转子是一个空心圆筒，中间固定一个不动的凸轮，刮板一端的滚子压在凸轮上，刮板在与转子一起运动的过程中还按凸轮外廓曲线形状从转子中伸出和缩进。

凹陷式刮板流量计的工作原理和凸轮式刮板流量计的工作原理类似。相对的刮板之间仍用定长连杆连接，刮板的滑动是靠壳内壁凹陷控制的。凹陷式刮板流量计的转子是实心的，中间有槽，槽中安装刮板，刮板从转子中伸出和缩进是由壳体内腔的轮廓线决定的。当被测介质从左向右流入流量计时，将推动刮板和转子旋转，与此同时刮板会沿着滑槽滑进滑出。两个相对刮板之间的距离是一定的，因此，当刮板连续转动时，在两个相邻刮板、转子、壳内壁及前后端盖之间形成一个固定容积的计量空间（即标准容积），转子每转一周就排出四个精确的计量空间的体积的流体。为了提高测量精度，必须设法减少刮板根、梢两处的泄漏，因此，加工精确度要高。

刮板式流量计具有测量精确度高、量程比大、受流体黏度影响小等优点，而且运转平稳，振动和噪声均小，适合测量中等到较大的流量。

① 凸轮式刮板流量计的特点。

（a）凸轮小，厚度也小，加工制造容易。

（b）壳体内壁呈圆形，工艺性好，易于加工，易做成大口径流量计。

（c）运转时刮板不接触壳体内壁，磨损小。

（d）结构复杂，加工量大。

（e）量程比小。

② 凹陷式刮板流量计的特点。

（a）壳体内腔是非圆曲线，与凸轮式相比加工难度较大，不宜制成大口径刮板流量计。

（b）运转时刮板与壳体内壁接触，有磨损，而且压损也比凸轮式压损稍大。

（c）密封性好，泄漏量小，刮板磨损后可自动补偿，不影响计量精度。

（d）结构比较简单。

（e）通用性好，大口径组合式计量腔，零件通用性强。

由于刮板的特殊运动轨迹，使被测流体在通过流量计时，完全不受扰动，不产生漩涡，因此，精确度可达±0.2%，甚至±0.1%。压力损失也很小，在最大流量下也低于 $3 \times 10^4 Pa$。刮板式流量计在石油、石化工业中均得到了广泛应用。

5.4 速度式流量计

5.4.1 电磁流量计

电磁流量计是基于电磁感应原理工作的流量测量仪表。它能够测量具有一定电导率的液体的体积流量。由于它的测量精确度不受被测液体的黏度、密度及温度等因素变化的影响，且测量管道中没有任何阻碍流体的部件，所以几乎没有压力损失。适当选用测量管中绝缘内衬和测量电极的材料，就可以测量各种腐蚀性（酸、碱、盐）溶液流量，尤其在测量含有固体颗粒的液体，如泥浆、纸浆、矿浆等的流量时，更显示出其优越性。

① 电磁流量计原理。图 5.12 为电磁流量计原理图。磁场方向有一个直径为 D 的管道。管道由不导磁材料制成，管道内表面衬挂衬里。当导电的液体在导管中流动时，导电液体切割磁力线，于是在和磁场及其流动方向垂直的方向上产生感应电动势，如安装一对电极，则电极间产生和流速成比例的电位差，即

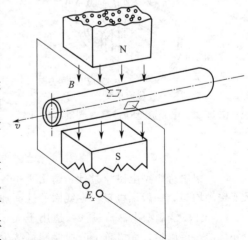

图 5.12　电磁流量计的工作原理

$$E_x = BDv \tag{5-7}$$

式中，E_x 为电动势；B 为磁感应强度；D 为管道内径；v 为流体在管道内平均流速。

根据式(5-7)，得

$$v = \frac{E_x}{BD} \tag{5-8}$$

所以得流量为

$$Q_v = \frac{\pi D^2}{4} v = \frac{\pi D E_x}{4B} \tag{5-9}$$

从式(5-9)可知，流体在管道中流过的体积流量与感应电动势成正比。在实际工作中由于永久磁场产生的感应电动势为直流，会导致电极极化或介质电解，引起测量误差，所以在工业用仪表中多采用交变磁场。设 $B = B_{max} \sin(\omega t)$，则感应电动势为

$$E_x = Dv B_{max} \sin(\omega t) = \frac{4Q_v}{\pi D} B_{max} \sin(\omega t) = KQ_v \tag{5-10}$$

式中，

$$K = \frac{4B_{max}}{\pi D} \sin(\omega t) \tag{5-11}$$

可见，感应电动势和体积流量成正比，只要设法测出 E_x、Q_v 就知道了。在求 Q_v 时，应进行 E_x/B 的除法运算，在电磁流量计中常用霍尔元件实现这一运算。

采用交变磁场以后，感应电动势也是交变的，这不但可以消除液体极化的影响，而且便于后面环节的信号放大，但增加了感应误差。

② 电磁流量计的结构。电磁流量计由外壳、激磁线圈及磁扼、电极和测量导管四部分组成，内部结构如图 5.13 所示。

a) 激磁线圈及磁轭。磁场由 50Hz 工频电源激励产生，激磁线圈有三种绕制方法。

(a) 变压器铁芯型电磁流量计：适用于 Φ25 以下的小口径变送器，如图 5.14 所示。

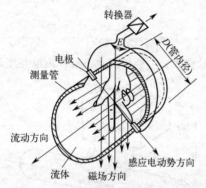

图 5.13　电磁流量计传感器典型结构图

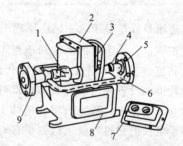

图 5.14　变压器铁芯型电磁流量计

1—调零电位器；2—铁芯；3—激磁线圈；4—密封垫圈；
5—导管；6—密封橡皮；7—接线盒；8—外壳；9—法兰盘

(b) 集中绕组型电磁流量计：适用于中等口径变送器，它有上下两个马鞍形线圈。为了保证磁场均匀，一般加极靴，在线圈的外面加一层磁轭，如图 5.15 所示。

(c) 分段绕制型电磁流量计：适用于大于 Φ10 口径的变送器，按余弦分布绕制，线圈的外部加一层磁扼，无极靴。分段绕制可减少体积，并使磁场均匀，如图 5.16 所示。

b) 电极。电极与被测介质接触，一般使用不锈钢和耐酸钢等非磁性材料制造，加工成矩形或圆形，如图 5.17 所示。

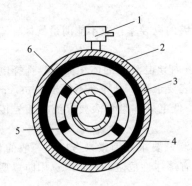

图 5.15　集中绕组型电磁流量计（剖面）

1—接线盒；2—外壳；3—磁轭；
4—激磁线圈；5—电极；6—流体导管

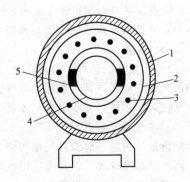

图 5.16　分段绕制型电磁流量计

1—外壳；2—磁靶；3—微磁线圈；4—流体导管；5—电极

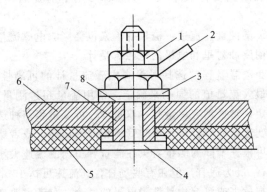

图 5.17　电极分布结构图

1—螺母；2—引线；3—垫片；4—电极；5—绝缘衬里；6—导管壁；7—绝缘套；8—绝缘垫片

c）测量导管。当导管内通过较强的交流磁场时，会使管壁产生较大的涡流，导致产生二次磁通，这是产生噪声的原因之一。因此，为了能让磁力线穿过，使用非磁性材料制造测量导管，以免造成磁分流。中小口径电磁流量计的导管用不导磁的不锈钢或玻璃钢等制造，大口径的导管用离心浇铸的方法把橡胶和线圈、电极浇铸在一起，可减少因涡流引起的误差。金属管的内壁挂一层绝缘衬里，防止两个电极被金属管短路，同时还可以防腐蚀，一般使用天然橡胶（60℃）、氯丁橡胶（70℃）、聚四氟乙烯（120℃）等。除氟酸和高温碱外，玻璃衬里适用于各种酸、碱溶液的测量，使用温度可达120℃以上。

d）外壳。电磁流量变送器的外壳起隔离和保护作用。

③ 电磁流量计的特点、选型及安装。

a）电磁流量计的特点。

从电磁流量计的基本原理和结构来看，它有如下主要特点。

（a）电磁流量变送器的测量管道内无运动部件和阻力环节，因此，使用可靠、维护方便、寿命长，而且压力损失很小。

（b）只要流体具有一定的导电性，测量过程就不受温度、密度、黏度、压力、流动状态（层流或紊流）的影响。

（c）测量管道为绝缘衬里，只要选择合适的衬里材料，就可测量腐蚀性介质的流量。

（d）测量中无惯性、滞后现象，流量信号反应快，可测量脉冲流量。

（e）测量范围大，满刻度量程连续可调。

(f) 仪表呈均匀刻度和线性输出，便于配套。

但是，在使用电磁流量计时，被测介质必须有足够的电导率，故不能测量气体、蒸气和石油制品等的流量。

b) 电磁流量计的选择。电磁流量计用于测量管道内导电液体的体积流量。选择电磁流量计的前提是介质必须具有足够的电导率。标准型仪表要求介质电导率不低于 $10\mu s/cm$，低电导率型仪表要求被测介质电导率不低于 $0.1\mu s/cm$，低电导率型仪表要求流量信号传输电缆需采用双芯双重屏蔽电缆。

电磁流量计的选用应综合使用场合、被测介质、测量要求等因素来考虑。一般的化工、冶金、污水处理等行业可以选用通用型电磁流量计，有爆炸性危险的场合应选防爆型，医药卫生等行业则可选用卫生型。

对于测量精确度的选择也应视具体情况而定，应在经济允许范围内追求精确度等级高的流量计，例如一些高精确度的电磁流量计误差可以达到 $\pm0.5\%\sim\pm1\%$，可用于昂贵介质的精确度测量，一些低精确度流量计成本较为低廉，可用于对控制调节要求等要求一般的场合。

被测介质的腐蚀性、磨蚀性、流速、流量等因素也会影响电磁流量计的选择，测量腐蚀性大的介质应选用具有耐腐蚀衬里和电极的电磁流量计。

(a) 量程的选择。变送器量程的选择对提高电磁流量计的可靠性及测量精确度十分重要。量程可根据不低于最大流量值的原则来确定。常用流量超过测量上限的 50%，流量上限测定值在转换器上设定，转换器有单量程、双量程、可变量程三种选择。

(b) 口径的选择。变送器的口径可采用与管道相同的口径，或者略小一些，如果在量程确定的条件下，其口径可根据不同的测量对象在测量管道内的流速大小来决定。在一般使用条件下，流速以 $2\sim4$ m/s 最为适宜，但在有些场合，其流速可达 10m/s。

在介质对称里有磨损危害或沉淀物易粘附电极的场合，可考虑改变口径。介质对衬里有磨损时，可增大变送器口径，使流速在 3m/s 以下，并加装保护法兰。介质容易产生沉淀物粘附电极时，可减少变速器口径，使流速在 2m/s 以上。

(c) 压力的选择。根据工业生产要求，目前生产的电磁流量计的工作压力如下。小于 $\Phi50mm$ 口径的为 1.6MPa，$\Phi80\sim\Phi900mm$ 口径的为 1.0MPa，大于 $\Phi1000mm$ 口径的为 0.6MPa。

(d) 使用温度的选择。被测介质的温度不能超过内衬材料的容许使用温度。

c) 传感器的安装。传感器的安装应注意以下问题。

(a) 避免安装在周围有强腐蚀性气体的场所；避免安装在周围有电动机、变压器等可能带来电磁场干扰的场合；如果测量对象是两相或多相流体，应避免可能会使流体相分离的场所；避免安装在可能被雨水浸没的场所；避免阳光直射。

(b) 水平安装时，电极轴应保持水平，防止流体夹带气泡可能引起的电极短时间绝缘；垂直安装时流动方向应向上，可使较轻颗粒上浮离开传感电极区。

(c) 传感器应采取接地措施以减小干扰的影响。在一般情况下，可通过参比电极或金属管将管中流体接地，将传感器的接地片与地线相连。如果是非导电的管道或者没有参比电极，可以将流体通过接地环接地。

5.4.2　超声波流量计

超声波在流动介质中传播时，如果其方向与介质运动方向相同，则传播速度加快；如果其方向与介质运动方向相反，则传播速度降低。超声波流量计正是根据传播速度和流体流速有关这样一个基本的物理现象而工作的。超声波流量计适合于测量大口径、非导电性、强腐蚀性的液体或气体的流量，并且不会造成压力损失。

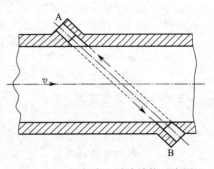

超声波流量计在管道的两侧斜向上分别安装一个发射换能器和一个接收换能器，如图 5.18 所示，两个换能器的轴线重合在一条斜线上，换能器多由压电陶瓷元件制成，接收换能器利用压电效应，发射换能器则利用逆压电效应。

图 5.18　超声波流量计结构示意图

假定流体静止时的声速为 c，流体流速为 v，则顺流时超声波传播速度 $v_1 = c + v$，逆流时传播速度 $v_2 = c - v$。若两换能器间距离为 L，则顺流传播时间为

$$t_1 = \frac{L}{c + v} \tag{5-12}$$

逆流传播时间为

$$t_2 = \frac{L}{c - v} \tag{5-13}$$

超声波流量计的测量方案有如下几种。

① 时差法。超声波顺流传播时，速度快，时间短；逆流传播时，速度慢，时间长。时间差 Δt 可写为

$$\Delta t = t_1 - t_2 = \frac{2Lv}{c^2 - v^2} \tag{5-14}$$

因 $v \ll c$，故 v^2 可忽略，可得

$$\Delta t = t_1 - t_2 \approx \frac{2Lv}{c^2} \tag{5-15}$$

或

$$v = t_1 - t_2 \approx \frac{c^2}{2L} \Delta t \tag{5-16}$$

当流体中的声速 c 为常数时，流速 v 便和 Δt 成正比，测出时间差，即可求出流速，进而得到流量。

值得注意的是，一般液体中的声速往往在 1500m/s 左右，而流速只有几米每秒，如要求流速测量的精确度达到 1%，则对声速测量的精确度需要为 $10^{-6} \sim 10^{-5}$ 数量级。这是难以做到的，何况声速受温度的影响不容忽略，所以直接利用上式不易实现精确的流量测量。

② 速差法。顺流速度 v_1 与逆流速度 v_2 的差为

$$\Delta v = v_1 - v_2 = 2v = \frac{L}{t_1} - \frac{L}{t_2} = \frac{L \Delta t}{t_1 t_2} \tag{5-17}$$

$$v = \frac{L \Delta t}{2 t_1 t_2} = \frac{L \Delta t}{2 t_1 (t_1 + \Delta t)} \tag{5-18}$$

式中，L 为常数。只要测出顺流传播时间 t_1 和时间差 Δt，就能求出 v，进而得到流量，这就避免了求声速 c 的困难。这种方法不受温度的影响，容易得到可靠的数据。

③ 频差法。发射换能器和接收换能器可以经过放大器接成闭环，使接收到的脉冲放大之后去驱动发射换能器，这就构成了振荡器。振荡频率取决于发射到接收的时间，即上述 t_1 或 t_2。如果 A 发射，B 接收，则频率为

$$f_1 = \frac{1}{t_1} = \frac{c+v}{L} \tag{5-19}$$

反之，如果 B 发射，A 接收，则频率为

$$f_2 = \frac{1}{t_2} = \frac{c-v}{L} \tag{5-20}$$

以上两个频率之差为

$$\Delta f = f_1 - f_2 = \frac{2}{L}v \tag{5-21}$$

可见，频差和流速成正比，上式中也不含声速 c，测量结果不受温度影响，这种方法更为简单实用。不过一般频率差 Δf 很小，直接测量不易精确，因此往往采用倍频电路测量。

因为两个换能器是轮流担任发射和接收工作的，所以要有控制其转换的电路，两个方向闭环振荡的倍频利用可逆计数器求差，然后经数模转换，并放大成 0~10mA 或 4~20mA 信号，便可构成超声流量变送器。

④ 多普勒法。这种流量计是利用流体中的散射体（微粒物质）对声能的反射原理工作的，即使超声波射束放射于与流体同一速度流动的微粒子，并由接收器接收从微粒子反射回来的超声波信号，通过测量多普勒频移来求出流速，从而求出体积流量。可以用发射器本身，即同一个换能器做接收器，也可以用另一个单独的换能器做接收器，如图 5.19 所示。设定接收器和发射器构成指向方向的角度为 θ 且相等，这样，若流体的流速为 v，流体的音速为 c，发射器发出的超声波频率为 f_t，则接收器检测到的由微粒所反射的超声波频率 f_r 有

$$f_r = \frac{c+v\cos\theta}{c-v\cos\theta}f_t \tag{5-22}$$

通常水中声速 c 约为 1500m/s，流体流速 v 为数米每秒，因此，$v \ll c$，上式可改为

$$f_r \approx \left(1 + \frac{2v\cos\theta}{c}\right)f_t \tag{5-23}$$

多普勒频移 f_d 为

$$f_d = |f_r - f_t| = \frac{2v\cos\theta}{c}f_t \tag{5-24}$$

从而流速 v 为

$$v = \frac{c}{2\cos\theta} \times \frac{f_d}{f_t} \tag{5-25}$$

通过测量多普勒频移 f_d，就可以测量流速，从而求出体积流量。

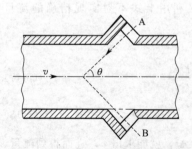

图 5.19　超声波多普勒流量计原理

因为多普勒超声流量计是利用频率来测量流速的，故不易受信号接收波振幅变化的影响，即使是含有大量杂质的流体也能够测量，适合测量比较脏污的流体。与超声波传输时间差的测量方法相比，其最大的特点是相对于流速变化的灵敏度非常大。

⑤ 相关法。超声技术与相关法结合也可测流量。在管道上相距 L 处设置两组收发换能器，流体中的随机涡流、气泡或杂质都会在接收换能器上引起扰动信号，将上游某截面处收到的这种随机扰动信号与下游相距 L 处另一截面处的扰动信号比较，如发现两者变化规律相同，则证明流体已运动到下游截面。将距离 L 除以两相关信号出现在不同截面所经历的时间，就可得到流速，从而求出流量。这种方法特别适合于气液、液固、气固等两相流，甚至多相流的流量测量，它也不需在管道内

设置任何阻力体，而且与温度无关。

超声波流量计的主要优点是可以实现非接触测量，对测量管道来讲，无插入零件，没有流体附加阻力，不受介质黏度、导电性及腐蚀性影响。不论哪种方案，均为线性特性。

超声波流量计的主要缺点是精确度不太高，约为1%，温度对声速影响较大，一般不适用于温度波动大、介质物理性质变化大的流量测量，也不适用于小流量、小管径的流量测量，因为这时相对误差将增大。

5.5 质量流量计

由于流体的体积是流体温度、压力和密度的函数，在流体状态参数变化的情况下，采用体积流量测量方式会产生较大误差。因此，在生产过程和科学实验的很多场合，以及作为工业管理和经济核算等方面的重要参数，要求检测流体的质量流量。

质量流量测量仪表通常可分为两大类：间接式质量流量计和直接式质量流量计。间接式质量流量计采用密度或温度、压力补偿的办法，在测量体积流量的同时，测量流体的密度或流体的温度、压力值，再通过运算求得质量流量。现在带有微处理器的流量传感器均可实现这一功能，这种仪表又称为推导式质量流量计。直接式质量流量计则直接输出与质量流量相对应的信号，反映质量流量的大小。

本节主要介绍一种直接式的常用新型质量流量计——科里奥利质量流量计（简称CMF）。科里奥利质量流量计是基于科里奥利效应原理制成的。科里奥利力又简称为科氏力，是对旋转体系中进行直线运动的质点由于惯性相对于旋转体系产生的直线运动的偏移的一种描述。假设有一个旋转圆盘以恒定的角速度 ω 旋转，在旋转盘的 A 点插一面小红旗。你站在圆盘的中心 O 向那面红旗走去。你会发现尽管你是朝着 A 点走去，但脚步却不知不觉地向侧面迈步，最后你会走到边缘的另一点。这就是说，人在径向走动时，会受到一个侧面的惯性力，这个惯性力称为科里奥利力。法国物理学家科里奥利于 1835 年第一次详细地研究了这种现象，因此这种现象称为科里奥利效应，有时也把它称为科里奥利力。但它并不真是一种力，它只不过是惯性的结果。

利用科里奥利原理设计质量流量计始于 19 世纪中期，但发明家们始终未能解决以简便方法使流体在直线运动同时处于旋转体系中的难题。直到美国 MicroMotion 公司的创始人于 1976 年发明了基于振动方法的、结构简单的、将两种运动巧妙地结合起来的振动管式质量流量计，才使科里奥利质量流量计的设计走出困境，并于十多年内获得长足的发展。

科里奥利质量流量计由两部分组成：一部分是流体从中流过的传感器；另一部分是电子组件组成的转换器，使传感器产生振动并处理来自传感器的信息，以实现质量流量检测。

传感器所用的检测管道（振动管）有 U 形、环形（双环、多环）、直管形（单直、双直）及螺旋形等几种形状，但基本原理相同。下面介绍 U 形管式的质量流量计。

U 形管科里奥利质量流量计的基本结构如图 5.20 所示。

流量计的检测管道是两根平行的 U 形管（也可以是一根），驱动器由激振线圈和永久磁铁组成，它使 U 形管产生垂直于管道的角运动。位于 U 形管的两个直管管端的两个检测器用于监控驱动器的振动情况、检测管端的位移情况及两个振动管之间的振动时间差（Δt），以便通过转换器（二次仪表），给出流经传感器的质量流量。

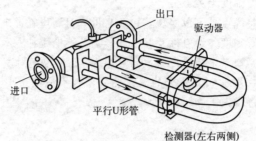

图 5.20　U形管科里奥利质量流量计结构原理

（1）检测原理

当 U 形管内充满流体且流速为零时，在驱动器的作用下，如图 5.21 所示，使 U 形管产生振动，U 形管要绕 $O\text{-}O$ 轴（按其本身的性质和流体的质量所决定的固有频率）上、下同时地振动（见图 5.22）。当流体的流速为 v 时，则流体在直线运动速度 v 和旋转运动角速度 ω 的作用下，对管壁产生一个反作用力，即科里奥利力为

$$\boldsymbol{F}=2mv\boldsymbol{\omega}$$

式中，$\boldsymbol{F}$、$\boldsymbol{\omega}$、v 都是向量；m 为流体的质量。

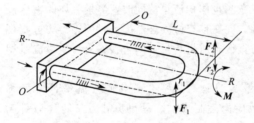

图 5.21　U形管的受力分析

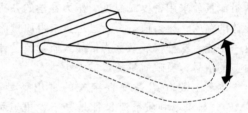

图 5.22　U形管的振动

由于入口侧和出口侧的流向相反，越靠近 U 形管管端的振动越大，流体在垂直方向的速度变化也越大，流体在垂直方向具有相同的加速度 a，因此，当 U 形管向上振动时，流体作用于入口侧管端的是向下的力 $\boldsymbol{F}_1$，作用于出口侧管端的是向上的力 $\boldsymbol{F}_2$，如图 5.23 所示，并且大小相等，r_1 为 $\boldsymbol{F}_1$ 力臂，r_2 为 $\boldsymbol{F}_2$ 的力臂。向下振动时，情况相似。

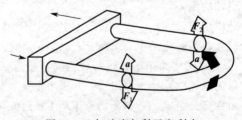

图 5.23　加速度与科里奥利力

由于在 U 形管的两侧，受到两个大小相等方向相反的作用力，则使 U 形管产生扭曲运动，U 形管管端绕 $R\text{-}R$ 轴扭曲（如图 5.24 所示）。其扭力矩为

$$\boldsymbol{M}=\boldsymbol{F}_1 r_1+\boldsymbol{F}_2 r_2$$

因 $\boldsymbol{F}_1=\boldsymbol{F}_2=\boldsymbol{F}$，$r_1=r_2=r$，则

$$\boldsymbol{M}=2\boldsymbol{F}r=4m\boldsymbol{\omega}vr$$

又因质量流量 $q_m=m/t$，流速 $v=L/t$，t 为时间，则上式可写成

$$\boldsymbol{M}=4\boldsymbol{\omega}rLq_m$$

由上式知，当 L 一定时，q_m 取决于 m、v 的乘积。

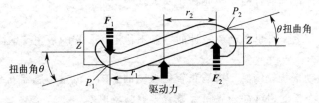

图 5.24　U 形管的扭曲

设 U 形管的弹性模量为 K_s，扭曲角为 θ，由 U 形管的刚性作用所形成的反作用力矩为

$$T = K_s\theta$$

因 $T = M$，可得

$$q_m = \frac{K_s}{4\omega rL}\theta$$

在扭曲运动中，U 形管管端处于不同位置时，其管端轴线与 Z-Z 水平线间的夹角 θ 是在不断变化的，只有在其管端轴线越过振动中心位置时 θ 最大。在稳定流动时，这个最大 θ 是恒定的。在图 5.24 中，Z-Z 所示的位置上安装两个位移检测器，就可以分别检测出入口管端越过中心位置的 θ 角。前面提到，当流体的流速为零时，即流体不流动时，U 形管只做简单地上、下振动，入口管端和出口管端同时越过中心位置，此时管端的扭曲角 θ 为零。随着流量的增大，扭曲角 θ 也增大，而且入口管端先于出口管端，越过中间位置的时间差 Δt 也增大。

假定管端在中心位置时的振动速度为 v_t，从图 5.24 可知

$$\sin\theta = \frac{v_t}{2r}\Delta t$$

式中，Δt 表示图 5.24 中 P_1 和 P_2 点横穿 Z-Z 水平线的时间差。由于 θ 很小，则 $\sin\theta = \theta$，且 $v_t = L\omega$，则可得出

$$\theta = \frac{\omega L}{2r}\Delta t$$

可得

$$q_m = \frac{K_s}{4\omega rL}\times\frac{\omega L}{2r}\Delta t = \frac{K_s}{8r^2}\Delta t$$

式中，K_s 和 r 是由 U 形管所用材料和几何尺寸所确定的常数。因而科里奥利质量流量计中的质量流量 q_m 与时间差 Δt 成比例。而这个时间差 Δt 可以通过安装在 U 形管端部的两个位移检测器所输出的电压的相位差检测出来，在二次仪表中将相位差信号进行整形放大之后，对时间积分得出与质量流量成比例的信号，从而得到质量流量。

（2）科里奥利流量计的特点及选用

① 科里奥利流量计的主要特点。

a）优点。由于科里奥利流量计是一种直接式流量计，因而具有许多其他流量计无可比拟的优点。

（a）实现了真正的、高精确度的直接质量流量测量。精确度一般可达 $0.1\%\sim0.2\%$，重复性优于 0.1%。

（b）可以测量多种介质，如油品、化工介质、造纸黑液、浆体及天然气等。

（c）可测量多个参数，在测量质量流量的同时，获取密度、温度、体积流量等参数。

（d）流体的介质密度、黏度、温度、压力、导电率、流速分布等特性对测量结果影响较

小，安装时无上下直管段要求。

（e）无可动部件，流量管内无障碍物，便于维护。

b）缺点。

（a）零点漂移较大。科里奥利流量计的零点不稳定性是它的最主要缺陷，这与它本身的高精确度很不相称。

（b）对外界振动干扰较敏感。为防止管内振动的影响，流量传感器安装要求较高。

（c）流体中气泡含量超过某一界限会显著影响测量值。

（d）价格较贵。

② 科里奥利流量计的选用。科里奥利流量计用于测量液体、悬浮液、乳浊液和高压气体的质量流量、密度和温度，主要用于要求精确测量的场合。对于强振动、强磁场场合，以及管道内流体有强水击效应、强脉动流、夹带气流等场合不宜采用。另外，要根据被测流体的腐蚀性、温度、压力等选用相应型号的科里奥利流量计。如安装在需要保温的场合，应选用带保温夹套的流量计，危险场合应选用防爆产品。

科里奥利流量计的选择一般主要考虑其性能和可靠性。性能包括各种指标，如准确度、量程利用率、压力损失和量程能力等。可靠性需要实验的检验。

准确度的表示包括：偏差、重复性、线性和回滞。有 3 种描述方式：流量百分比准确度、满量程准确度和带零点稳定度的准确度。不同的厂家可能以不同的方式给出，比较时应考虑到这一点。其中，带零点稳定度的准确度更能体现科里奥利流量计在整个流量范围内的准确度，因为零点稳定度表示了流量计测量实际零流量的能力。

根据操作条件和传感器的最大流量，预选出传感器的规格（通常称管径），计算出压力损失是选型工作的一个重要环节。不实际的高流量会引起高的压力损失，但灵敏度高，准确度好；相反，低流量会使压力损失降低，但灵敏度低，准确度较差。所以，选择的时候要综合考虑，在尽可能低的压力损失下得到高的流量灵敏度和准确度。

量程能力（相对 mA 输出，最大量程和最小量程的比值）也是一个考虑因素。如果使用 mA 输出信号的话，与许多其他常规仪表的选择一样。量程利用率（额定流量与瞬时流量的比值）也很重要，一般可通过厂家给出的科里奥利流量计在各种流速下的量程利用率、压力损失和准确度曲线来计算其在给定应用中的性能。

（3）科里奥利流量计的安装、使用及维护

① 安装。

a）流量传感器应安装在平稳坚固的基础上，避免因振动而造成对流量检测的影响。在需要多台流量计串联或并联使用时，各流量传感器之间的距离应足够远，管卡和支承应分别设置在各自独立的基础上。

b）流量传感器在使用时不应存积气体或液体残渣，对于弯管型流量计，最好垂直安装，需要水平安装时，传感器的外壳与工艺管道保持水平，便于检测管道内气泡的上升与固体颗粒的下沉。对于直管型流量计，水平安装时应避免安装在最高点，以免气团积存。

c）传感器和工艺管道连接时，要做到无应力安装。

② 使用。流量计零点调整。流量计零点调整的方法是在流量传感器充满被测流体后关闭传感器下游阀门，在接近工作温度的条件下，调整流量计的零点。需要注意的是，调整零点时一定要保证下游阀门彻底关闭。若调零点时阀门存在泄漏，将会带来很大的检测误差。

正确设置流量和密度校准系数。流量校准系数代表传感器的灵敏度及流量温度系数，灵敏度表示每秒时差代表多大的流量（单位为 g/s），流量温度系数表示传感器弹性模量受温度的影响程度，密度校准系数代表传感器在 0℃下管内为空气和管内为水时的自振周期（单位为 μs）和密度温度系数，显然，这些与流量计的检测准确度都有直接关系，一定要正确设置。

③ 维护。在使用时，及时发现和排除故障对流量计正常工作很重要，常见的有以下几种故障现象。

a) 无输出。有流量通过传感器而传感器没有信号输出。

b) 输出不变化。流量变化了，输出却保持不变。

c) 输出不正常。输出随意变化（即与流量的变化无关）。

d) 断续地输出。断续输出，开始和结束都无规律，但当有输出时，输出信号能正确反映流量大小。

对于故障现象应仔细检查，找出原因所在，消除故障现象，保证仪表正常工作。对于一些智能型质量流量计，可利用仪表具有的自诊断程序检查排除，必要时应请制造厂家维修服务。

5.6 其他流量计

5.6.1 涡轮流量计

涡轮流量计采用涡轮进行流量测量。它先将流速转换为涡轮的转速，再将转速转换成与流量成正比的电信号。

涡轮流量计的结构如图 5.25 所示，主要由涡轮、导流架、壳体和磁电式传感器等组成，涡轮转轴的轴承由固定在壳体上的导流架所支撑。壳体由不导磁的不锈钢制成，涡轮为导磁的不锈钢，它通常有 4～8 片螺旋形叶片。当流体通过流量计时，推动涡轮使其以一定的转速旋转，此转速是流体流量的函数。装在壳体外的非接触式磁电转速传感器输出脉冲信号的频率与涡轮的转速成正比。因此，测定传感器的输出频率即可确定流体的流量。

涡轮流量计在管形壳体的内壁上装有导流器，一方面促使流体沿轴线方向平行流动，另一方面支承了涡轮的前后轴承和涡轮上装有螺旋桨形的叶片在流体冲击下旋转，为了测出涡轮的转速，管壁外装有带线圈的永久磁铁，并将线圈两端引出。由于涡轮具有一定的铁磁性，当叶片在永久磁铁前扫过时，会引起磁通量的变化，因而在线圈两端产生感应电动势，此感应交流电信号的频率与被测流体的体积流量成正比。将该频率信号送入脉冲计数器即可得到累积总流量。

假设涡轮流量计的仪表常数为 K（它完全取决于结构参数），则输出的体积流量 Q_V 与信号频率 f 的关系为

$$Q_V = \frac{f}{K}$$

理想情况下，仪表常数 K 恒定不变，则 Q_V 与 f 呈线性关系。但实际情况是涡轮有轴承摩擦力矩、电磁阻力矩、流体对涡轮的黏性摩擦阻力等，所以 K 并不严格保持常数。特别是在流量很小的情况下，由于阻力矩的影响相对较大，K 也不稳定，所以最好应用在量程上为 5％以上，这时有比较好的线性关系。

涡轮流量传感器由表体、导向体（导流器）、叶轮、轴、轴承及信号检测器组成。表体是传感器的主要部件，它起到承受被测流体的压力、固定安装检测部件、连接管道的作用。

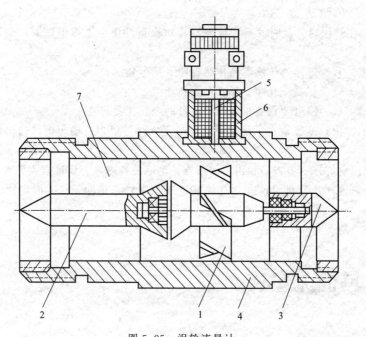

图 5.25 涡轮流量计

1—涡轮；2—前导流架；3—后导流架；4—壳体；5—磁钢；6—绕组；7—导流器

表体采用不导磁不锈钢或硬铝合金制作。在传感器进、出口装有导向体，它对流体起导向整流以及支承叶轮的作用，通常选用不导磁不锈钢或硬铝合金制作。涡轮也称叶轮，是传感器的检测元件，它由高导磁性材料制成。轴和轴承支承叶轮旋转，需有足够的刚度、强度、硬度、耐磨性及耐腐蚀性等，它决定着传感器的可靠性和使用期限。信号检测器由永久磁铁、导磁棒（铁芯）、线圈等组成，输出信号有效值在 10mV 以上的可直接配用流量计算机。

涡轮流量计测量精确度高，可达 0.5 级以上，反应迅速，可测脉动流量，耐高压，适用于清洁液体、气体的测量，在所有流量计中，它属于最精确的，重复性好，输出脉冲频率信号适于总量计量及与计算机连接，无零点漂移，抗干扰能力强，可获得很高的频率信号（3～4kHz），信号分辨率高，范围度宽，中、大口径可达 10∶1～40∶1，小口径为 5∶1～6∶1，结构紧凑轻巧，安装维护方便，流通能力大，适用高压测量，仪表表体上不开孔，易制成高压型仪表，可制成插入式仪表，适用于大口径测量，压力损失小，价格低，可不断流取出，安装维护方便。

但涡轮流量计也存在难以长期保持校准特性的问题，需要定期校验，对于无润滑性的液体，液体中含有悬浮物或腐蚀性，易造成轴承磨损及卡住等问题，限制了其使用范围。一般液体涡轮流量计不适用于较高黏度介质，流体物性（密度、黏度）对仪表影响较大。流量计受来流流速分布畸变和旋转流的影响较大，传感器上、下游侧需安装较长直管段，如安装空间有限制，可加装流动调整器（整流器）以缩短直管段长度，不适于脉动流和混相流的测量，对被测介质的清洁度要求较高，限制了其使用范围。

5.6.2 旋涡流量计

（1）工作原理

旋涡流量计是利用流体力学中卡门涡街的原理制作的一种仪表，如图 5.26 所示。它是把一个称作旋涡发生体的对称形状的物体（如圆柱体、三角柱体等）垂直插在管道中，流体绕过旋涡发生体时，出现附面层分离，在旋涡发生体的左右两侧会交替产生旋涡，如图5.27所示，左右两侧旋涡的旋转方向相反。这种旋涡列通常被称为卡门旋涡列，也称卡门涡街。

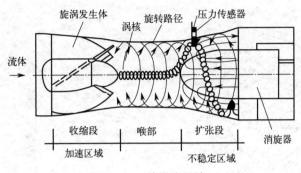

图 5.26 旋涡流量计

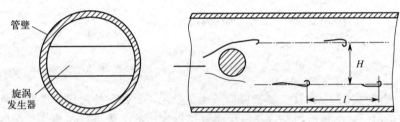

图 5.27 旋涡流量计原理图

由于旋涡之间存在相互影响，旋涡列一般是不稳定的，但卡门从理论上证明了当两旋涡列之间的距离 H 和同列的两个旋涡之间的距离 l 满足公式 $H/l=0.281$ 时，非对称的旋涡列就能保持稳定。旋涡列在旋涡发生体下游非对称地排列。设旋涡的发生频率为 f，被测介质的平均流速为 v，旋涡发生体迎面宽度为 d，表体通径为 D，根据卡门涡街原理，有

$$f=S_t\frac{v_1}{d}=S_t\frac{v}{md}$$

式中，v_1 为旋涡发生体两侧平均流速；S_t 为斯特劳哈尔数；m 为旋涡发生体两侧弓形面积与管道横截面面积之比。

管道内体积流量 Q_V 为

$$Q_V=\frac{\pi D^2 v}{4}=\frac{md}{4S_t}f$$

（2）旋涡频率的检测

旋涡频率的检测是通过旋涡检测器来实现的。旋涡检测器的任务是一方面使流体绕过检测器时，在其后能形成稳定的涡列，另一方面能准确地测出旋涡产生的频率。目前使用的旋涡检测器主要有两种形式，一种是圆柱形，一种是三角柱形。

圆柱形检测器如图5.28（a）所示，它是一根中空的长管，管中空腔由隔板分成两部分。管的两侧开两排小孔。隔板中间开孔，孔上贴有铂电阻丝。铂电阻丝通常被通电加热到高于流体温度10℃左右。当流体绕过圆柱时，如在下侧产生旋涡，由于旋涡的作用使圆柱体的下部压力高于上部压力，部分流体从下孔被吸入，从上部小孔吹出。结果将使下部旋涡被吸在圆柱表面，越转越大，而没有旋涡的一侧由于流体的吹出作用，将使旋涡不易发生。下侧旋涡生成之后，它将脱离圆柱表面向下运动，这时柱体的上侧将重复上述过程生成旋涡。如此一来，柱体的上、下两侧交替地生成并放出旋涡。与此同时，在柱体的内腔自下而上或自

上而下产生的脉冲流通过被加热的铂电阻丝。空腔内流体的运动，交替对铂电阻丝产生冷却作用，电阻丝的阻值发生变化，从而产生和旋涡的生成频率一致的脉冲信号，通过频率检测器即可完成对流量的测量。

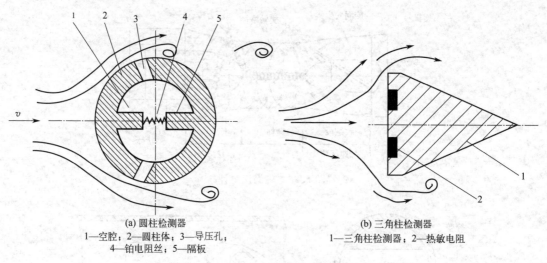

(a) 圆柱检测器
1—空腔；2—圆柱体；3—导压孔；
4—铂电阻丝；5—隔板

(b) 三角柱检测器
1—三角柱检测器；2—热敏电阻

图 5.28　旋涡发生体及信号检测原理图

图 5.28(b) 所示的三角柱检测器可以得到更稳定、更强烈的旋涡。埋在三角柱体正面的两支热敏电阻组成电桥的两臂，并以恒流源供以微弱的电流进行加热。在产生旋涡的一侧，因流速变低，使热敏电阻的温度升高，阻值减小。因此，电桥失去平衡，产生不平衡输出。随着旋涡的交替形成，电桥将输出一个与旋涡频率相等的交变电压信号，该信号送至累积器计算就可给出流体流过的流量。

使用时要求在旋涡检测器前有 $15D$，检测器后有 $5D$ 的直管段，并要求直管段内部光滑。此外，热敏元件表面应保持清洁无垢，所以需要经常清洗，以保持其特性稳定。

5.7　流量计选型原则

流量计选型需按照生产要求，从仪表产品供应的实际情况出发，综合地考虑测量的安全、准确和经济性，并根据被测流体的性质及流动情况确定流量取样装置的方式和测量仪表的型式和规格。

流量测量的安全可靠，首先是测量方式可靠，即取样装置在运行中不会发生机械强度或电气回路故障而引起事故，其次是测量仪表无论在正常生产或故障情况下都不致影响生产系统的安全。例如，对发电厂高温高压主蒸气流量的测量，其安装于管道中的一次测量元件必须牢固，以确保在高速气流冲刷下不发生机构损坏。因此，一般都优先选用标准节流装置，而不选用悬臂梁式双重喇叭管或插入式流量计等非标准测量装置，以及结构强度低的靶式、涡轮流量计等。燃油电厂和有可燃性气体的场合，应选用防爆型仪表。

在保证仪表安全运行的基础上，力求提高仪表的准确性和节能性。为此，不仅要选用满足准确度要求的显示仪表，而且要根据被测介质的特点选择合理的测量方式。发电厂主蒸气流量测量由于其对电厂安全和经济性至关重要，一般都采用成熟的标准节流装置配差压流量计，化学水处理的污水和燃油分别属脏污流体和低雷诺数黏性流体，都不适用标准节流件。对脏污流体一般选用圆缺孔板等非标准节流件配差压计或超声波多普勒流量计，而黏性流体可采用容积式、靶式或楔形流量计等进行测量。水轮机入口水量、凝汽器循环水量及回热机组的回热蒸汽等都是大口径（400mm以上）的流量测量参数，由于加工制造困难和压损大，一般都不选用标准节流装置。根据被测介质特性及测量准确度要求，分别采用插入式流量计、测速元件配差压计、超声波流量计，或采用标记法、模拟法等无能损方式测流量。

为保证流量计使用寿命及准确性，选型时还要注意仪表的防振要求，在湿热地区要选择湿热式仪表。

正确地选择仪表的规格，也是保证仪表使用寿命和准确度的重要一环。应特别注意静压及耐温的选择。仪表的静压即耐压程度，它应稍大于被测介质的工作压力，一般取 1.25 倍，以保证不发生泄漏或意外。量程范围的选择，主要是仪表刻度上限的选择。选小了，易过载，易损坏仪表；选大了，有碍于测量的准确性，一般选为实际运行中最大流量值的 1.2～1.3 倍。

安装在生产管道上长期运行的接触式仪表，还应考虑流量测量元件所造成的能量损失。一般情况下，在同一生产管道中不应选用多个压损较大的测量元件，如节流元件等。

总之，没有一种测量方式或流量计对各种流体及流动情况都能适应的。不同的测量方式和结构，要求不同的测量操作、使用方法和使用条件。每种形式都有它特有的优缺点。因此，应在对各种测量方式和仪表特性做全面比较的基础上，选择适于生产要求的、既安全可靠又经济耐用的最佳型式，几种流量检测仪表相互比较如表 5.1 所示。

表 5.1　几种流量检测仪表比较

名称	刻度特性	量程比	精确度	适用场合	价格
转子流量计	线型	10：1	1.5～2.5	小流量	便宜
差压流量计	平方根	3：1	1	已标准化,耐高温、高压、中大流量应用广泛	中等
靶式流量计	平方根	3：1	2	黏稠、脏污、腐蚀性介质,耐高温及高压	中等
涡轮流量计	线型	10：1	0.5～1	低黏度、清洁液体,耐高压、中温、中大流量应用广泛	贵
旋涡流量计	线型	10：1	1.5	气体及低黏度液体,大口径、大流量	较贵
电磁流量计	线型	10：1	1～1.5	导电液体、大流量	贵
齿轮流量计	线型	10：1	0.2～0.5	清洁、黏性液体	较贵
罗茨流量计	线型	10：1	0.2～0.5	清洁及高黏度液体,耐较高温度、中压,中等流量	较贵

本章小结

本章首先介绍了流量的概念以及表示方法。其次，根据检测方法、检测原理的不同，分别介绍了差压式流量计、容积式流量计、速度式流量计、质量流量计，以及其他流量计等，重点理解各流量计的工作原理。最后，简述了流量计选型原则。

<<<< 习题与思考题 >>>>

1. 什么是流量？有哪几种表示方法？相互之间的关系是什么？

2. 已知工作状态下体积流量为 $293m^3/h$，被测介质在工作状态下的密度为 $19.7kg/m^3$，求流体的质量流量。

3. 什么叫节流现象？流体经节流装置时为什么会产生静压差？

4. 原来测量水的差压式流量计，现在用来测量相同测量范围的油的流量，读数是否正确？为什么？

5. 试简述电磁流量计工作原理及其使用特点。

6. 简述旋涡流量计的工作原理、特点及常见的旋涡发生体。

7. 质量流量测量有哪些方法？

8. 科里奥利流量计的工作原理及特点是什么？

参考答案

安/全/检/测/与/监/控/技/术

第6章

物位检测

在工业生产中，常需要对一些设备和容器中的物位进行检测和控制。人们对物位检测的目的有两个：一个是通过物位检测来确定容器内物料的数量，以保证能够连续供应生产中各环节所需的物料或进行经济核算；另一个是通过物位检测，了解物位是否在规定的范围内，以便正常生产，从而保证产品的质量、产量和安全生产。

在物位检测中液位检测相对简单些，且使用场合较多，本节予以重点介绍。

6.1 浮力式液位计

浮力式液位检测的基本原理通过测量漂浮于被测液面上的浮子（也称浮标）随液面变化而产生的位移来检测液位，或利用沉浸在被测液体中的浮筒（也称沉筒）所受的浮力与液面位置的关系来检测液位。前者一般称为恒浮力式检测，后者一般称为变浮力式检测。

6.1.1 恒浮力式液位计

恒浮力式液位检测原理如图 6.1 所示。将液面上的浮子用绳索连接并悬挂在滑轮上，绳索的另一端挂有平衡重锤，利用浮子所受重力和浮力之差与平衡重锤的重力相平衡，使浮子漂浮在液面上。其平衡关系为

$$W-F=G \tag{6-1}$$

式中，W 为浮子的重力；F 为浮力；G 为重锤的重力。

当液位上升时，浮子所受浮力 F 增加，则 $W-F<G$，使原有平衡关系被破坏，浮子向上移动。但浮子向上移动的同时，浮力 F 下降，$W-F$ 增加，直到 $W-F$ 又重新等于 G 时，浮子将停留在新的液位上，反之亦然。因而实现了浮子对液位的跟踪。由于上式中 W 和 G 可认为是常数，因此浮子停留在任何高度的液面上时，F 值不变，故称此法为恒浮力法。该方法的实质是通过浮子把液位的变化转换成机械位移（线位移或角位移）的变化。上面所讲的只是一种转换方式，在实际应用中，还可采用各种各样的结构形式来实现液位-机械位移的转换，并可通过机械传动机构带动指针对液位进行指示，如果需要远传，还可通过电或气的转换器把机械位移转换为电信号或气信号。

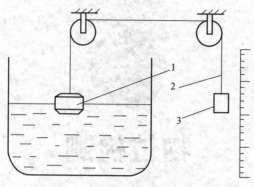

图 6.1　恒浮力式液位计原理图
1—浮子；2—连接线；3—重物

浮力液位计只能用于常压或敞口容器，通常只能就地指示，由于传动部分暴露在周围环境中，使用日久，摩擦增大，液位计的误差就会相应增大，因此这种液位计只能用于不太重要的场合。

6.1.2　变浮力式液位计

变浮力式液位计原理如图 6.2 所示，它是利用浮筒实现液位检测的。利用由于被液体浸没的高度不同，以致所受的浮力不同来检测液位的变化。将一横截面积为 S、质量为 m 的圆筒形空心金属浮筒挂在弹簧上，由于弹簧的下端被固定，因此弹簧因浮筒的重力被压缩，当浮筒的重力与弹簧的弹力达到平衡时，浮筒才停止移动，平衡条件为

$$Cx_0 = G \tag{6-2}$$

式中，G 为浮筒的重力；C 为弹簧的刚度；x_0 为弹簧因浮筒重力被压缩所产生的位移。

当浮筒的一部分被浸没时，浮筒受到液位对它的浮力作用而向上移动，当它与弹力和浮筒的重力平衡时，浮筒停止移动。设液位高度为 H，浮筒由于向上移动，实际浸没在液体中的长度为 h，浮筒移动的距离即弹簧的位置改变量 Δx 为

$$\Delta x = H - h$$

根据力平衡可知

$$G - Sh\rho = C(x_0 - \Delta x)$$

式中，ρ 为浸没浮筒的液体密度。

根据以上两式，可得

$$Sh\rho = C\Delta x$$

一般情况下，$h \gg \Delta x$，可得 $H \approx h$，因此被测液位 H 可表示为

$$H = \frac{C\Delta x}{S\rho}$$

由上式可知，当液位变化时，使浮筒产生位移，其位移量 Δx 与液位高度 H 成正比关系。因此变浮力式液位检测方法实质上就是将液位转换成敏感元件浮筒的位移变化。可应用信号变换技术，进一步将位移转换成电信号，配上显示仪表在现场或控制室进行液位指示和控制。

变浮力式液位检测在浮筒的连杆上安装一铁芯，可随浮筒一起上、下移动，通过差动变压器使输出电压与位移成正比关系，从而检测液位。

除此之外，还可以将浮筒所受的浮力通过扭力管达到力矩平衡，把浮筒的位移变成扭力

管的角位移，进一步用其他转换元件转换为电信号，构成一个完整的液位计。变浮力式液位计不仅能检测液位，而且还能检测界面。

6.1.3　磁性浮子式液位计

图 6.3 是磁性浮子式液位计，置于连通器内的磁性浮子随液位上、下移动，使相应的磁性指示翻板或磁性开关的状态发生变化。该液位计可以用于就地指示，也可变换成电信号进行远传控制。

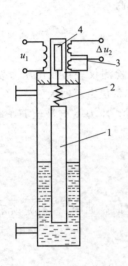

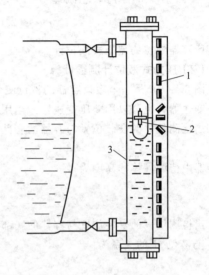

图 6.2　变浮力式液位计原理图
1—浮筒；2—平衡弹簧；3—差动变压器；4—铁芯

图 6.3　磁性浮子式液位计
1—指示翻板；2—磁性浮子；3—连通容器

6.2　静压式液位计

（1）静压式液位计测量原理

静压式液位计是根据液柱静压与液柱高度成正比的原理来实现的，其原理如图 6.4（a）所示。根据流体静力学原理可得 A、B 两点之间的差压为

$$\Delta p = p_B - p_A = H \rho g$$

式中，p_A 为容器中 A 点的静压；p_B 为容器中 B 点的静压；H 为液柱的高度；ρ 为液体的密度。

当被测对象为敞口容器时，p_A 为大气压，即 $p_A = p_0$，上式变为

$$p = p_B - p_0 = H \rho g$$

在检测过程中，当 ρ 为一常数时，则密闭容器中 A、B 两点差压与液位高度 H 成正比，而在敞口容器中则 p 与 H 成正比，就是说只要测出 Δp 或 p 就可知道密闭容器或敞口容器中的液位高度。因此，凡是能够测量压力或差压的仪表，均可测量液位。通过测静压来测量容器液位的静压式液位计分为两类，一类是测量敞口容器液位的压力式液位计，另一类是测

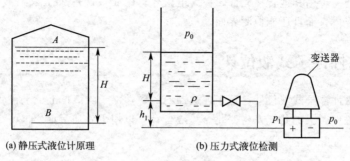

(a) 静压式液位计原理   (b) 压力式液位检测

图 6.4　静压式液位计原理与检测

量密闭容器液位的差压式液位计。

（2）压力式液位计测量计算

图 6.4(b) 是一个敞口容器的液位测量示意图，图中的检测仪表可以用压力表，可以用压力变送器，也可以用差压变送器。当用差压变送器时，其负压室可通大气。

当检测仪表的安装位置与容器的底部在同一水平线上时，压力 p 与液位 H 的关系为

$$p = H\rho g$$

则容器中待测液体的高度为

$$H = \frac{p}{\rho g}$$

当检测仪表的安装位置与容器的底部不在同一水平线上时，如图 6.4(b) 所示，此时压力 p 与液位 H 的关系为

$$p = H\rho g + h_1 \rho g$$

则容器中待测液体的高度为

$$H = \frac{p}{\rho g} - h_1$$

（3）差压式液位计测量计算

在测量密闭容器的液位时，检测仪表的输出除了与液柱的静压力有关外，还与液位上面的气相压力有关。为了消除气相压力对液位检测的影响，往往采用测量差压的方法来测量液位，所用仪表采用差压计或差压变送器。

① 无隔离罐的密闭容器的液位检测。如图 6.5 所示，将差压变送器高、低压室分别与容器上部与下部的取压点相连，如果被测液体的密度为 ρ，则作用于变送器高、低压室的差压为

$$\Delta p = p_1 - p_2 = H\rho g$$

$$H = \frac{\Delta p}{\rho g}$$

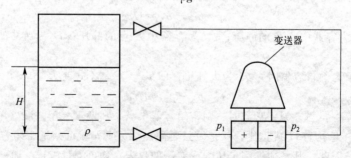

图 6.5　无隔离罐的密闭容器的液位检测

② 有隔离罐的密度容器的液位检测。在实际应用中，为了防止容器内液体和气体进入变送器的取压室造成管路堵塞或腐蚀，以及为了保持变送器低压室的液柱高度恒定，在变送器的高、低压室与取压点中间分别装有隔离罐，如图 6.6 所示。在隔离罐内充满隔离液，密度为 ρ_1，通常 $\rho_1 \gg \rho$。这时高、低压室的压力分别为

$$p_1 = \rho g H + \rho_1 g h_1 + p$$
$$p_2 = \rho_1 g h_2 + p$$

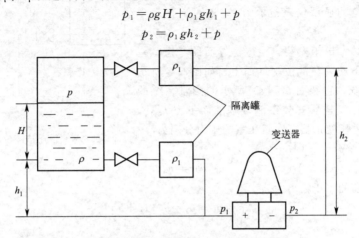

图 6.6　有隔离罐的密闭容器的液位检测

高、低压室的差压为

$$\Delta p = p_1 - p_2 = \rho g H + \rho_1 g h_1 - \rho_1 g h_2 = \rho g H + \rho_1 g (h_1 - h_2)$$

式中，Δp 为差压；p_1、p_2 分别为变送器的高、低压室的压力；ρ、ρ_1 分别为被测液体及隔离液的密度；h_1、h_2 为隔离液的最低液位及最高液位至变送器的高度；p 为容器上部气体的压力。则容器中待测液体的高度为

$$H = \frac{\Delta p + \rho_1 g (h_2 - h_1)}{\rho g}$$

③ 量程迁移。无论是压力检测法还是差压检测法，都要求取压口（零液位）与压力（差压）检测仪表的入口在同一水平高度，否则会产生附加静压误差。但是，在实际安装时不一定能满足这个要求。如地下储槽，为了读数和维护的方便，压力检测仪表不能安装在所谓零液位的地方。采用法兰式差压变送器时，由于从膜盒至变送器的毛细管充以硅油，无论差压变送器在什么高度，一般均会产生附加静压。在这种情况下，可通过计算进行校正，但更多的是对压力（差压）变送器进行零点调整，使它在只受附加静压（静压差）时输出为"0"，这种方法称为量程迁移。

（a）无迁移。在图 6.7 所示的两个不同形式的液位测量系统中，作为测量仪表的差压变送器的输出差压 Δp 和液位 H 之间的关系都可以简单表示。

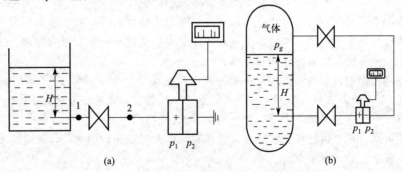

图 6.7　无迁移液位测量系统

当 $H=0$ 时，差压变送器的输出 Δp 亦为 0，可用下式表示：

$$\Delta p|_{H=0}=0$$

显然，当 $H=0$ 时，差压变送器的输出亦为 0（下限值），如采用 DDZ-Ⅲ型差压变送器，则其输出 $I_0=0mA$，相应的显示仪表指示为 0，这时不存在零点迁移问题。

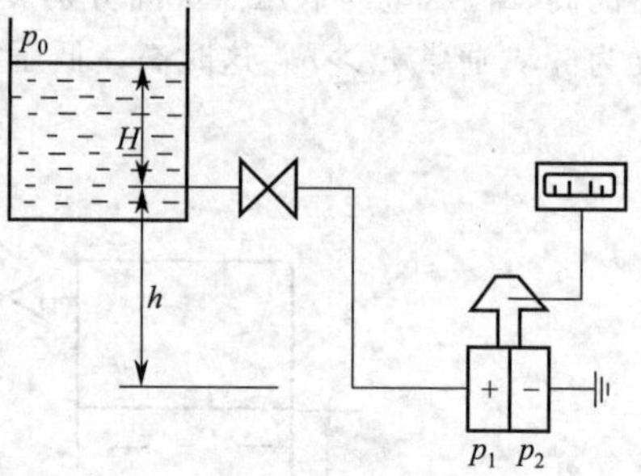

（b）正迁移。出于安装、检修等方面的考虑，差压变送器往往不安装在液位基准面上。如图 6.8 所示的液位测量系统，它和图 6.7(a) 所示的测量系统的区别仅在于差压变送器安装在液位基准面下方 h 处，这时，作用在差压变送器正、负压室的压力分别为

$$p_1=\rho g(H+h)+p_0$$

$$p_2=p_0$$

差压变送器的差压输出为

$$\Delta p=p_1-p_2=\rho g(H+h)$$

所以

$$\Delta p|_{H=0}=\rho gh$$

图 6.8　正迁移液位测量系统

就是说，当液位 H 为零时，差压变送器仍有一个固定差压输出 ρgh，这就是从液体储槽底面到差压变送器正压室之间那一段液相引压管液柱的压力。因此，差压变送器在液位为零时会有一个相当大的输出值，给测量过程带来诸多不便。为了保持差压变送器的零点（输出下限）与液位零点一致，就有必要抵消这一固定差压的作用。由于这一固定差压是一个正值，因此称之为正迁移。

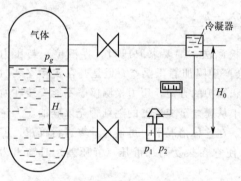

图 6.9　负迁移液位测量系统

（c）负迁移。图 6.9 所示的液位测量系统，它和图 6.7(b) 所示系统的区别在于它的气相是蒸气，因此，在它的气相引压管中充满的不是气体而是冷凝水（其密度与容器中水的密度近似相等）。这时，差压变送器正、负压室的压力分别为

$$p_1=p_g+\rho gH$$

$$p_2=p_g+\rho gH_0$$

差压变送器的差压输出为

$$\Delta p=p_1-p_2=\rho g(H-H_0)$$

所以

$$\Delta p|_{H=0}=-\rho gH_0$$

就是说，当液位为零时，差压变送器将有一个很大的负的固定差压输出，为了保持差压变送器的零点（输出下限）与液位零点一致，就必须抵消这一固定差压的作用。又因为这个固定差压是一个负值，所以称之为负迁移。

需要特别指出的是，对于图6.9所示的液位测量系统，由于液位 H 不可能超过气相引压管的高度 H_0，所以 $\Delta p=\rho g(H-H_0)$ 必然是一个负值。如果差压变送器不进行迁移处理，无论液位有多高，变送器都不会有输出，测量就无法进行。

由上述可知，正、负迁移的实质是通过迁移弹性改变变送器的零点，即同时改变量程的上、下限，而量程的大小不变。

6.3 电容式物位计

电容式物位计利用被测物的介电常数与空气（或真空）不同的特点进行检测，电容式物位计由测量电极和检测电容的测量线路组成。它适用于各种导电、非导电液体的液位或粉状料位的远距离连续测量和指示，也可以和电动单元组合仪表配套使用，以实现液位或料位的自动记录、控制和调节。由于它的传感器结构简单，没有可动部分，因此应用范围较广。

由于被测介质的不同，电容式物位计也有不同的形式，现以测量导电物体的电容式物位计和测量非导电物体的电容式物位计为例对电容式物位计进行简介。

（1）测导电物体的电容式物位计

电容式物位计是将物位的变化转换成电容量的变化，通过测量电容量的大小来间接测量液位高低的物位测量仪表，它由测量电极和检测电容的测量线路组成。由于被测介质的不同，电容式物位计有多种不同形式，不妨取被测物体为导电液体举例说明。

在液体中插入一根带绝缘套管的电极，由于液体是导电的，容器和液体可视为电容器的一个电极，插入的金属电极作为另一电极，绝缘套管为中间介质，三者组成圆筒形电容器。

由物理学知，圆筒形电容器中的电容量为

$$C = \frac{2\pi\varepsilon L}{\ln\dfrac{D}{d}}$$

式中，L 为两电极相互遮盖部分的长度；d、D 分别为圆筒形内电极的外径和外电极的内径；ε 为中间介质的介电常数。当 ε 为常数时，C 与 L 成正比。

在图 6.10 中，由于中间介质为绝缘套管，所以组成的电容器的介电常数 ε 就为常数。当液位变化时，电容器两极被浸没的长度也随之改变。液位越高，电极被浸没得就越多。

电容式物位计可实现液位的连续测量和指示，也可与其他仪表配套进行自动记录、控制和调节。

（2）测量非导电物体的电容式物位计

由于被测介质的不同，电容式物位计有多种不同形式，不妨取被测物体为非导电液体举例说明。当测量非导电液体，如轻油、某些有机液体以及液态气体的液位时，可采用一个内电极，外部套上一根金属管（如不锈钢），两者彼此绝缘，以被测介质为中间绝缘物质构成同轴套管筒形电容器，如图 6.11 所示，绝缘垫上有小孔，外套管上也有孔和槽，以便被测液体自由地流进或流出。由于电极浸没的长度 l 与电容增量 ΔC 成正比关系，因此，测出电容增量的数值便可知道液位高度。

当测量粉状导电固体料位和黏滞非导电液体液位时，可采用光电极直接插入圆筒形电容器的中央，将仪表地线与容器相连，以容器作为外电极，物料或液体作为绝缘物质构成圆筒形电容器，其测量原理与上述相同。

电容液位传感器主要由电极（敏感元件）和电容检测电路组成。可用于导电和非导电液体之间，及两种介电常数不同的非导电液体之间的界面测量。因测量过程中电容的变化都很小，因此，准确地检测电容量的大小是液位检测的关键。

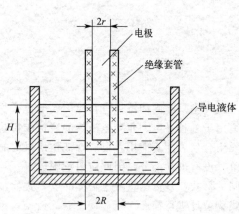

图 6.10 导电液体的电容式物位计原理示意图　图 6.11 非导电液体的电容式物位计原理示意图

（3）电容式物位计应用举例

现以晶体管电容液位指示仪为例进行简述。晶体管电容液位指示仪用来监视密封罐内导电液体的液位，并能对加液系统进行自动控制。在仪器的面板上装有指示灯，红灯指示液位上限，绿灯指示液位下限。当红灯亮时表示液面已经达到上限，此时应停止加液；当红灯熄灭，绿灯仍然亮时，表示液面在上下限之间；当绿灯熄灭时，表示液面低于下限，这时应加液。

晶体管电容液位指示仪的电路原理如图 6.12 所示，电容传感器是悬挂在料仓里的金属探头，利用它对大地的分布电容进行检测。在罐中上、下各设有一个金属探头。整个电路由信号转换电路和控制电路两部分组成。

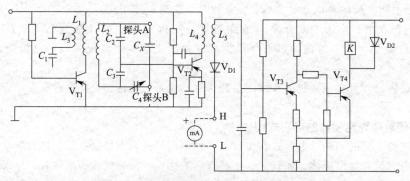

图 6.12 晶体管电容液位指示仪的电路原理

信号转换电路是通过阻抗平衡电桥来实现的，当 $C_2C_4 \approx C_3C_x$ 时，电桥平衡。由于 $C_2 = C_3$，则调整 C_4，使 $C_4 = C_x$ 时电桥平衡。C_x 是探头对地的分布电容，它直接和液面有关，当液面增加时，C_x 值将随着增加，使电桥失去平衡，按其大小可判断液面情况。电桥电压由 V_{T1} 和 LC 回路组成的振荡器供电，其振荡频率约为 70kHz，其幅值约为 250mV。电桥平衡时，无输出信号，当液面变化引起 C_x 变化时，电桥失去平衡，电桥输出交流信号，此交流信号经 V_{T2} 放大后，由 V_{D1} 检波变成直流信号。

控制电路是由 V_{T3} 和 V_{T4} 组成的射极耦合触发器（施密特触发器）和它所带动的继电器 K 组成，由信号转换电路送来的直流信号的幅值达到一定值后，触发器翻转，此时，V_{T4} 由截止状态转换为饱和状态，使继电器 K 吸合，其触点去控制相应的电路和指示灯指示液面已达到某一定值。

6.4 超声波物位计

超声波跟声音一样，是一种机械振动波，是机械振动在弹性介质中的传播过程。超声波物位检测是利用不同介质的不同声学特性，进行物位测量的一门技术。

（1）超声传感器

在超声波检测技术中，主要是利用它的反射、折射、衰减等物理性质。不管哪一种超声仪器，都必须把超声波发射出去，然后再把超声波接收回来，变换成电信号。完成这一部分工作的装置，就是超声传感器。但是在习惯上，把这个发射部分和接收部分均称为超声换能器，有时也称为超声探头。

超声换能器根据其工作原理，有压电式、磁滞伸缩式和电磁式等多种，在检测技术中主要采用压电式。

压电式超声换能器的原理是以压电效应为基础的。关于压电效应以前讲过，这里不再赘述。发射超声波的换能器利用压电材料的逆压电效应，接收用的换能器则利用压电效应。在实际使用中，由于压电效应的可逆性，有时将换能器作为发射与接收兼用，亦即将脉冲交流电压加到压电元件上，使其向介质发射超声波，同时又利用它作为接收元件，接收从介质中反射回来的超声波，并将反射波转换为电信号送到后面的放大器。因此，压电式超声换能器实质上是压电式传感器。在压电式超声换能器中，常用的压电材料有石英（SiO_2）、钛酸钡（$BaTiO_3$）、锆铁酸铅（PZT）等。

换能器由于其结构不同，可分为直探头式、斜探头式和双探头式等多种。下面以直探头式为例进行简要介绍。

直探头式换能器也称直探头或平探头，它可以发射和接收纵波。直探头主要由压电元件、阻尼块（吸收块）及保护膜组成，其基本结构原理图如图 6.13 所示。

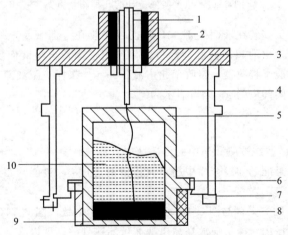

图 6.13　直探头式换能器结构

1—换能片；2—绝缘柱；3—盖；4—导线螺杆；5—接线片；6—压电片座；
7—外壳；8—压电片；9—保护膜；10—吸收块

压电片是换能器中的主要元件，大多做成圆板形。压电片的厚度与超声波频率成反比。例如锆铁酸铅的频率厚度常数为1890kHz/mm，压电片的厚度为1mm时，固有振动频率为1.89MHz。压电片的直径与扩散角成反比。压电片的两面敷有银层，作为导电的极板，压电片的底面接地线，上面接导线引至电路中。

为了避免压电片与被测体直接接触而磨损压电片，在压电片下粘合一层保护膜。保护膜的厚度为1/2波长（在保护膜中的波长）的整倍数时，声波穿透率最大；厚度为1/4波长的奇数倍时，穿透率最小。保护膜材料性质要注意声阻抗的匹配，设保护膜的声阻抗为Z，晶体的声阻抗为Z_1，被测工件的声阻抗为Z_2，则最佳条件为$Z=(Z_1Z_2)^{1/2}$。压电片与保护膜粘合后，谐振频率将降低。阻抗块又称吸收块，它作为降低压电片的机械品质因素Q，吸收声能量。如果没有吸收块，电振荡脉冲停止时，压电片因惯性作用，仍继续振动，加大了超声波的脉冲宽度，使盲区扩大，分辨力变差。当吸收块的声阻抗等于晶体的声阻抗时，效果最佳。

（2）超声波测物位

① 工作原理及方案。超声波液位计是利用回声测距原理进行工作的。由于超声波可以在不同介质中传播，所以超声波液位计也分为气介式、液介式及固介式三类，最常用的是气介式和液介式。图6.14是液介式与气介式超声波液位计的几种测量方案，图（a）、图（b）为液介式，图（c）、图（d）为气介式。图（a）、图（c）两种方案是发射和接收都由一个探头完成的单探头式，图（b）、图（d）是一个发射和一个接收的双探头式。

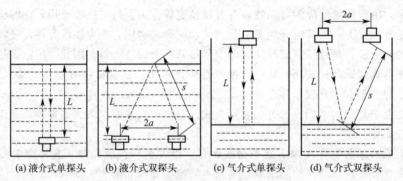

(a) 液介式单探头　(b) 液介式双探头　(c) 气介式单探头　(d) 气介式双探头

图6.14　超声波液位计的几种测量方案

对于液介式，探头安装在液面底部，有时也可安装在容器（底）外部。图6.14(a)的单探头形式中，探头发出的超声波脉冲经过液体传至液面，再经液面反射回到原来的发射器，此时发射器又变成了接收器，接收了超声波脉冲。如果探头距液面高度为L，从发射到接收超声波脉冲的时间间隔为t，则可表示为

$$L=\frac{1}{2}ct$$

式中，c为该超声波在被测介质中的传播速度。

由上式可见，如果准确知道介质中超声波传播的速度c，再能测得时间t，就可以准确测量液位高度。

对于图6.14(c)的方案，与图6.14(a)的方案基本一致，图6.14(c)的方案中，超声波是在空气介质中传播的，探头应放在高出液面可能达到的高度以上。

图6.14(b)、图6.14(d)是双探头式，声波经过的路程是$2s$，即

$$s=\frac{1}{2}ct$$

$$L = \sqrt{s^2 + a^2}$$

式中，a 为两个探头之间的距离的一半。

对于单探头式与双探头式方案的选择，主要应从测量对象具体情况来考虑。一般多采用单探头式方案，因为单探头式简单、安装方便、维修工作量也较小。另外，它可直接测出距离，不必修正。

但是在一些特殊情况下，也不得不选择双探头式方案。例如探测距离较远，为了保证一定灵敏度，必须加大发射功率，用大功率换能器。但这些大功率换能器作为接收探头时灵敏度都很低，甚至无法用于接收。在这种情况下，只好另用一个灵敏度高的接收探头进行接收。

另外，对单探头方案，还有一个接收探头的盲区问题。若将同一个探头作为发射探头又作为接收探头，在发射超声波脉冲时，要在探头上加以较高的激励电压，这个电压虽然持续时间较短，但在停止发射时，在探头上仍然存在一定时间的余振，如图 6.15 所示，$0 \sim t_1$ 是发射超声波脉冲的时间，$t_1 \sim t_2$ 为余振时间。

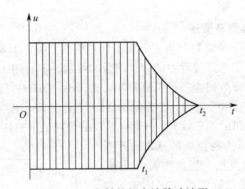

图 6.15　发射的超声波脉冲波形

如果在余振时间将探头转向接收放大线路，则放大器的输入端将有一个足够强的信号。显然，在这段时间内，探头既不能收到回波信号，回波信号也很难被分辨出来，因此称这段时间为盲区时间。过了盲区时间后，接收探头才能分辨出回波信号。探头的盲区时间与结构参数、工作电压、频率等因素有关，可以通过实验确定。在知道了盲区时间以后，再求得声速，就可以确定盲区距离。由于盲区距离的限制，采用单探头式方案时不能测量小于盲区距离的液位。采用双探头式方案时，实际上由于难以避免的电路耦合及非定向超声波对接收探头的作用，在发射超声脉冲时，接收线路中也将产生微弱的输出，也可以认为是有一定的盲区，但它要比单探头式的盲区小得多。

② 超声波物位计的应用。超声波物位计具有安装使用方便、可多点检测、精确度高、直接用数字显示液面高度等优点。同时，它存在着当被测介质温度、成分经常变动时，由于声速随之变化，故测量精确度较低的缺点。

超声波物位测量优点如下。

（a）与介质不接触，无可动部件，电子元件只以声频振动，振幅小，仪器寿命长。

（b）超声波传播速度比较稳定，光线、介质黏度、湿度、介电常数、电导率、热导率等对检测几乎无影响，因此适用于有毒、腐蚀性或高黏度等特殊场合的液位测量。

（c）不仅可进行连续测量和定点测量，还能方便地提供遥测或遥控信号。

（d）能测量高速运动或倾斜晃动的液体的液位，如置于汽车、飞机、轮船的容器中的液位。

但超声波仪器结构复杂，价格昂贵，而且有些物质对超声波有强烈的吸收作用，使用仪器时要考虑具体情况和条件。此外，声速受温度的影响较大，需要进行校正，如控制在一定的温度范围内，误差就不会很大。

6.5 雷达物位计

雷达物位计是一种采用微波测量技术的物位测量仪表。它没有可动部件、不接触介质、没有测量盲区，可以用来对普通物位仪表难以高精度测量的大型固定顶罐、浮顶罐内腐蚀性液体、高黏度液体、有毒液体的液位进行连续测量。而且在雷达物位计可用范围内，其测量精确度几乎不受被测介质温度、压力、相对介电常数及易燃、易爆等恶劣工况的限制，应用范围日益广泛。特别是它的高精确度得到了国际计量机构的认证，满足国际贸易交接的物料计量要求。

（1）雷达物位计的类型及原理

雷达物位计按精确度分类，可分为工业级和计量级两大类。工业级雷达物位计的精确度一般为 $10\sim20mm$，适用于生产过程中的物位测量和控制，不宜用于贸易交接计量。这类产品有德国 Endress＋Hauser 公司生产的 FMR130，德国 KROHNE 公司生产的 BM70 等。计量级雷达物位计的精度在 1mm 以内。它既可以用于工业生产，也可以用于贸易交接计量。这类产品有荷兰 Enraf 公司的 UEAZ873 和瑞典 SAAB 公司的 RTG1820 等。

① 基本测量原理。雷达物位计的基本原理是雷达波（电磁波）由天线发出，抵达物面后反射，被同一天线接收，雷达波往返的时间正比于天线到液面的距离。其运行时间与物位距离关系见图 6.16。

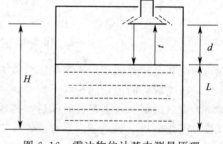

$$d = \frac{1}{2}ct$$

$$L = H - d = H - \frac{1}{2}ct$$

图 6.16 雷达物位计基本测量原理

式中，c 为电磁波传播速度，一般取 $300000km/s$；d 为被测介质与天线之间的距离；t 为天线发射电磁波与接收到反射波的时间差；H 为天线距罐底高度；L 为液位高度。

由以上两式可知，只要测得微波的往返时间即可计算得到液位的高度 L。

目前有几种不同的时间测量方式。一种是 Endress＋Hauser 和 VEGA 等公司采用的微波脉冲（PTOF）测量方法，另一种是 KROHNE 和 SAAB 等公司采用的连续调频法（FM-CW）。此外还有其他的时间测量方法，如 Enraf 的雷达液位计采用合成脉冲雷达技术（SPR）等。

② 微波脉冲法。微波脉冲法制造成本低，精确度相对较低，多应用于工业级雷达物位计。微波脉冲法的原理如图 6.17 所示。

由发送器将脉冲发生器生成的一串脉冲信号通过天线发出，经液面反射后由接收器接收，再将信号传给计时器，从计时器得到脉冲的往返时间 t。用这种方法测量的最大难点在于必须精确地测量时间 t，这是由雷达波的传播速度非常快，以及对液位测量精确度的要求造成的。液位变化 1mm，微波运行时间变化 6ps。微波脉冲法通过采样处理将测量时间延伸

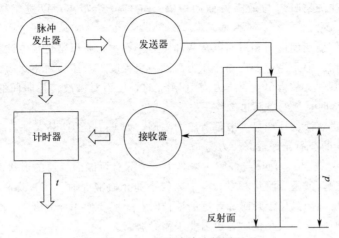

图 6.17　微波脉冲法的原理

至微秒级，由此来测量微波运行时间。

③ 连续调频法。连续调频法采用线性调制的高频信号提高所发射信号的频率。由于在信号传播中延迟了时间，改变了信号的频率，因此返回信号的频率低于发出信号的频率，一般相差几千赫兹。将发射波与接收波送入混频器，测出频率差 Δf 与被测距离 d 呈线性关系，这样就将雷达波的往返时间 t 转换成了可精确测量的频率信号 Δf。其基本原理如图 6.18 所示。

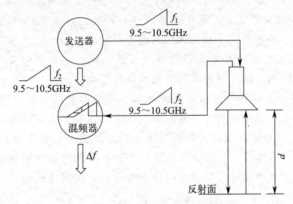

图 6.18　连续调频法的原理示意图

（2）雷达物位计的应用问题

① 介质的相对介电常数。雷达物位计发射的微波沿直线传播，在物面处产生反射和折射时，微波有效的反射信号强度被衰减，当相对介电常数小到一定值时，会使微波有效信号衰减过大，导致雷达液位计无法正常工作。

为避免上述情况的发生，被测介质的相对介电常数必须大于产品所要求的最小值。不同型号的雷达物位计所要求的最小介电常数是不同的，如 KROHNE 公司的 BM70 要求介质的相对介电常数大于 4，当 BM70 用于汽油、柴油、煤油、变压器油等（相对介电常数小于 4）的液面测量时，需要用导波管。

② 温度和压力。雷达物位计发射的微波传播速度 c 取决于传播媒介的相对介电常数和磁导率，所以微波的传播速度不受温度变化的影响。但是对高温介质进行测量时，需要对雷达物位计的传感器和天线部分采取冷却措施，以便保证传感器在允许的温度范围内正常工

作，或使雷达天线的喇叭口与最高液面间留有一定的安全距离，以避免高温对天线产生影响。

由于微波的传播速度仅与相对介电常数和磁导率有关，所以雷达物位计可以在真空或受压状态下正常工作。但是当容器内操作压力高到一定程度时，压力对雷达物位计测量带来的误差不容忽视。有关文献指出，当压力为10MPa时，压力对微波传播时间的影响为2.9%，当压力为100MPa时，影响可高达29%。

目前推出的雷达液位计产品一般都有压力限制，如Enraf的产品允许最高压力为4MPa，Endress+Hauser的产品允许最高压力为6.4MPa。

③ 导波管（稳态管）。使用导波管主要是为了消除有可能因容器的形状而导致多重回波所产生的干扰影响，或是在测量相对介电常数较小的介质液面时，用来提高反射回波能量，以确保测量准确度。当测量浮顶罐和球罐的液位时，一般要使用导波管，当介质的相对介电常数小于制造厂所要求的最小值时，也需要采用导波管。

导波管并不由制造厂随雷达物位计一起供货，而是由设计单位按照制造厂的要求设计，由施工单位制造和安装。在安装时应将导波管妥善固定，并使物位计位于导波管的中心。导波管的焊缝应处理平整，无焊疤和毛刺，并且清除铁锈或杂质，以确保测量的精确度。

（3）雷达物位计的安装

雷达物位计一般安装在罐顶，如果根据需要侧向安装时，应采用45°或90°的弯管进行安装。

雷达物位计的测量原理决定了其不宜用于液面沸腾和液面扰动大的场合，因此，除了在选型时应注意适用条件外，安装时也应避开干扰源，尽量减少测量误差。

① 安装位置要偏离容器中心，防止测量到中心谷底。因为中心可能形成旋涡涡底从而造成测量误差。此外，还要避开下料扇区和涡流等干扰源。

② 如果选用的雷达物位计并不具备近壁安装的特性，在安装时要注意制造厂的要求，与容器壁保持适当的距离，减少罐壁反射对精确度的影响。

③ 当雷达物位计不需要和导波管配套使用时，安装接管的长度应使天线喇叭口伸入罐内一定距离，以减少由于安装接管和设备间焊缝所造成的发射能量损失。

④ 雷达物位计用于测量有搅拌器的容器液面时，其安装位置应尽量避开搅拌器，不要使雷达反射面总处于搅拌器叶片附近，以消除搅拌时产生的旋涡的不规则液面对微波信号散射所造成的衰减，消除搅拌器叶片对微波信号所造成的虚假回波影响。

6.6 物位仪表的选用

（1）检测精确度的选择

若用于计量和经济核算，应选用精确度等级较高的物位检测仪表，如超声波物位计的误差为±2mm。对于一般检测精确度，可以选用其他物位计。

（2）工作条件的选择

对于测量高温、高压、低温、高黏度、腐蚀性、泥浆等特殊介质，或在用其他方法检测的各种恶劣条件下的某些特殊场合，可以选用电容式物位计。对于一般情况，可选用其他物位计。

（3）测量范围的选择

如果测量范围较大，可选用电容式物位计。对于测量范围在 2m 以上的一般介质，可选用压力式物位计。

（4）刻度选择

在选择刻度时，最高物位或上限报警点为最大刻度的 90%，正常物位为最大刻度的 50%，最低物位或下限报警点为最大刻度的 10%。

（5）其他

在具体选用液位检测仪表时，一般还需考虑容器的条件（形状、大小）、测量介质的状态（重度、黏度、温度、压力及液位变化）、现场安装条件（安装位置、周围是否有振动冲击等）、安全（防火、防爆等）、信号输出方式（现场显示或远距离显示、变送或调节）等问题。

本章小结

物位是液位、料位、界位的总称。对物位进行测量、指示和控制的仪表，称物位检测仪表。本章中主要以液位测量为主，介绍了浮力式液位计、静压式液位计、电容式物位计、超声波物位计、雷达物位计等，重点理解其中的测量原理。最后，介绍了物位检测仪表的选用要求。

<<<< 习题与思考题 >>>>

1. 恒浮力式液位计与变浮力式液位计的测量原理有什么异同点？

2. 当测量有压容器的液位时，差压变送器的负压室为什么一定要与容器的气相相连接？

3. 如图 6.19 所示，测量高温液体（指它的蒸气在常温下要冷凝的情况）时，经常在负压管上装有冷凝罐，问这时用差压变送器来测量液位时，要不要零点迁移？迁移量是多少？如果液位在 $0 \sim H_{max}$ 之间变化，求变送器的量程。

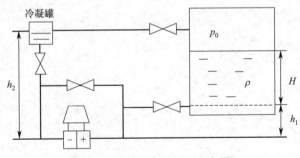

图 6.19　第 6 章习题 3 示意图

4. 试简述电容式物位计的工作原理。

5. 超声波物位计是怎样测量液位的？有哪些形式与方法？

6. 在下述检测物位的仪表中，受被测液体密度影响的有哪几种？并说明原因。

①玻璃液位计　②浮力液位计　③差压式液位计

④电容式物位计　⑤超声波物位计　⑥雷达式物位计

参考答案

▶ 第3篇 ◀

工作场所有害因素检测

在工业生产过程中，产生的各种职业性有害因素对工作场所中作业人员的人身健康和安全有着即时或潜在的威胁。通过对职业性有害因素的检测，有利于及时掌握其危害程度，采取针对性措施保护作业人员的职业健康与安全。

本篇中包含5章，分别介绍有毒有害物质、空气中可燃性气体、粉尘、振动、噪声等因素的检测原理、常用的检测方法或仪表以及具体的评价标准。

第 7 章

有毒有害物质检测

人类赖以生存的环境要素之一是清洁的空气。据资料介绍，每人每日平均吸入 $10\sim12m^3$ 的空气，在 $60\sim90m^2$ 的肺泡面积上进行气体交换，吸收生命所需的氧气，用以维持人体正常的生理活动。如果有毒有害物质进入工作场所的空气中，就会直接危害劳动者的身体健康。

7.1 有毒有害物质基础

（1）基本概念

① 毒物。毒物是指在一定条件下，给予小剂量后，可与生物体相互作用，引起生物体功能性或器质性改变，导致暂时性或持久性损害，甚至危及生命的化学物。

② 工业毒物。工业毒物是指在劳动生产过程中所使用或产生的毒物。

③ 有毒气体。有毒气体是指作用于生物体，能使机体发生暂时或永久性病变，导致疾病甚至死亡的气体。

④ 有害气体。有害气体是指对人体毒性较小，但危害健康的所有气体或挥发的蒸气。

⑤ 有毒化学品。有毒化学品是指进入环境后以通过环境蓄积、生物蓄积、生物转化或化学反应等方式损害健康和环境，或者通过接触对人体具有严重危害和具有潜在危险的化学品。

（2）有毒有害物质的来源和接触环节

① 有毒有害物质的来源。作业场所有毒有害物质主要来源于三个方面：容器、管道及生产设备的泄漏；工作场所散发的原料及生成物；工矿企业排放的污染物。

② 有毒有害物质的接触环节。接触生产性毒物主要有两个环节，即原料的生产和应用。

（a）原料的开采与提炼，材料的加工、搬运、储藏，加料和出料，以及成品的处理、包装等。

（b）在生产环节中，许多因素也可导致作业人员接触毒物，如化学管道的渗漏，化学物的包装或储存气态化学物钢瓶的泄漏，作业人员进入反应釜出料和清釜，物料输送管道或出料口发生堵塞，废料的处理和回收，化学物的采样和分析，设备的保养、检修等。

（c）有些作业虽未应用有毒物质，但在一定的条件下亦可接触到毒物，甚至引起中毒。例如，塑料加热可接触到热裂解产物，在有机物堆积且通风不良的狭小场所（地窖、矿井下废巷、化粪池等）作业，可发生硫化氢中毒。

（3）有毒有害物质的状态

有毒有害物质存在的物理状态分为气、液、固三种，在劳动环境中可细分为粉尘、烟尘、雾、气体、蒸气和气溶胶。

① 粉尘：直径大于 $0.1\mu m$ 的固体颗粒，多为固体物质在机械粉碎、碾磨、钻孔时形成。

② 烟尘：烟尘是悬浮于空气中直径小于 $0.1\mu m$ 的固体颗粒，是某些金属在高温下熔化时产生的蒸气逸散到空气中，在空气中氧化凝聚而成。如炼钢时所产生的氧化锌烟尘、熔铅时所产生的氧化铅烟尘等。

③ 雾：雾为悬浮于空气中的液体微滴，如酸雾，或由液体喷发而成，如喷漆作业中的含苯漆雾、喷洒农药时的药液雾等。

④ 气体：在常温常压下，污染物以气体状态分散在空气中。常见的气体污染物有一氧化碳、氮氧化物、臭氧、氮化氢等。

⑤ 蒸气：污染物在常温常压下是液体或固体，但由于其沸点低或熔点低，易挥发或具有升华性质，因而以蒸气状态存在于空气中。如苯、甲苯、汞蒸气、碘蒸气等。气体或蒸气以分子状态分散于空气中，运动速度较大，在空气中分布比较均匀，其扩散情况与密度有关，相对密度小的向上飘浮，相对密度大的向下沉降。这类污染物受气温和气流的影响，可以传输到很远的地方，所以受害人群不一定都是现场作业人员。

⑥ 气溶胶：是指悬浮在空气中的固态或液态颗粒与空气组成的多相分散体系。气溶胶由于粒度大小不同，物理性质差异很大。微小颗粒几乎像气体分子一样扩散，受布朗运动所支配，能聚集或凝集成较大的颗粒。较大的颗粒则受重力影响大，易沉降。气溶胶的化学性质受颗粒物的化学组成和表面吸附物质的影响。颗粒物的分类方法很多，分类依据尚不统一。

（4）有毒有害物质进入人体的途径

有毒有害物质可经呼吸道、皮肤和消化道进入体内。在工业生产中，有毒有害物质主要经呼吸道和皮肤进入体内，亦可经消化道进入，但比较次要。

① 呼吸道。呼吸道是工业生产中毒物进入体内的最重要的途径。凡是以气体、蒸气、雾、烟、尘形式存在的毒物，均可经呼吸道侵入体内。人的肺内有亿万个肺泡，肺泡壁很薄，壁上有丰富的毛细血管，毒物一旦进入肺内，很快就会通过肺泡壁进入血液循环而被运送到全身。通过呼吸道吸收最重要的影响因素是浓度，浓度越高，吸收越快。

② 皮肤。在工业生产中，毒物经皮肤吸收引起中毒也比较常见。脂溶性毒物经表皮吸收后，还需有水溶性，才能进一步扩散和吸收，所以水、脂溶的物质（如苯胺）易被皮肤吸收。

③ 消化道。在工业生产中，毒物经消化道吸收多半是由于个人卫生习惯不良，手沾染的毒物随着进食、饮水或吸烟等进入消化道。进入呼吸道的难溶性毒物被清除后，可经由咽部被咽下，而进入消化道。

（5）有毒有害物质的毒理作用

毒物进入机体后，通过各种屏障，转运到一定的系统、器官或组织细胞中，经过代谢转化，或未经代谢转化在靶器官与一定的受体或细胞成分相结合，产生毒理作用，中毒机理可分为以下几种。

① 对酶系统的干扰。生化作用是构成整个生命的基础，而酶在这一过程中起着极其重要的作用，毒物可作用于酶系统的各个环节，使酶失去活性，从而干扰维持生命所需的正常

代谢过程，导致中毒症状。

② 对氧的吸收、运输的阻断作用。许多单纯性窒息气体，如氢气、氮气、氦气、一氧化碳、甲烷等，当含量较大时，氧气含量相对减少，导致吸入氧气不足而窒息。刺激性气体会造成肺水肿而使肺泡气体交换受阻。一氧化碳对血红蛋白有特殊的亲和力，两者结合生成碳氧血红蛋白，使其失去正常的携氧能力，造成氧气的输送受阻，导致组织缺氧。硝基苯、苯胺等毒物与血红蛋白作用生成高铁血红蛋白，硫化氢与血红蛋白作用生成硫化血红蛋白，砷化氢与红细胞作用造成溶血，使血红蛋白释放，这些作用都会使红细胞失去输氧功能。

③ 对脱氧核糖核酸（DNA）和核糖核酸（RNA）合成的干扰。遗传信息的载体，由DNA、蛋白质和少量RNA构成，形态和数目具有种系的特性。在细胞间期核中，以染色质丝形式存在。在细胞分裂时，染色质丝经过螺旋化、折叠、包装成为染色体。长链DNA中贮存了遗传信息。DNA的信息被转录成"信使"RNA，最后被翻译到蛋白质中。毒物作用于DNA和RNA的合成过程从而产生突变、畸变、致癌作用。

④ 对局部组织的刺激与腐蚀作用。凡能与机体的组织成分发生化学反应的物质，均可对组织产生直接的刺激作用或腐蚀作用，造成局部损伤。低浓度时表现为刺激作用，如对眼、呼吸道等膜的刺激，高浓度的强酸或强碱可导致腐蚀或坏死。

⑤ 组织毒性。组织毒性表现为细胞变性，并伴有大量空泡形成，脂肪蓄积和细胞结构损伤。在肝、肾组织中毒物的浓度总是比较高，所以这些器官易产生组织毒性反应。

⑥ 致敏作用。过敏反应的产生往往是机体初始接触一种化学物质作为抗原，诱发免疫系统生成细胞或体液的新蛋白质，即抗体，然后在接触同种抗原时，则形成抗原-抗体反应。某些化学物质或其代谢产物可作为一种半抗原，与内生性蛋白质结合成抗原。所以，第一次接触抗原性的物质往往不产生细胞损害，但产生了致敏作用，诱发机体产生抗体，再次接触抗原性物质时，则产生变质性过敏反应损害细胞。在抗原-抗体的反应中，常常释放组胺和缓激肽一类物质，这些物质是真正引起过敏反应的物质。

（6）有毒有害物质毒性表示方法

研究或表示一种化学物质的毒性时，最常用的剂量-反应关系以实验动物的死亡作为反应终点，测定毒物引起动物死亡的剂量或浓度。经口或经皮肤进行实验时，剂量常以 mg/kg 表示，即换算成每千克动物体重需要毒物的质量。评价毒物的急性、慢性毒性的常用指标如下。

① 半数致死量（LD_{50}）或半数致死浓度（LC_{50}）：引起染毒动物半数死亡（50%）的剂量或浓度。这是表征物质毒性大小的参数中使用率最高的参数，也是化学品安全技术说明书中必须列入的参数。

② 绝对致死量（LD_{100}）或绝对致死浓度（LC_{100}）：引起全组染毒动物全部死亡（100%）的最小剂量或浓度。

③ 最大耐受量（LD_0）或最大耐受浓度（LC_0）：全组染毒动物全部存活，一个不死的最大剂量或浓度。

④ 最小致死量（MLD）或最小致死浓度（MLC）：在全组染毒动物中引起个别动物死亡的剂量或浓度。

⑤ 急性阈剂量或浓度：（Lim_{ac}）一次毒后，引起实验动物某种有害反应的最小剂量或浓度。

⑥ 慢性阈剂量或浓度（Lim_{ch}）：在长期多次实验后，引起实验动物某种有害反应的最小剂量或浓度。

⑦ 慢性"无作用"剂量或浓度：在慢性染毒后，实验动物未出现任何有害作用的最大剂量或浓度。

（7）有毒有害物质浓度表示方法

① 体积表示法。以每立方米空气中的有毒有害物质的体积表示，即 mL/m^3，10^{-6}（百万分之一）量级。这种浓度表示法主要用于气态污染物，不适用于以气溶胶状态存在的物质。当有害物质浓度更低时可以采用 10^{-9}（十亿分之一）或 10^{-12}（万亿分之一）表示，但是体积表示法不是我国的法定计量单位。

② 质量体积表示法。以每立方米空气中有毒有害物质的质量表示，即 mg/m^3，这是我国法定计量单位之一，适用于气态和气溶胶状态的空气危害物的浓度表示。

③ 个数体积表示法。以每立方厘米空气中含有分子、原子或自由基的个数表示，即个/cm^3。通常用于大气化学中极低浓度水平的表示。

（8）有毒有害物质的换算

① 换算的基础。

（a）空气的组成。在标准状况下，按体积分数计算的大气正常组成：氮为 78.09%，氧为 20.94%，这两种气体是空气的主要成分，占空气总体积的 99.03%；其余的主要是氩和二氧化碳，为空气中的次要成分；此外，在大气中还有微量的氖、氪、氙、氨、臭氧、一氧化碳、二氧化氮、二氧化硫等。

（b）空气的温度。若无特别说明空气的温度一般指离地面（或工作点）1.5m 上下，在通风、防辐射的条件下用温度计读取的温度。人体感觉最舒适的气温为 21~25℃，人所处的环境温度在此范围内时，体温相当稳定，人体产热和散热保持动态平衡。若环境温度过高或过低，可使机体热平衡受到破坏而处于温度应激状态，所以，劳动场所的气温是评价工作条件好坏的一个参数。

（c）空气的压力。测定空气的压力，实际上是测定空气的压强。气压的常用单位为帕斯卡（Pa），标准大气压力为 101.325kPa。气体的体积与气压有关，故采样时应测量采样现场的气压，便于计算结果时，将采样体积换算为标准状态下的体积。

② 采样体积的换算。由于空气样品的采集是在不同的气象条件下进行的，为了使有毒有害物质的测定结果具有可比性，能与国家相关职业卫生标准进行比较，需要对所采样品的体积进行换算。为此，在采集空气样品时，应记录采样时的气温和大气压力，然后根据气态方程换算成标准状况下的采样体积。温度和压力校正的计算公式为：

$$V_0 = \frac{V_t T_0 P}{TP_0} = V_t \frac{273P}{(273+t) \times 101.3}$$

式中，V_0 为换算成标准状况下的采样体积，L；V_t 为在气温为 t（℃）、压力为 P（kPa）时的采样体积，L；T_0、P_0 分别为标准状态下的气温（273K）和气压（101.3kPa）。

③ 浓度的换算。我国颁布的居住区大气和工作场所空气中有害物质的最高容许浓度，以及关于公共场所空气质量卫生的标准中，空气污染物的浓度以 mg/m^3 表示。但国外文献中常以体积表示法（10^{-6} 或 10^{-9}）表示空气污染物的浓度，这两种浓度表示法之间可以相互进行换算。

换算成 mg/m^3，其换算公式如下：

$$mg/m^3 = \frac{M \times 10^{-6}}{22.4}$$

式中，M 为污染物的分子量，kg/mol；22.4 表示标准状况下理想气体的摩尔体积，m^3/mol。

对有毒有害物质进行检测，第一步就是采集有毒有害物质样品，简称采样。采样直接关系到检测结果的可靠性，如果采集方法不正确，无论仪器的灵敏度和准确度有多高，无论分析者的操作有多娴熟，无论对测试结果的处理有多得当，检测结果也是毫无意义的，有时甚至会产生非常严重的后果。

采样过程主要包括以下 6 部分。

（1）采样点的选择原则

采样点是指采样时，采样收集器安放的位置。

① 选择有代表性的工作地点。有代表性的工作地点应包括有毒有害物质浓度最高、劳动者接触时间最长的工作地点。人员受毒性影响的程度与物质毒性大小、浓度高低、暴露于该环境时间的长短三个因素有关。根据最大危险原则，应该选择对人员健康威胁最大的地点。

② 靠近劳动者呼吸位置。在不影响劳动者工作的情况下，采样点尽可能靠近劳动者，尽量接近劳动者工作时的呼吸带。呼吸带是指人员呼吸的高度，即鼻、口等器官的高度，一般为距离站立地点（地板或操作台）的 1.5m 高处。

③ 反映检测的目的。在评价工作场所防护设备或措施的防护效果时，应根据设备的情况选定采样点，在工作地点中劳动者工作时的呼吸带进行采样。如果是评价防毒工程措施净化效率，应在设备的进口和出口的断面布点，如果是评价防毒工程措施的效果，应在开启通风净化装置前后设定采样点。

④ 考虑气体流向。采样点应设在工作地点的下风向。

（2）采样点数目的确定

在产品的生产工艺流程中，凡逸散或存在有害物质的工作地点，至少应设置 1 个采样点。一个有代表性的工作场所内有多台同类生产设备时，1~3 台设备设置 1 个采样点，4~10 台设备设置 2 个采样点，10 台设备以上时至少设置 3 个采样点。如果一个有代表性的工作场所内，有 2 台以上不同类型的生产设备逸散同一种有害物质时，采样点应设置在逸散有害物质浓度大的设备附近的工作地点。逸散不同种有害物质时，将采样点分别设置在逸散有害物质的设备附近的工作地点，采样点的数目也应参照上述要求确定。劳动者在多个工作地点工作时，在每个工作地点都应设置 1 个采样点。劳动者工作位置是流动性的，在流动的范围内，一般每 10m 设置 1 个采样点。仪表控制室和劳动休息室，至少设置 1 个采样点。

（3）采样频率

采样频率是指单位时间内，在同一采样点的采样次数。进行日常检测时，采样频率可根据有关要求确定，或根据安全管理要求确定。进行有毒作业分级时的采样频率要根据以下要求确定：对被测有毒物质每年测定 2 次（冬、夏季各 1 次），每次测定应连续 2 天，每天每个采样点上、下午各采集一组平行样。如果是进行防毒工程措施效果评价的采样，其采样频率应为：对被测有毒物质每年测定 2 次（冬、夏季各 1 次），每次测定应连续 3 天，每天每个采样点上、下午各采集一组平行样。

（4）采样时机

采样时机是指采集到有代表性样品所规定的具有时间性的客观条件。一般要考虑以下三种情况。

① 应在生产设备正常运转及操作者正确操作状况下采样。

② 有通风净化装置的工作地点，应在通风净化装置正常运行的状况下采样。

③ 如果在整个工作班内采样点浓度变化不大，可在工作开始1h后的任何时间采样；如果在整个工作班内采样点浓度变化大，每次采样应在浓度较高时进行，其中1次应在浓度最大时进行。

（5）采样方法

采样方法是指对被测有毒物质采样时所用的采样仪器设备及采样操作步骤。常用的采样收集器有吸收液及吸收管（大型气泡吸收管、小型气泡吸收管、多孔玻板吸收管和冲击式吸收管等）、滤料及采样夹、固体吸附剂管、注射器、塑料袋等，所用收集器应符合相应的仪器规格要求，在采样前必须进行检查、校验。采样器的气体流量计是最基础的定量计量器具，应尽量使用经过计量认证的流量计，采样前应连着收集器进行校正。

（6）采样动力

采样动力指能在采样装置的末端产生负压，使样品流过采样器的抽气装置。采样动力应根据作业现场要求和采样方法的规定，选用相应的抽气装置。已颁布国家标准分析方法的被测有毒物质，应按标准规定的方法进行采样操作，未颁布国家标准分析方法的被测有毒物质，应按行业标准规定进行采样操作。被测有毒物质样品必须在标准分析方法规定的时间内测定，保证样品能反映真实情况。

接下来重点介绍采样方法和采样仪器。

7.2.1 采样方法

掌握各种采样方法的原理和特点是合理选择采样方法的基础。根据有毒有害物质存在的状态、浓度、理化性质和分析方法的灵敏度来选择合适的采样方法。采集样品的方法分为两大类：直接采样法和浓缩采样法。

（1）直接采样法

直接采样法又称集气法。将空气样品收集在合适的容器内，再带回实验室进行分析，采集过程未对空气样品中的被测物质进行浓缩。直接采样法适用于空气中有毒有害物质浓度较高、分析方法灵敏度较高、现场不适宜使用动力采样的情况。常用容器有玻璃集气瓶、注射器、塑料袋等。根据所用采集器和操作方法的不同，又可将直接采样法分为真空采样法、充气采样法和注射器采样法。

① 真空采样法。选用 $500\sim1000mL$ 两端具有活塞的耐压玻璃瓶或不锈钢制成的真空集气瓶，先用真空泵将其内的空气抽出，使瓶内剩余压力小于 $2kPa$，关闭活塞，然后将集气瓶带至采样点，将活塞慢慢打开，则现场空气立即充满集气瓶，关闭活塞。带回实验室立即分析。采样体积计算方法：

$$V_R = V_b \frac{p_1 - p_2}{p_1}$$

式中，V_R 为实际采样体积，mL；V_b 为集气瓶容积，mL；p_1 为采样点采样时的大气压力，kPa；p_2 为集气瓶内的剩余压力，kPa。由于剩余气体对样品气体有稀释作用，所以测得浓度应再乘以校正系数 $(p_1-p_2)/p_1$ 后才是原样品的浓度。换算成标准状态下的体积时要代入 V_R。

② 充气采样法。用现场空气清洗塑料袋3~5次，再用大注射器抽取现场空气注入已排除空气的塑料袋内，夹封袋口，带回实验室分析。常用于采样的塑料袋有聚乙烯袋、聚氯乙

烯袋、聚四氟乙烯袋和聚酯袋。有些塑料袋内衬铝膜，减少对气体的吸附，有利于样品稳定。例如，用聚氯乙烯袋采集空气中一氧化碳样品，只能放置 10～15h，而用铝膜衬里的聚酯袋采集同样的样品，可保存 100h 无损失。因此，用塑料袋采样，要事先做待测物的稳定性试验，以确定样品的合理贮存时间。

③ 注射器采样法。多选用气密性好的 100mL 注射器作为采集器。先用现场空气抽洗注射器 3～5 次，然后再抽取现场空气，将进气端套上塑料帽或橡皮帽。在存放和运输过程中，应使注射器活塞向上，保持近垂直位置，利用注射器活塞本身的重量，使注射器内空气样品处于正压状态，防止外界空气渗入注射器内。

（2）浓缩采样法

如果有毒有害物质浓度较低，达不到分析方法检出下限或气体状态不能被直接分析时，就不能采用直接采样法采样，而应采用浓缩采样法采样，同时对被测物进行浓缩，以便达到分析方法正常测定的浓度范围。浓缩采样法采样时间比直接采样法长，所得测定结果为采样时段内被测物质的平均浓度。

根据采样的原理，浓缩采样法又分为溶液吸收法、固体滤料采样法、低温冷凝浓缩法、静电沉降法和个体计量器采样法等。在实际选用时，应根据检测对象的浓度、性质状态及目的和要求，结合各采样方法的特点和基本要求，选择合适的采样方法。

① 溶液吸收法。溶液吸收法是采集气态、蒸气态及某些气溶胶物质的常用方法。利用空气中被测物质能迅速溶解于吸收液，或能与吸收液迅速发生化学反应生成稳定化合物的特性而设计的，因被测物质性质各异，不同测定对象所选用的吸收液也不一定相同。采样时，用抽气装置使空气样品通过装在气体采样管内的吸收液，气泡中被测物分子迅速扩散到气-液界面上而被吸收液吸收，使被测物质与空气分离。根据溶液的测定结果及采样体积，计算有毒有害物质的含量。溶液吸收法常用水、水溶液或有机溶剂等作吸收液。选择吸收液的原则：吸收液应对被采集的有毒有害物质有较大溶解度或与其发生快速化学反应，吸收速度快，采样效率高；采集的有毒有害物质在吸收液中应有足够长的稳定时间，保证在分析测定前不发生浓度变化；所用吸收液组分对分析测定应无干扰；选用的吸收液应价廉、易得，且应尽量对人无毒无害。常用的吸收管如下。

(a) 气泡吸收管。有大型和小型气泡吸收管两种（图 7.1）。大型气泡吸收管可容纳 5～10mL 吸收液，采样速度一般为 0.5L/min。小型气泡吸收管可容纳 1～3mL 吸收液，采样速度一般为 0.3L/min。气泡吸收管的内管插在外管内。采样前，加入吸收液，外管管口与抽气装置相连，空气从内管上端进入吸收管。气泡吸收管内管尖内径约为 1mm，距管底距离小于 5mm，外管下部缩小，可使吸收液液柱增高，延长空气与吸收液的接触时间，利于吸收待测物，外管上部膨大。

(b) 多孔玻板吸收管。多孔玻板吸收管（图 7.2）有直型和 U 形两种。玻板上有许多微孔，吸收管可装 5～10mL 吸收液，采样速度 0.5L/min。采样时，空气流过玻板上的微孔进入吸收液，由于形成的气泡细小，气体与吸收液的接触面积大大增加，吸收液对待测物吸收效率较气泡吸收管明显提高。

(c) 冲击式吸收管。冲击式吸收管（图 7.3）的管尖端内径很小（约 1mm），吸收管可装 5～10mL 吸收液，采样速度为 3L/min。烟、尘状态的待测物随气流以很快的速度冲出内管管孔，因惯性作用冲击到吸收管的底部被分散，从而被吸收液吸收。冲击式吸收管适用于采集气溶胶和烟状物质，一般不适用于气体或蒸气状物质。

② 填充柱采样法。填充柱采样法的主要装置是填充柱管，在一根长度为 6～10cm、内径为 3～5mm 的玻璃管（图 7.4）内填充适当颗粒状或纤维状的固体吸附剂。气体以 0.1～0.5L/min 的速度流过填充柱，欲测组分因吸附被截留在填充柱内，达到浓缩样品的目的。

采样后，通过适当解吸，把组分从填充柱上释放出来进行测定。填充柱采样管可用于采集气体、蒸气和气溶胶共存的有毒有害物质。

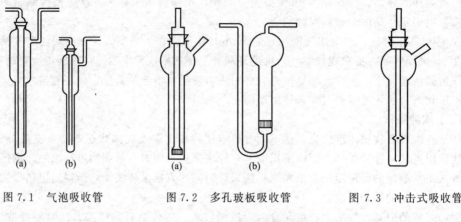

图 7.1　气泡吸收管　　　　图 7.2　多孔玻板吸收管　　　　图 7.3　冲击式吸收管

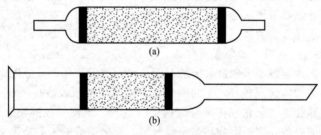

图 7.4　填充柱采样管

吸附剂有两种吸附作用：一种是由于分子间吸引力产生的物理吸附，吸附力较弱，容易用物理的方法使被吸附的物质解吸下来；另一种是因分子间亲和力的作用而产生的化学吸附，吸附力较强，不易用物理的方法解吸下来。

吸附作用遵循相似相吸的规律，即对与吸附剂极性相似的物质吸附力大。一般来说，吸附能力越强，采样效率越高，但解吸也越困难。因此，在选择吸附剂时，不仅要考虑吸附效率，还要考虑是否易于解吸。常见的颗粒状吸附剂有硅胶、活性炭、素陶瓷、氧化铝和高分子多孔微球等。

（a）硅胶：硅胶是硅凝胶在 115～130℃ 之间干燥脱水制得的多孔性产物，其表面分布着硅羟基（Si—OH）基团，是一种极性吸附剂，对极性物质有强烈的吸附作用。解吸方法有三种：加热至 350℃ 的同时通以清洁空气洗脱或用氮气洗脱；用水、乙醇等极性溶剂洗脱；用饱和水蒸气在常压下蒸馏洗脱。

（b）活性炭：活性炭由含炭为主的物质作原料，经高温炭化和活化处理，除去孔隙中的树胶类物质，增加比表面积后而形成的非极性吸附剂，对非极性气体有较强的吸附能力。根据制备原料，活性炭可分为椰子壳活性炭、桃杏核活性炭、动物骨活性炭和活性炭纤维等。活性炭适合采集有机蒸气，在常温下，活性炭可有效地吸附沸点高于 0℃ 的有机物，而在降低采集温度的条件下，可有效采集低沸点有机污染物蒸气。吸附在活性炭上的有毒有害物质可通过加热解吸，也可用适宜的有机溶剂，如苯、氯仿、二硫化碳等洗脱下来。

（c）高分子多孔微球：在有毒有害物质检测中，主要用于采集有机蒸气，特别是一些分子较大、沸点较高，又有一定挥发性的有机化合物，如有机磷、有机氯农药以及多环芳烃等。在采集低浓度的有机蒸气时，为采用较大流速，一般选用颗粒较大、阻力较小的高分子多孔微球。

③ 纤维状滤料采样法。由天然纤维或合成纤维制成的各种滤纸和滤膜合称为纤维状滤料，常用的有聚氯乙烯滤膜、玻璃纤维滤膜、定量滤纸等，石英玻璃纤维滤膜是一种高级玻璃纤维滤膜。纤维滤膜主要用于气溶胶颗粒物的采集。该方法是将滤料放在采样夹上，用抽气装置抽气，则颗粒物被阻留在滤料上。滤料采集颗粒机理主要有：直接阻留、惯性碰撞、扩散沉降、静电引力和重力沉降。

④ 筛孔状滤料采样法。筛孔状滤料与纤维滤料的采样机制相似，但其筛孔孔径较均匀。常用的筛孔状滤料有微孔滤膜、核孔滤膜、银薄膜和聚氨酯泡沫塑料等。

⑤ 低温冷凝浓缩法。低温冷凝浓缩法也称冷阱浓缩法，主要用于辅助填充柱采样，把填充柱采集法所用采样管放在制冷剂中，降低吸附剂的温度，促使低沸点的物质被固体吸附剂所吸附，见图 7.5。低温时，水分及 CO_2 等被冷凝而被吸附，降低固体吸附剂的吸附能力和吸附容量，故需在进气口接干燥管以除去这些物质。常用干燥剂有：高氯酸镁、烧碱石棉、氢氧化钾、氯化钙等。常用的制冷剂见表 7.1。

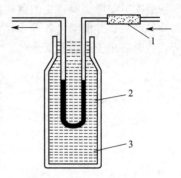

图 7.5 低温冷凝浓缩采样
1—干燥管；2—采样管；3—制冷剂

表 7.1 常用制冷剂及制冷温度

制冷剂	制冷温度/℃	制冷剂	制冷温度/℃
冰-盐水	−10	液氮-甲醇	−94
干冰-乙醇	−72	液氮-乙醇	−117
干冰-乙醚	−77	液氮	−196
干冰-丙酮	−78.5	液氧	−183

⑥ 静电沉降法。空气样品通过高压（12000～20000V）电场，气体放电产生的离子吸附在气溶胶粒子上而带电荷，在电场的作用下，带电荷的微粒沉降到电场的收集电极上而被收集，基于此原理的颗粒采集方法称为静电沉降法，在石英晶体差频测尘仪中就采用了经典沉降集尘方法。该法采气速度快，采样效率高。

7.2.2 采样仪器

直接采样法所用采样装置简单，而浓缩采样所需的采样仪器稍微复杂，采样仪器主要包括：采集器、气体流量计和采气动力。采集器的作用是采集样品，气体流量计的作用是准确测量并显示流速，作为计量采气量的参数。采样动力装置能够在采样仪器的末端产生负压，使样品气体能流过采样仪器。

（1）采气动力

常用的采气动力有：手抽气筒、电动抽气泵、水抽气瓶和压缩空气吸引器等。

① 手抽气筒。手抽气筒的结构由一个金属圆筒和活塞构成。拉动活塞柄，可进行连续抽气采样，采气量可根据抽气筒的容积和抽气次数计算，利用抽气快慢控制采样速度。在无电源、采气量小和采气速度慢的情况下可灵活使用。

② 电动抽气泵。对于采样时间长、采样速率大的场所应采用电动抽气泵。常见的电动抽气泵有真空泵、刮板泵、薄膜泵和电磁泵等。真空泵和刮板泵抽气速度大，适合采集大的颗粒，其克服阻力性能好。薄膜泵噪声小，重量轻，广泛应用于阻力不大的各种类型大气采样器和大气自动分析仪器的抽气动力。电磁泵可装配在抽气阻力不大的采样器和自动检测仪器上。

③ 水抽气瓶。由两个带容积刻度的小口玻璃瓶组成的水抽瓶采样装置，用橡胶管连接两根长玻璃管，将两瓶一高一低放置，两瓶间形成虹吸作用，水由高位瓶流向低位瓶，高位瓶形成负压，高位瓶短玻璃管处产生吸气作用，采样时，将其与吸收管连接，采样速度可用套在橡胶管上的螺旋夹调节。高位瓶中水面下降的体积刻度，即为所采集的样品体积。

④ 压缩空气吸引器。压缩空气吸引器又称负压引射器（图7.6）。采气原理是将压缩空气高速喷射时吸引器产生的负压作为抽气动力。抽气力量大，可以连续使用，具有防火、防爆炸等特点，并能满足各种采样方法的要求，适用于禁用明火及无电源但具备压缩空气的场所，特别适用于矿山井下采样。

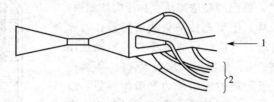

图7.6 压缩空气吸引器
1—压缩空气；2—吸气口接吸收管

（2）气体流量计

气体流量计是测量采气流量的仪器，而流量和采样时间是计算采样体积所必须准确知道的参数。气体流量计种类很多，转子流量计和孔口流量计适合于现场采样。皂膜流量计和湿式流量计主要用来校正流量计的刻度。

① 转子流量计。转子流量计，又称浮子流量计，是通过测量设在直流管道内的转动部件的位置来推算流量的装置。转子流量计由一根内径上大下小的锥形玻璃管和一个耐腐蚀的金属或塑料制成的转子组成（图7.7）。转子是球体或上大下小的锥体，将转子放入玻璃管后，由于转子下端的环形孔隙截面积比上端的大，当气体从玻璃管下端向上流动时，在转子下端的流速小于上端，气体在下端的压力大于上端，上下差压使转子上浮。当差压上升力与转子自身重力相等时，转子处于临界状态，气体流速越大，转子上升得越高。对于给定的转子流量计，转子大小和形状是确定的，转子在锥管中的位置与流体流量的大小成一一对应关系，气体流量可在刻度上直接读出。

② 孔口流量计。孔口流量计是依据差压计的原理设计的，有隔板式和毛细管式两种类型，如图7.8所示。在水平玻璃管的中部有一个狭窄的孔口（或隔板），U形玻璃管的两端分别连接在孔口的两侧，U形管中装有液体。没有气体流过孔口时，孔口两侧压力相同，U形管两侧液面在同一水平面上。采样时，气体流经孔口，在孔口前气体线速度小，孔口前压力大，液面下降，而气体从孔口喷出时的线速度很大，孔口后压力小，液面上升。液面差与两侧差压成正比，即与气体流速差成正比关系。孔口流量计中所用液体一般是水或液体石蜡，并滴加适量红色或蓝色墨水便于读数。

③ 皂膜流量计。皂膜流量计由一根带有体积刻度的玻璃管和橡皮球组成（图7.9），玻璃管下端有支管，是气体进口，橡皮球内装满肥皂水，当用手挤压橡皮球时，肥皂水液面上升至支管口，从支管流进的气体流经肥皂水产生致密的肥皂膜，并推动其沿管壁缓慢上升。用秒表记录肥皂膜通过某两条刻度线间所用时间，即可计算流量值。

④ 湿式流量计。湿式流量计是一个密封的金属圆筒，内装有水的圆筒内的轴上装有一个鼓轮，鼓轮的大部分浸没在水中，它将圆筒内腔分成四个小室，每个小室有一个外孔与水面上的出气室连通，进气室与四个小室相通（图7.10）。气体由进气室进入中间圆柱形室后，通过一个小室的内孔进入小室，对该小室内壁产生一定的压力，推动小室沿顺时针方向

旋转，与之相连的轴及固定在轴上的指针随之相应转动，当小室转入水面时，小室的气体被水排出，经出气室排出流量计。对于一个刻度值为 5L 的湿式流量计来说，指针每旋转一圈，表明有 5L 气体流过流量计。记录测定时间内指针旋转的圈数就能计算出气体流过的总量。

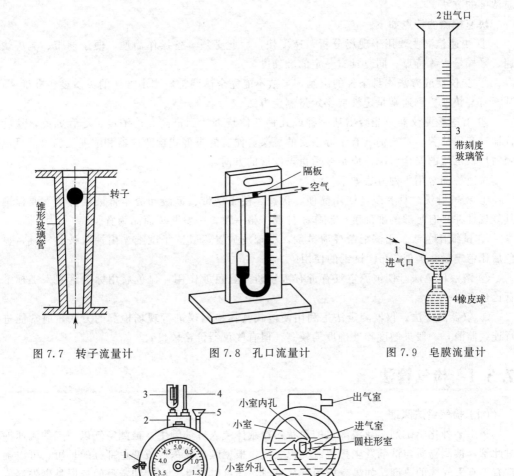

图 7.7　转子流量计　　　　图 7.8　孔口流量计　　　　图 7.9　皂膜流量计

图 7.10　湿式流量计

1—水位口；2—水平仪；3—闭口压力计；4—温度计；5—加水漏斗；6—螺旋

7.3　有毒有害物质的快速检测

　　作业场所有毒有害物质浓度一般不太高，浓度变化也不太大，因此，有毒作业分级、防毒设施效果检验等主要采用实验室型分析仪器。实验室型分析仪器适应面广，结果准确度较高，但采样和样品分析花费的时间比较长。在有些特殊情况下，必须立即判断有毒气体瞬间浓度、氧气浓度、有无危险，例如，生产设备发生故障，怀疑有毒气体泄漏时，必须马上向抢修人员通报有毒气体是否超标，抢修过程中浓度是否有变化，在进行这些特殊作业环境检测时，就必须采用快速检测方法。

快速检测就是使用简便的操作方法或用可携带的简易仪器，在现场及时测定有毒有害物质浓度的方法。

快速检测的特点如下。

① 快速检测主要用于现场分析，速度快，因此必须具备操作简便、便于携带、响应快速、采样量少等特点，同时具有一定的准确度。

② 受仪器或方法本身条件的限制，多数不能完全达到常规测定方法的灵敏度、准确度，甚至有些快速检测通常是定性或半定量测定方法。

③ 有些检测仪器只能给出某一种或几种气体是否达到最高允许浓度。尽管如此，这些仪器对于保障劳动安全仍具有十分重要的意义。便携的报警式检测仪器和浓度检测仪器可以随时反映毒气的安全状况，应是今后重点发展的方向。

快速检测常用 4 种方法如下。

① 检气管法。具有现场使用简便、快速、便于携带、灵敏和成本低廉的优点。要保证其复现性并具有足够的准确度，制作条件要严格一致，一般购买商品为宜。

② 试纸比色法。用试纸条浸渍试剂，在现场放置，或置于试纸夹内抽取被测空气，显色后比色定量，类似于 pH 试纸的使用。

③ 溶液比色法。使被测空气有毒有害物质与显色液作用，显色后用标准管或人工标准管比色定量。

④ 仪器测定法。仪器测定法是利用便携式气体检测仪进行现场检测的方法，通常能进行连续监测，一般灵敏度和准确度均较高，但有些仪器价格较贵。

7.3.1 检气管法

（1）检气管法原理

将用某种化学试剂溶液浸泡过的粉状颗粒载体装入玻璃管中，被测空气以一定的流速抽过此管，被测物质与试剂发生显色或变色反应，根据颜色的深浅或变色部分的长短，可以确定有毒有害气体的浓度。如果反应为特征反应，还可以定性。定性和定量的依据是事先制成的标准比色板或变色长度，所以检气管又分为比色型检气管和比长度型检气管。

气体定性检气管在一根玻璃管内装入浸渍不同指示剂的颗粒载体，形成不同的色段，将气体引入玻璃管内，通过不同色段颜色的变化确定被测气体的性质，当一种气体通过玻璃管内的指示剂后，其中一个色段变成某种颜色，而其他各色段均不变化，即可确定该气体为何种气体。同理，还可以确认使其他色段变色的气体的种类。

载体。载体的作用是在其表面均匀负载指示剂，增大反应面积，利于气体与指示剂迅速接触反应，提供均匀的气体通道，使空气均匀穿过指示剂。载体应具备的条件如下。

① 化学惰性，不与指示剂及被测物质发生化学反应。

② 质地牢固，能被粉碎成一定粒度的颗粒，载体材料不同，选取的颗粒目数也一般不同。

③ 本身呈白色，利于观察颜色变化。

④ 多孔或表面粗糙，溶解指示剂的溶剂能很好浸润，利于分散和吸附指示剂。常用的载体有硅胶和素陶瓷，粗孔和中孔硅胶表面积大，素陶瓷的表面积小。细孔硅胶的吸附性太强，不适用于作载体。石英砂的表面太光滑，不能均匀吸附指示剂。

指示剂和保护剂。指示剂与被测气体快速反应，反应产物颜色变化明显，如果指示剂的变色反应具有较高的选择性，则更适用。单位重量载体上负载指示剂的量对显色长度和颜色深浅影响很大，一般指示剂的量增加，变色长度缩短或颜色加深，反之则延长或变浅。载体粒度也会影响变色柱，粒度大，抽气阻力小，变色长度增大，但界线不明显；粒度小，抽气阻力大，变色长度缩短，界限清晰。保护剂的作用是防止水蒸气进入检气管或阻止干扰物质对指示剂的干扰作用。经活化处理的硅胶吸水性极强，可作为保护剂。制作好的检气管常常用热熔封口或加橡胶帽的方法保护，用时在两端断开或取下橡胶帽。

检气管的标定。标定前先配制一系列已知浓度的标准气体，标定时用100mL注射器或手动采样器，通过检气管以一定的速度抽取一定体积的标准气体，反应显色后测量其变色长度，以变色长度（mm）与被测组分浓度（mg/m³）关系绘制标准曲线，如图7.11所示，根据标准曲线，以整数浓度的变化长度制成浓度标尺，如图7.12所示，也可印在玻璃管上。在平衡状态下，浓度与变色长度近似呈直线关系，如图7.11(a)所示，而在非平衡状态下，近似呈对数关系，如图7.11(b)所示。

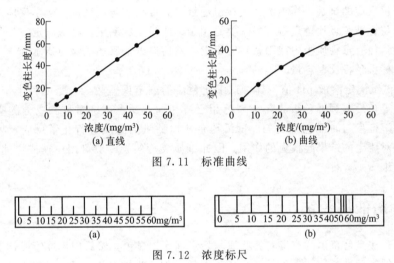

图 7.11　标准曲线

图 7.12　浓度标尺

（2）影响检气管变色长度的因素

① 抽气速度。抽气速度的快慢将影响变色柱的长短和界限的清晰度。待测气体在通过检气管时，待测组分在气-固两相间传质需要时间，一部分先到达指示剂，另一部分后到达。当抽气速度快时，部分待测组分来不及与试剂反应就又往前移动，使变色柱部分加长，有明显的颜色过渡区，变色界限不清楚。抽气速度慢时，先后反应的时间差小，颜色过渡区窄，变色界限清楚，但变色柱变短。

② 抽气体积。采样体积增加时，被测物质总量也会延长，变色柱长度延长，反之则缩短。变色长度与被测物质浓度、采样体积不一定是呈线性关系，所以当被测物质的浓度不在检测管测定范围内时，不能随意增加或减少气样体积，然后再将测定结果按同样比例增加或减少的方法测定。当实际浓度超过可测范围时，应将空气样品加以稀释后再测定，将测出的浓度乘以稀释倍数。

③ 环境温度。温度对检气管测定结果造成误差主要原因是现场测定温度与检气管标定温度不同，在吸附平衡过程、化学反应速度和气体密度三个方面有变化。当温度升高时，平衡吸附常数和气体密度变小，而化学反应速度加快。因此，当实际测定时的温度与制备标准浓度表或标准比色板时的温度不一致时，需要进行校正。比色型检气管颜色深浅决定于反应的程度，而温度对反应速度影响很大，所以对温度最敏感。

④ 采样器的影响。采样体积的误差决定于采样器的体积准确度和气密性。使用采样器时应注意采样器每分钟的泄漏量不得大于其容积的 3％，采样器必须与同规格的气体检测管配套使用，用于现场测定的采样器应与标定检气管时使用的采样器性能相同。

⑤ 指示剂颗粒。指示剂颗粒直径要尽量均匀，装填要紧密，保证抽气时颗粒不松动且紧密程度一致，否则抽气阻力不一致，变色柱长短有变化，颜色界面易偏斜。选用玻璃管的内径应相同，管径不均造成的结果偏差可达 4％。指示剂的装填量也应基本相同，否则同一批气体检测管也会产生误差。

7.3.2　试纸比色法

试纸比色法是利用被测物质与指示剂在滤纸上产生显色反应的快速检测方法，其将显色后的试纸与标准比色板进行比较，根据颜色与其深浅来确定被测物质的浓度。根据检测物质形态的不同分为两类，一类是用于测定气态、蒸气态、雾状物质，将滤纸浸渍能与被测物质迅速发生显色反应的试剂，当被测空气接触滤纸，有毒物质与试纸发生化学反应，产生颜色变化，然后与标准色板比色定量。另一类是用于烟或粉尘的测定，将被测定空气通过未浸渍试剂的滤纸，使有毒物质吸附或阻留在滤纸上，然后向纸上滴加或喷射指示剂，产生颜色变化，然后与标准色板比色定量。

同 pH 试纸测定溶液 pH 值一样，试纸比色法的测定误差较大，是一种半定量的方法。为便于判断显色后与标准色板哪一个颜色相近或相同，要求试纸对被测成分的吸附性要适中，以免有溶剂参与时显色不均匀。试纸比色法以滤纸为介质进行化学反应，故滤纸的质量、致密度对测定的结果起很大的作用。因此纸质要均匀，一般可用中速或慢速定量滤纸，也可用层析纸。

7.3.3　溶液比色法

溶液比色法是使待测的有毒有害物质与指示剂作用显色，然后用标准管或标准色板比色定量。常用的有两种方法：一种是吸收液兼作指示剂，当被测空气通过吸收液时立即显色，根据变色深浅与标准管比较，在现场即可测出有毒有害物质的浓度；另一种是有毒有害物质的显色反应速度慢，不能及时完成反应，或不适宜在采样时显色，可先将有毒有害物质吸收后再加入指示剂，放置片刻使之反应显色再比色定量。

无论是哪种类型，都是在微量吸收管和微量多孔玻板吸收管内装入少量吸收液，前者一般装 0.5～1.0mL，后者一般装 2～2.5mL，因后者的气体与液体接触面积大，所以当有毒有害物质在吸收液中溶解度小或反应较慢时，采用此种吸收管。

7.3.4　仪器测定法

快速检测仪器的检测原理与相应实验室型分析仪器的原理基本相同，都是通过测量可燃、有毒气体或蒸气的热学、光学、电化学等特性，并将其转化成电信号，根据电信号与被测物质浓度的关系进行定量分析。快速检测仪器都能直接在现场测定，并给出检测结果。一是现场直接指示可燃有毒气体的浓度，判别作业场所是否存在爆炸、急性中毒的可能性，保证工人的安全和健康；二是对能造成慢性中毒而不易觉察的有毒有害物质，如汞蒸气等，进行连续或快速测定，检测作业场所是否超过最高容许浓度；三是对严重危害生命的有毒有害气体，如一氧化碳、硫化氢、氢氰酸，进行连续监测和自动报警。

与其他快速检测方法相比，仪器测定法具有更高的灵敏度和准确度，且更加快捷方便。

① 光离子化检测仪。光离子化检测仪的核心部件是光离子化检测器。当分子被紫外光照射时，如果紫外光光子的能量大于检测物的电离电位，在固定强度的紫外光照射下，有毒有害物质被电离成正离子和负离子。带电荷的离子在电场的作用下，分别被阳极和阴极捕捉，并在阳极和阴极间产生电流，电流的大小与物质的浓度成正比，电流转化成浓度信号，在屏幕上显示出来。

② 热学式气体检测仪。热学式气体检测仪利用有毒有害物质燃烧或氧化时所产生的热量进行检测，其原理与热导检测器（TCD）的电桥电路相同。可以用来显示有毒有害物质的含量，或由电桥不平衡电压启动报警，装置发出光、声或电信号，通过调节可变电阻，可改变电桥两端所加电压，进而改变测定浓度范围或报警浓度。

③ 光学式气体检测仪。光学式气体检测仪都是专用型仪器，能直接给出一种或几种有毒有害气体的浓度，原理与实验室型光学式分析仪器相同，都是依据物质对光的选择性吸收或发射的原理设计而制成的仪器。

（a）紫外线气体检测仪。可用于对紫外线有强烈吸收性质的有毒有害物质。当含有汞蒸气的气体通过测汞仪的采样管时，利用汞对 253.7nm 紫外线的吸收特征，可测定汞蒸气的浓度。

（b）红外线气体检测仪。利用有毒有害气体对一定波长红外线的强烈吸收性质来测定其浓度。因待测有毒有害物质对红外线的最大吸收波长不同，故可分别采用不同波长红外线进行多种有毒有害物质的测定。红外线气体检测仪可用于测定微量一氧化碳、二氧化碳等气体。

（c）可见光气体检测仪。当被测空气通过吸收管时，有毒有害物质即被吸收液吸收。若在制备吸收液时加入指示剂，被吸收的有毒有害物质即与指示剂作用而产生颜色变化。显色溶液流入分析池后使通过溶液的光线强度减弱，用光电管测试光线强度的变化，用微安表指示出有毒有害物质的浓度。

（d）化学发光气体检测仪。测定 NO_x 的化学发光检测仪是较成熟且灵敏度很高的检测仪，仪器可进行现场检测。

④ 电化学式气体检测仪。

（a）电导式气体检测器。吸收液吸收了有毒有害物质后，其电导率发生改变，进而可以确定有毒有害物质的浓度。

（b）库仑滴定式气体测定器。库仑滴定式气体测定器主要用于测定能与溴或碘发生氧化还原反应的有毒有害物质，根据产生电流的大小进行定量分析。

⑤ 差频式气体或粉尘检测仪。这类仪器能直接显示读数，从而得出待测物的量。

7.4 职业性接触毒物危害程度分级

职业性接触毒物是指劳动者在职业活动中接触的以原料、成品、半成品、中间体、反应副产物和杂质等形式存在，并可经呼吸道、经皮肤或经口进入人体而对劳动者健康产生危害的物质。

在职业安全健康管理工作中，为保证从业人员的职业安全，制定切实可靠的安全防控对策措施，需要对职业接触的有毒物质的危害程度进行分级，在此基础上进行有毒作业分级。安全检测是提供有毒作业分级依据的技术手段。

（1）危害程度分级原则

① 职业性接触毒物危害程度分级，是以毒物的急性毒性、扩散性、蓄积性、致癌性、殖毒性、致敏性、刺激与腐蚀性、实际危害后果与预后等 9 项指标为基础的定级标准。

② 分级原则依据急性毒性、影响毒性作用的因素、毒性效应、实际危害后果等 4 大类 9 项分级指标进行综合分析、计算毒物危害指数确定分级。每项指标均按照危害程度分 5 个等级并赋予相应分值（轻微危害为 0 分，轻度危害为 1 分，中度危害为 2 分，高度危害为 3 分，极度危害为 4 分），同时根据各项指标对职业危害影响作用的大小赋予相应的权重系数。依据各项指标加权分值的总和，即毒物危害指数确定职业性接触毒物危害程度的级别。

③ 我国的产业政策明令禁止的物质或限制使用（含贸易限制）的物质，依据产业政策，结合毒物危害指数划分危害程度。

（2）危害程度等级划分和危害指数计算

① 危害程度分级。职业接触毒物危害程度分为轻度危害（Ⅳ级）、中度危害（Ⅲ级）、高度危害（Ⅱ级）和极度危害（Ⅰ级）4 个等级，危害程度分级和评分依据见表 7.2。

② 危害指数计算。毒物危害指数计算公式：

$$THI = \sum_{i=1}^{n} (k_i F_i)$$

式中，THI 为毒物危害指数；k 为分项指标权重系数；F 为分项指标积分值。

③ 危害程度的分级范围。

轻度危害（Ⅳ级）：THI<35。

中度危害（Ⅲ级）：35≤THI<50。

高度危害（Ⅱ级）：50≤THI<65。

极度危害（Ⅰ级）：65≤THI。

表 7.2 职业性接触毒物危害程度分级和评分依据

分级指标		极度危害 Ⅰ级	高度危害 Ⅱ级	中毒危害 Ⅲ级	轻度危害 Ⅳ级	轻微危害	权重系数
积分值		4	3	2	1	0	
急性吸入 LC_{50}	气体 $/(cm^3/m^3)$	<100	≥100～<500	≥500～<2500	≥2500～<20000	≥20000	5
	蒸气 $/(mg/m^3)$	<500	≥500～<2000	≥2000～<1000	≥10000～<20000	≥20000	
	粉尘和烟雾 $/(mg/m^3)$	<50	≥50～<500	≥500～<1000	≥1000～<5000	≥5000	
急性经口 LD_{50} $/(mg/kg)$		<5	≥5～<50	≥50～<300	≥300～<2000	≥2000	
急性经皮 LD_{50} $/(mg/kg)$		<50	≥50～<200	≥200～<1000	≥1000～<2000	≥2000	1
刺激与腐蚀性		pH≤2 或 pH≥11.5；腐蚀作用或不可逆损伤作用	强刺激作用	中等刺激作用	轻刺激作用	无刺激作用	2
致敏性		有证据表明该物质能引起人类特定的呼吸系统致敏或重要脏器的变态反应性损伤	有证据表明该物质能导致人类皮肤过敏	动物试验证据充分，但无人类相关证据	现有动物试验证据不能对该物质的致敏性做出结论	无致敏性	2

分级指标	极度危害 I级	高度危害 II级	中毒危害 III级	轻度危害 IV级	轻微危害	权重系数
生殖毒性	明确的人类生殖毒性;已确定对人类的生殖能力、生育或发育造成有害效应的毒物,人类母体接触后可引起子代先天性缺陷	推定的人类生殖毒性;动物试验生殖毒性明确,但对人类生殖毒性作用尚未确定因果关系,推定对人的生殖能力或发育产生有害影响	可疑的人类生殖毒性;动物试验生殖毒性明确,但无人类生殖毒性资料	人类生殖毒性未定论;现有证据或资料不足以对毒物的生殖毒性做出结论	无人类生殖毒性;动物试验阴性,人群调查结果未发现生殖毒性	3
致癌性	I组,人类致癌物	IIA组,近似人类致癌物	IIB组,可能人类致癌物	III组,未归入人类致癌物	IV组,非人类致癌物	4
实际危害后果与预后	职业中毒病死率≥10%	职业中毒病死率<10%或致残(不可逆损害)	器质性损害(可逆性重要脏器损害)脱离接触后可治愈	仅有接触反应	无危害后果	5
扩散性(常温或工业使用时状态)	气态	液态,挥发性高(沸点<50℃);固态,扩散性极高(使用时形成烟或烟尘)	液态,挥发性中(沸点≥50℃~<150℃);固态,扩散性高(细微而轻的粉末,使用时可见尘雾形成,并在空气中停留数分钟以上)	液态,挥发性低(沸点≥150℃);固态,晶体、粒状固体,扩散性中,使用时能见到粉尘但很快落下,使用后粉尘留在表面	固态,扩散性低[不会破碎的固体小球(块),使用时几乎不产生粉尘]	3
蓄积性(或生物半减期)	蓄积系数(动物实验,下同)<1;生物半减期≥4000h	蓄积系数≥1~<3;生物半减期≥400h~<4000h	蓄积系数≥3~<5;生物半减期≥40h~<400h	蓄积系数≥5;生物半减期≥4h~<40h	生物半减期<4h	1

注:1. 本表来自《职业性接触毒物危害程度分级》(GBZ 230—2010)。

2. $1cm^3/m^3 = 1ppm$,ppm与mg/m^3在气温为20℃,大气压为101.3kPa(760mmHg)的条件下的换算公为:$1ppm = 24.04/Mr(mg/m^3)$,其中Mr为该气体的分子量。

【例7-1】职业性接触毒物(丙酮)危害指数计算,见表7.3。

表7.3 职业性接触毒物(丙酮)危害指数计算

积分指标		文献资料数据	危害分值(F)	权重系数(k)
急性吸入 LC_{50}	气体/(cm^3/m^3)			5
	蒸气/(mg/m^3)	50100(8h,大鼠吸入)	0	
	粉尘和烟雾/(mg/m^3)			
急性经口 LD_{50}/(mg/kg)		5800(大鼠)	0	
急性经皮 LD_{50}/(mg/kg)		>15700(兔)	0	1
刺激与腐蚀性		强刺激性	3	2
致敏性		无致敏性	0	2
生殖毒性		生殖毒性资料不足	1	3
致癌性		非人类致癌物	0	4
实际危害后果与预后		可引起不可逆损害	3	5
扩散性(常温或工业使用时状态)		无色易挥发液体	2	3
蓄积性(或生物半减期)		生物半减期19h~31h	1	1
毒物危害指数		$THI = \sum_{i=1}^{n}(k_i \cdot F_i) = 31$		
职业危害程度分级		轻度危害(IV级)		

为做好企业生产毒物性作业人员的安全健康防护，《工作场所职业病危害作业分级　第2部分：化学物》（GBZ/T 229.2—2010）中规定了从事有毒作业危害条件分级的技术规则。

（1）职业性接触毒物作业危害的分级依据

① 有毒作业分级的依据包括化学物的危害程度、化学物的职业接触比值和劳动者的体力劳动强度三个要素的权数。

② 应根据化学物的毒作用类型进行分级。以慢性毒性作用为主同时具有急性毒性作用的物质，应根据时间加权平均浓度、短时间接触容许浓度进行分级，只有急性毒性作用的物质可根据最高容许浓度进行分级。

③ 化学物的危害程度级别的权重数（W_D）取值见表7.4。

表7.4　化学物的危害程度级别的权重数（W_D）的取值

化学物的危害程度级别	权重数（W_D）	化学物的危害程度级别	权重数（W_D）
轻度危害	1	重度危害	4
中度危害	2	极度危害	8

④ 化学物的职业接触比值（B）的权重数（W_B）取值见表7.5。

表7.5　化学物的职业接触比值（B）的权重数（W_B）取值

职业接触比值（B）	权重数（W_B）	职业接触比值（B）	权重数（W_B）
$B \leqslant 1$	0	$B > 1$	B

⑤ 工作场所空气中化学物职业接触比值（B）的计算。化学物职业接触比值（B）可按下式计算。

（a）职业接触限值以 PC-TWA 表示：

$$B = C_{TWA}/PC\text{-}TWA$$

式中，B 为化学物职业接触比值；C_{TWA} 为现场测量的工作场所空气中化学物时间加权平均浓度；PC-TWA 取值按《工作场所有害因素职业接触限值　第1部分：化学有害因素》（GBZ 2.1—2019）执行。

（b）职业接触限值以 PC-STEL 表示：

$$B = C_{STEL}/PC\text{-}STEL$$

式中，B 为化学物职业接触比值；C_{STEL} 为现场测量的工作场所空气中化学物短时间加权平均浓度；PC-STEL 取值按《工作场所有害因素职业接触限值　第1部分：化学有害因素》（GBZ 2.1—2019）执行。

（c）职业接触限值以最高容许浓度表示：

$$B = C_{MAC}/MAC$$

式中，B 为化学物职业接触比值；C_{MAC} 为现场测量的工作场所空气中化学物瞬（短）时浓度；MAC 取值按《工作场所有害因素职业接触限值　第1部分：化学有害因素》（GBZ 2.1—2019）执行。

⑥ 劳动者体力劳动强度的权重数（W_L）取值见表7.6。

表 7.6　劳动者体力劳动强度的权重数（W_L）的取值

体力劳动强度级别	权重数（W_L）	体力劳动强度级别	权重数（W_L）
Ⅰ（轻）	1.0	Ⅲ（重）	2.0
Ⅱ（中）	1.5	Ⅳ（极重）	2.5

（2）有毒作业分级及分级方法

① 有毒作业按危害程度分为四级：相对无害作业（0级）、轻度危害作业（Ⅰ级）、中度危害作业（Ⅱ级）和重度危害作业（Ⅲ级）。

② 有毒作业的分级基础是计算分级指数 G，按下式计算。

$$G = W_D W_B W_L$$

式中，G 为分级指数；W_D 为化学物的危害程度级别的权重数；W_B 为工作场所空气中化学物职业接触比值的权重数；W_L 为劳动者体力劳动强度的权重数。

根据分级指数 G，有毒作业分为四级，见表 7.7。

表 7.7　有毒作业分级

分级指数（G）	作业级别	分级指数（G）	作业级别
$G \leqslant 1$	0级（相对无害作业）	$6 < G \leqslant 24$	Ⅱ级（中度危害作业）
$1 < G \leqslant 6$	Ⅰ级（轻度危害作业）	$G > 24$	Ⅲ级（重度危害作业）

（3）有毒作业分级管理原则

对于有毒作业，应根据分级采取相应的控制措施。

① 0级（相对无害作业）：在目前的作业条件下，对劳动者健康不会产生明显影响，应继续保持目前的作业方式和防护措施。一旦作业方式或防护效果发生变化，应重新分级。

② Ⅰ级（轻度危害作业）：在目前的作业条件下，可能对劳动者的健康存在不良影响。应改善工作环境，降低劳动者实际接触水平，设置警告及防护标识，强化劳动者的安全操作及职业卫生培训，采取定期作业场所监测、职业健康监护等行动。

③ Ⅱ级（中度危害作业）：在目前的作业条件下，很可能引起劳动者的健康损害。应及时采取纠正和管理行动，限期完成整改措施。劳动者必须使用个人防护用品，使劳动者实际接触水平达到职业卫生标准的要求。

④ Ⅲ级（重度危害作业）：在目前的作业条件下，极有可能引起劳动者严重的健康损害的作业。应在作业点明确标识，立即采取整改措施，劳动者必须使用个人防护用品，保证劳动者实际接触水平达到职业卫生标准的要求。对劳动者进行健康体检。整改完成后，应重新对作业场所进行职业卫生评价。

本章小结

本章主要介绍工作场所空气中有毒有害物质的检测方法等，解释了毒物、工业毒物、有毒气体等基本概念，阐述了有毒有害物质的来源、状态、毒理作用、进入人体的途径、作业人员接触有毒有害物质的主要环节以及有毒有害物质毒性的表示方法、浓度表示方法和分析换算等基础知识。

本章重点是有毒有害物质的样品采集及检测，介绍了采样点的选择原则、采样点数目的确定、采样频率、采样时机、采样方法、采样动力等。有关有毒有害物质的检测，本章主要介绍了现场环境适用的快速检测方法，包括检气管法、试纸比色法、溶液比色法、仪器测定法。

依据国家现行标准，介绍了职业性接触毒物危害程度分级和有毒作业分级。

1. 影响采样效率的因素有哪些？如何评价采样方法的采样效率？
2. 有哪几类采样方法？选择采样方法的依据是什么？
3. 为什么要按照采集器、气体流量计、采样动力的顺序进行串接？
4. 快速测定的意义、特点以及要求是什么？
5. 目前快速检测仪器有哪几种？主要用于哪些方面？
6. 计算职业性接触毒物危害指数时，依据哪些指标？

参考答案

第 8 章

空气中可燃性气体的检测

可燃性气体检测是利用气体检测仪器对可燃性气体或易燃性液体的蒸气浓度进行的测定。最常用的可燃性气体检测仪器是催化燃烧式检测仪、红外式检测仪、半导体式检测仪和热导型检测仪。检测地点是生产、使用、储存可燃性气体或易燃性液体的场所。其作用是指示可燃性气体浓度，并在浓度达到报警值时发出报警信号，以便采取堵漏、通风等措施。其目的是避免形成爆炸性混合气体，防范气体爆炸事故的发生。

8.1 可燃性气体的性质

可燃性气体的涉及面十分广泛，在空气中可以燃烧的气体都属于可燃性气体，如日常生活中的城市煤气、液化石油气、工业原料气（乙烯、丙烷）、煤矿中的甲烷等。在石油化工生产中，有关规则规定：表 8.1 中的 32 种气体以及爆炸下限含量在 10% 以下，或爆炸上限与爆炸下限含量差大于 20% 的气体称为可燃性气体。表 8.1 所列的 32 种可燃性气体均为最常见的可燃性气体或可燃有毒气体，也是石化生产环境有可能存在的气体。

表 8.1 常见的可燃性气体

序号	归属		物质名称	化学式	爆炸极限/%		允许浓度	
	可燃	有毒			LEL	UEL	$\times 10^{-6}$	mg/m^3
1	√	—	乙炔	HC≡CH	2.5	100	—	—
2	√	—	乙醛	CH_3CHO	4.0	60	—	—
3	√	—	乙烷	C_2H_6	3.0	12.4	—	—
4	√	—	乙胺	$C_2H_5NH_2$	3.5	13.95	—	—
5	√	—	乙苯	$C_6H_5C_2H_5$	1.0	6.7	—	—
6	√	—	乙烯	$CH_2{=}CH_2$	2.7	36	—	—
7	√	—	氯乙烷	C_2H_5Cl	3.8	15.4	—	—
8	√	—	氯乙烯	$CH_2{=}CHCl$	3.6	33	—	—
9	√	—	环氧丙烷	△O	2.1	21.5	—	—
10	√	—	环丙烷	△	2.4	10.4	—	—
11	√	—	二甲胺	$(CH_3)_2NH$	2.8	14.4	—	—

序号	归属		物质名称	化学式	爆炸极限/%		允许浓度	
	可燃	有毒			LEL	UEL	$\times 10^{-6}$	mg/m³
12	√	—	氢气	H_2	4.0	75	—	—
13	√	—	丁二烯	$CH_2\!=\!CHCH\!=\!CH_2$	2.0	12	—	—
14	√	—	丁烷	$CH_3(CH_2)_2CH_3$	1.8	8.4	—	—
15	√	—	丁烯	C_4H_8	9.7	—	—	—
16	√	—	丙烷	$CH_3CH_2CH_3$	2.1	9.5	—	—
17	√	—	丙烯	$CH_3CH\!=\!CH_2$	2.4	11	—	—
18	√	—	甲烷	CH_4	5.0	15.0	—	—
19	√	—	二甲醚	CH_3OCH_3	3.4	27	—	—
20	√	√	丙烯腈	$CH_2\!=\!CHCN$	3.0	17.0	20	2
21	√	√	一氧化碳	CO	12.5	74	50	30
22	√	√	丙烯醛	$CH_2\!=\!CHCHO$	2.8	31	0.1	0.3
23	√	√	氨气	NH_3	15	28	25	30
24	√	√	一氯甲烷	CH_3Cl	7	17.4	100	—
25	√	√	氧乙烯	$(CH_2)_2O$	3	100	50	—
26	√	√	氰化氢	HCN	6	41	10	0.3
27	√	√	三甲基胺	$(CH_3)_3N$	2.0	12	10	—
28	√	√	二硫化碳	CS_2	1.3	50	10	10
29	√	√	溴甲烷	CH_3Br	10	50	15	1
30	√	√	苯	C_6H_6	1.3	7.9	10	40
31	√	√	甲胺	CH_3NH_2	4.9	20.7	10	5
32	√	√	硫化氢	H_2S	4	4.4	10	10

对生产环境中常见的可燃性气体进行安全检测时，以可燃性气体浓度为检测对象，以可燃性气体的爆炸极限为标准来确定测量与报警指标。能使火焰蔓延或爆炸的可燃性气体或蒸气的最低浓度，称为该气体或蒸气的爆炸下限。同理，能使火焰蔓延的最高浓度称为该气体或蒸气的爆炸上限。爆炸极限浓度通常用可燃性气体的体积分数表示，爆炸下限用 LEL 表示，即 lower explosive limit 的缩写，爆炸上限用 UEL 表示，即 upper explosive limit 的缩写。有些可燃性气体测量报警仪表以 LEL（%）作测量单位，此即以某种可燃性气体的爆炸下限为满刻度（100%），例如丁烷的 LEL=1.8%，若以 1.8% 作为 100%，则有 1LEL 相当于 0.018% 丁烷。

链烷烃类的爆炸下限可用下式估算。

$$LEL = 0.55 \times C_0$$

式中，C_0 为可燃性气体完全燃烧时的化学计量浓度。

当某些作业环境中，由于存在多种可燃性气体，与空气形成具有复杂成分的可燃性气体混合物时，可燃性气体混合物爆炸下限可根据各组分已知的爆炸下限求出，见下式。

$$LEL_{混} = \frac{100}{\dfrac{C_1}{LEL_1} + \dfrac{C_2}{LEL_2} + \cdots + \dfrac{C_n}{LEL_n}}$$

式中，$LEL_{混}$ 为混合物爆炸下限；$C_1 \sim C_n$ 为各组分在总体积中所占的体积分数，且 $C_1 + C_2 + \cdots + C_n = 100\%$；$LEL_1 \sim LEL_n$ 为各组分爆炸下限。

可燃性气体的检测原理

8.2.1 可燃性气体的检测标准

为了保护环境，保障人的身体健康，保证安全生产和预防火灾爆炸事故发生，必须首先确知生产和生活环境中可燃性气体的爆炸下限和有毒气体的最高允许浓度的阈限值，以及氧气的最低浓度阈限值，以便通过应用各种类型的测量仪器、仪表对这些气体进行检测。通过检测可了解生产环境的火灾危险程度和有毒气体的恶劣程度，以便采取措施或通过自动监测系统实现对生产、生活环境的监控。

可燃性气体的监测标准取决于可燃性气体的危险特性，且主要是由可燃性气体的爆炸下限决定的。从监测和控制两方面的要求来看，监测首先应做到可燃性气体与空气混合物中可燃性气体的浓度达到阈限值时，给出报警或预警指示，以便采取相应的措施，而其中规定的浓度阈值和可燃性气体与空气混合物的爆炸下限直接相关。一般取爆炸下限的 10% 作为报警阈值，当可燃性气体的浓度继续上升，一般达到其爆炸下限的 20%～25% 时，监控功能中的联动控制装置将产生动作，以免形成火灾及爆炸事故。

为了实现对可燃性气体的测量和预防，由各种气体传感器构成的测量仪表品种繁多，其结构原理、测定范围、性能、操作使用等互不相同，无法一一分析。但是，从所用气体传感器的基本工作方式和原理来划分，目前用于测量可燃性气体的仪器、仪表可归纳划分成如下几种主要类型。

8.2.2 接触(催化)燃烧式气体传感器

此类仪器利用可燃性气体在有足够氧气和一定高温条件下发生催化燃烧（无焰燃烧），放出热量，从而引起电阻变化的特性，达到对可燃性气体浓度进行测量的目的。这类可燃性气体测量仪器采用有代表性的气体传感材料 Pt 丝＋催化剂（Pd^-、Pt^-、Al_2O_3、CuO），具有体积小、重量轻的特点。

可燃性气体（H_2、CO 和 CH_4 等）与空气中的氧接触，发生氧化反应，产生反应热（无焰接触燃烧热），使得作为敏感材料的铂丝温度升高，具有正的温度系数的金属铂的电阻值相应增加，并且在温度不太高时，电阻率与温度的关系具有良好的线性关系。一般情况下，空气中可燃性气体的浓度都不太高（低于 10%），可以完全燃烧，其发热量与可燃性气体的浓度成正比。这样，铂电阻值的增大量就与可燃性气体浓度成正比。因此，只要测定铂丝的电阻变化值（ΔR），就可以检测空气中可燃性气体的浓度。但是，使用单纯的铂丝线圈作为检测元件，使用寿命较短。所以实际应用的检测元件，都是在铂丝线圈外面涂覆一层氧化物触媒层，以延长寿命，提高响应特性。

气敏元件的结构一般是用直径为 $50～60\mu m$ 的高纯（99.999%）铂丝，绕制成直径约为 0.5mm 的线圈。为了使线圈具有适当的阻值（$1～2\Omega$），一般应绕 10 圈以上，在线圈外面涂以氧化铝（或者由氧化铝和氧化硅组成）的膏状涂覆层，干燥后在一定温度下烧结成球状多孔体。烧结后，放在贵金属铂、钯等的盐溶液中，充分浸渍后取出烘干，然后经过高温热处理，使在氧化铝载体上形成贵金属触媒层，最后组装成气体敏感元件。除此之外，也可以将贵金属触媒粉体与氧化铝等载体充分混合后配成膏状，涂覆在铂丝绕成的线圈上，直接烧成后使用。

催化燃烧式气体检测原理及其电路如图 8.1 所示。所用检测元件有铂丝催化型和载体催化型两种。其中，铂丝催化型元件没有专门的催化外壳，是由铂丝承担三种工作的：铂丝表面完成可燃性气体氧化催化功能，同时铂丝又兼作加热丝和测温元件。载体催化型元件由加热芯丝和载体催化外壳组成，催化外壳对可燃性气体的氧化过程起催化作用，加热电流通过芯丝将催化外壳加热到正常工作温度，而芯丝又兼作电阻测温元件来检测催化外壳的温度变化。

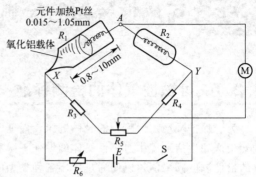

图 8.1　催化燃烧式气体检测原理及电路

8.2.3　热传导式气体传感器

热传导式气体传感器利用被测气体与纯净空气的热传导率之差和在金属氧化物表面燃烧的特性，将被测气体浓度转换成热丝温度或电阻的变化，达到测定气体浓度的目的。热传导式气体传感器可分为气体热传导式和固体热传导式两种。

① 气体热传导式气体传感器。它是利用被测气体的热传导率与铂丝（发热体）的热传导率之差所引起的温度变化的特性测定气体的浓度的。这类气体传感器主要用于测定氢气（H_2）、一氧化碳（CO）、二氧化碳（CO_2）、氮气（N_2）、氧气（O_2）等气体的浓度，多制成携带式仪器。

② 固体热传导式气体传感器。它是利用被测气体的不同浓度在金属氧化物表面燃烧引起的电阻变化特性，来达到测定被测气体浓度的目的的。这类仪器多制成携带式仪器，用于测定氢气（H_2）、一氧化碳（CO）、氨气（NH_3）等气体的浓度，也可用于测定其他可燃性气体的浓度。

热传导式气体传感器的测量仪器仪表的检测电路原理与催化燃烧式气体检测电路原理相同，只是其中 R_1 用热传导式元件。热导式气体浓度检测方法的优点是在测量范围内具有线性输出，不存在催化元件中毒问题，工作温度低，使用寿命长，防爆性能好。其缺点是背景气会干扰测量结果（如二氧化碳、水蒸气等），在环境温度骤变时输出也会受影响，在低浓度检测时有效信号较弱。

8.2.4　半导体式气敏传感器

半导体式气敏传感器的品种也是很多的，其中金属氧化物半导体材料制成的数量最多（占气敏传感器的首位），其特性和用途也各不相同。金属氧化物半导体材料主要有 SnO_2 系列、ZnO 系列及 Fe_2O_3 系列，由于它们的添加物质各不相同，因此能检测的气体也不同。半导体式气敏传感器适用于检测低浓度的可燃性气体及毒性气体，如 CO、H_2S、NO_x 及 C_2H_5OH、CH_4 等碳氢气体。其测量范围为百万分之几到百万分之几千。

半导体式气敏传感器的基本工作电路如图 8.2 所示。负载电阻 R_L 串联在传感器中，其两端加工作电压，加热丝 f 两端加上加热电压 U_f。在洁净空气中，传感器的电阻较大，在负

安/全/检/测/与/监/控/技/术

载电阻上的输出电压较小。当遇到待测气体时，传感器的电阻变得较小（N型半导体型气敏传感器检测还原性气体），则 R_L 上的输出电压较大。气敏传感器主要用于报警器，超过规定浓度时，发出声光报警。

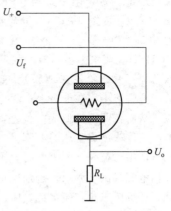

众所周知，对于某些危害健康，引起窒息、中毒或容易燃烧爆炸的气体，应注意其含量为何值时达到危险程度，有的时候并不一定要求测出其含量的具体数值。在这种情况下，就需要一种气敏元件，它可以及时提供报警，以便及早采取措施，保证生命和财产的安全。一般来说，半导体气敏元件对气体的选择性比较差，并不适合精确地测定气体成分，这种元件一般只能够检查某种气体的存在与否，却不一定能够精确地分辨出是哪一种气体。尽管如此，这类元件在环境保护和安全监督中仍然有极其重要的作用。

图 8.2　半导体式气敏传感器的
基本工作电路

8.2.5　湿式电化学气体传感器

湿式电化学气体传感器有恒电位电解式、燃料电池电解式、隔膜电池式气体传感器等几种形式。

① 恒电位电解式气体传感器。恒电位电解式气体传感器利用的是定电位电解法原理，其构造是在电解池内安置了三个电极，即工作电极、对电极和参比电极，并施加一定的极化电压，用薄膜同外部隔开，被测气体透过此膜到达工作电极，发生氧化还原反应，从而使传感器有一输出电流，该电流与被测气体浓度呈正比关系。由于该传感器具有三个电极，因此也称为三端电化学传感器。应用恒电位电解式气体传感器的结构和测量电路如图 8.3 所示。传感器电极薄膜由三块催化膜组成，在催化膜的外面覆盖多孔透气膜。测定不同的气体时，选择不同的催化剂并将电解电位控制为一定数值。其中，传感器电极一般采用外加电源的燃烧电池（也称极谱电池），电解液用

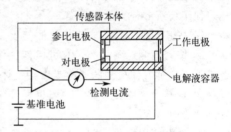

图 8.3　恒电位电解式气体
传感器的结构和测量电路

硫酸，一面使电极与电解质溶液的界面保持一定电位，一面进行电解，通过改变其设定电位，有选择地使气体进行氧化还原反应，从而在工作极间形成电流，以此电流可定量检测气体的浓度。

采用三端电化学传感器的气体测量仪表主要用于测定可燃性气体混合物的爆炸下限和 NO_2、CO、H_2S、NO、AsH_3、SiH_4、B_2H_6、GeH_4 等气体的浓度。仪器可制成携带式或电动单元组合式的探头，具有选择性强、干扰气体的影响小等优点，缺点是寿命较短。

② 燃料电池电解式气体传感器。燃料电池电解式气体传感器是利用被测气体可引起电流变化的特性来测定被测气体的浓度的。这类仪器主要用于测定 H_2S、HCN、$COCl_2$、NO_2、Cl_2、SO_2 等气体的浓度。目前，这类产品主要产自国外。

③ 隔膜电池式气体传感器。隔膜电池式气体传感器又称伽伐尼电池式气体传感器或原电池式气体传感器。这类测量仪器是利用伽伐尼电池与氧气（O_2）或被测气体接触产生电流的特性来测定气体的浓度的，其构造和基本测量电路如图 8.4 所示。它由两个电极、隔膜

及电解液构成。阳极是铅（Pb），阴极是铂（Pt）或银（Ag）等贵金属，电解池中充满电解质溶液（氢氧化钾，KOH），在阴极上覆盖有一层有机氟材料薄膜（聚四氟乙烯薄膜）。被测气体溶于电解液中，在电极上产生电化学反应，从而在两极间形成电位差，产生与被测气体浓度成正比的电流。

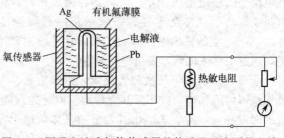

图 8.4　隔膜电池式气体传感器的构造及基本测量电路

　　使用这类仪器测氧气时，不需任何外接电源就满足要求，是较理想的便携式测氧仪器。隔膜电池式气体传感器除用于测氧气外，还可用于测其他多种气体。

8.3　可燃性气体的检测仪表

　　下面介绍各种类型的气体测量仪器、仪表及其性能。

　　（1）气体检测报警仪表的分类

　　工业生产环境所用气体测量及报警仪表，可按其功能、检测对象、检测原理、使用方式、使用场所等分为以下几类。

　　① 按其功能分类，有气体检测仪表、气体报警仪表和气体检测报警仪表三种类型。

　　② 按其检测对象分类，有可燃性气体检测报警仪表和氧气检测报警仪表两种类型，或者将适于多种气体检测的通称为多种气体检测报警仪表。

　　③ 按其检测原理分类，一般可燃性气体检测仪表有催化燃烧型、半导体型、热导型和红外线吸收型等。

　　④ 根据使用方式不同，气体测量仪表一般分为携带式和固定式两种类型。其中，固定式装置多用于连续监测报警，携带式多用于携带检查泄漏和事故预测。

　　⑤ 根据工业生产环境，尤其是石油化工场所防爆安全的要求，气体测量仪表有常规型和防爆型之分。其中，防爆型多制成固定式，用在危险场所进行连续安全检测。

　　（2）常见的气体检测报警仪表

　　① 煤气报警控制器。当厨房油烟污染或液化石油气（或其他燃气）泄漏达到一定浓度时，它能自动开启排风扇，净化空气，防止事故的发生。

　　家用煤气报警器电路如图 8.5 所示，采用 QM-N10 型气敏传感器，它对天然气、煤气、液化石油气均有较高的灵敏度，并且对油烟也敏感。传感器的加热电压直接由变压器次级（6V）经 R_1 降压提供。工件电压由全波整流后，经 C_1 滤波及 R_1、V_{D5} 稳压后提供。传感器负载电阻由 R_2 及 R_3 组成（更换 R_3 大小，可调节控制信号与待测气体的浓度的关系）。R_4、V_{D6}、C_2 及 C_1 组成开机延时电路，调整 R_4，使延时控制在 60s 左右（防止初始稳定状态误动作）。

　　当达到报警浓度时，IC_1 的 2 脚为高电平，使 IC_4 输出为高电平，此信号使 V_{T2} 导通，继电器吸合（启动排气扇）。R_5、C_3 组成排气扇延迟停电电路，使 IC_4 出现低电平并持续 10s 后才使继电器释放。另外，IC_4 输出高电平使 IC_2、IC_3 组成的压控振荡器起振，其输出

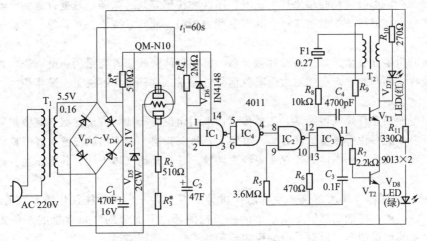

图 8.5　家用煤气报警器电路

使 V_{T1} 导通截止，则 LED（红）产生闪光报警信号。LED（绿）为工作指示灯。

②煤气检测仪。煤气检测的方法主要有两种：一是利用煤气气体的光谱吸收检测浓度；二是利用煤气浓度和折射率的关系以及干涉法测折射率。

（a）单波长吸收比较型煤气传感器。吸收法的基本原理均是基于光谱吸收，不同的物质具有不同特征的吸收谱线。单波长吸收比较型煤气传感器属吸收光谱型传感器，根据的是 Lambert 定律：

$$I = I_0 e^{-\mu c L}$$

式中，I、I_0 为吸收后和吸收前的射线强度；μ 为吸收系数；L 为介质厚度；c 为介质的浓度。从上式可以看出，根据透射和入射光强之比，可以得知气体的浓度。单波长吸收比较型煤气传感器的原理图见图 8.6。

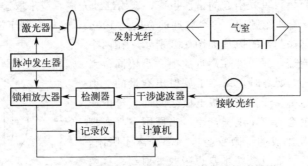

图 8.6　单波长吸收比较型煤气传感器的原理图

选择合适波长的光源。脉冲发生器使激光器发出脉冲光，或采用快速斩波器将连续光转变成脉冲光（斩波频率为数千赫兹），经透镜耦合进入光纤，并传输到远处放置的待测气体吸收盒，由气体吸收盒输出的光经接收光纤传回。干涉滤光器选取煤气吸收率最强的谱线，由检测器接收，经锁相放大器后送入计算机处理，根据强度的变化测量煤气浓度。

煤气的吸收波长为 $1.14\mu m$、$1.16\mu m$、$1.66\mu m$、$2.37\mu m$ 和 $2.39\mu m$。由于水蒸气在可见光波段具有强吸收作用，而煤气的强吸收作用也在此波段范围内，因此，为避免水蒸气的光吸收对测量结果造成影响，激光器的波长范围应与煤气的二次谐振吸收谱线相符。而煤气的二次谐振吸收（$1.6\sim1.7\mu m$）是微弱的，这种传感方式把气体吸收盒输出的光强度作为判断煤气浓度的判据，因而光源输出强度的波动、光纤耦合效率的变化和外界扰动引起接收光强度的变化，都会使检测结果产生误差。用这种传感方式对微弱信号进行监测，能有效地抑制高频噪声，但对一些低频噪声，其抑制能力较弱。此外，传感头对其他气体的抗干扰能力也较弱。

目前已用半导体激光器代替脉冲激光器，待测气体吸收盒外壳采用压电陶瓷，通过压电陶瓷对吸收盒的调制，来实现对微弱吸收信号的测量。这种方案解决了光源体积大、成本高的问题。

（b）干涉型光纤煤气传感器。此类传感器采用两束光干涉的方法检测气室中折射率的变化，而折射率的变化直接与浓度有关。事实上，目前我国普遍使用的便携式煤气检测仪均是基于此原理制成的。此类传感器存在需经常调校、易受其他气体干扰、其可靠性及稳定性均较差等不足。

③ 感烟探测器。现代建筑必须有防灾报警装置。火灾出现时往往伴随着烟雾、火光、高温及有害气体，感烟探测器是很重要的一类探测器。下面分别介绍常见的 3 种感烟探测器：透射式感烟探测器、散射式感烟探测器和离子式感烟探测器。

（a）透射式感烟探测器是利用烟雾的颗粒性来进行探测的，这是因为烟雾由微小的颗粒组成。在发光管和光敏元件之间，如果为纯净空气，则完全透光；如果有烟雾，则接收的光强减少。这种方法适合于长距离的直线段自动监测，称为线型探测器。最好用半导体激光器发射脉冲光，这样光线强，且体积小、寿命长。

（b）散射式感烟探测器由发光管和光敏元件构成，在两者之间有遮挡屏，其结构如图 8.7 所示。图中虚线圆圈代表了金属丝网或多孔板。

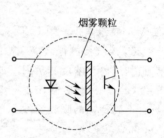

图 8.7　散射式感烟探测器结构图

平时在纯净空气中，因为有遮挡屏，光敏元件接收不到发光管的信号。但是空气中含有烟雾时，烟雾的微粒对光有散射作用，光敏元件就接收到了信号，经过放大后就可以驱动报警电路。为了避免环境可见光引起的错误报警，选用红外光谱，或采取避光保护措施，通常用脉冲光，每 $3 \sim 5s$ 有 1 个脉冲，每个脉冲的宽度是 $100\mu s$，这样有利于消除环境的干扰。

（c）离子式感烟探测器的原理如图 8.8 所示，在两个金属平板之间加上直流电压，并在附近放上一小块同位素镅-241。当周围空气无烟雾时，镅-241 放射出微量的 α 射线，使附近的空气电离。于是在平板电极之间的直流电压的作用下，空气中就会有离子电流产生。当周围空气有烟雾时，烟雾是由微粒组成的，微粒会将一部分离子吸附，使空气中的离子减少，而且微粒本身也吸收 α 射线，这两个因素使得离子电流减小。烟雾浓度越高，离子电流就越小。

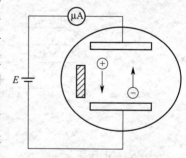

图 8.8　离子式感烟探测器

另外，在封闭的纯净空气的离子室中，将两者的离子电流进行比较，就可以排除干扰，检测出烟雾的有无。除了上面介绍的感烟探测器外，在火灾的预报中，感温探测器和感光探测器也都是经常用到的。而在实际的应用中，为了提高检测的可靠性和灵敏度，经常是 3 种探测器一同使用。

（3）其他气体检测报警仪器

① 光干涉式气体测量仪器。这类仪器是利用被测气体与新鲜空气的光干涉形成的光谱来测定某气体的浓度的。该类仪器主要用于测定甲烷（CH_4）、二氧化碳（CO_2）、氢气（H_2）以及其他多种气体的浓度。

② 红外线气体分析仪。这类仪器利用选择性检测器测定气样中特定成分引起的红外线吸收量的变化，从而求出气样中特定成分的浓度。该类仪器主要用于测定 CO、CO_2 和 CH_4 等气体的浓度。

③ 气相色谱仪。这类仪器是在色谱柱内，用载气把气样展开，使气体的各组分完全分离，对气体进行全面分析的仪器。该类仪器较笨重，只适于实验室环境中使用。

④ 气体检定管与多种气体采样器组合类型仪器。这类仪器中的检定管是利用填充于玻璃管内的指示剂与被测气体起反应来测定各种被测气体的浓度的。这类检测气体的仪器结构简单，使用方便，检测迅速，具有相当高的灵敏度，一般制成携带式，最适于在各种环境中现场采集、测定 CO、H_2S、NO、NO_2、NH_3、CO_2 以及烷烃、烯烃、苯、酮等多种有机化合物气体，应用十分广泛。

本章小结

本章介绍了石化生产环境中常见的可燃性气体或可燃有毒气体，在进行安全检测时，以可燃性气体浓度为检测对象，以可燃性气体的爆炸极限为标准来确定测量与报警指标，说明了单组分或混合可燃性气体爆炸下限的计算方式。

阐述了可燃性气体的检测标准，以及接触（催化）燃烧式、热传导式、半导体式、湿式电化学等 4 类测量可燃性气体传感器的检测原理。

最后，介绍了煤气报警控制器、煤气检测仪、感烟探测器等生活、生产中常见的气体检测报警仪表。

<<<< 习题与思考题 >>>>

1. 单组分链烷烃类气体的爆炸下限如何估算？
2. 混合可燃性气体的爆炸下限如何估算？
3. 试述接触（催化）燃烧式气体传感器的工作原理。
4. 热传导式气体传感器与接触（催化）燃烧式气体传感器有何异同之处？
5. 试述半导体式气敏传感器的优缺点。

参考答案

第9章

粉尘检测

与环境监测中监测大气中的颗粒物有所不同，职业卫生安全检测所测定的粉尘颗粒物主要是指作业场所中的生产性粉尘。在生产过程中产生，并能够较长时间悬浮于空气中的固体微粒称为生产性粉尘。根据化学成分的不同，粉尘可分为：金属尘、石棉尘、滑石尘、煤尘、炭黑尘、石墨尘、水泥尘、各种有机尘等几十种。长期暴露于生产粉尘场所的劳动者，肺部将积累粉尘导致尘肺病，其结果是尘肺患者的两个肺叶产生进行性、弥漫性的纤维组织增生，逐渐发展到妨碍呼吸机能及其他器官的机能。从职业危害角度考虑，粉尘的种类、分散度及浓度3个因素是对人产生危害的主要因素。

9.1 生产性粉尘的来源及对人体的危害

9.1.1 生产性粉尘的来源与理化性质

生产性粉尘是在工厂和矿山的生产过程中产生的粉尘，含有二氧化硅的矿物性粉尘称为硅尘，它是对劳动者健康危害最严重的一种粉尘。另外，可燃性的有机和无机粉尘在生产车间空气中的积聚，也是造成粉尘爆炸的重大事故隐患。

（1）粉尘的来源

在工业生产的物料加工与使用过程中都可能产生生产性粉尘，下面列举几个工艺过程来说明粉尘的来源。

① 固体物质的机械破碎，如钙镁磷肥熟料的粉碎、水泥粉的粉碎等。

② 物质的不完全燃烧或爆破，如矿石开采、隧道掘进的爆破，煤粉燃烧不完全时产生的煤烟尘等。

③ 物质的研磨、钻孔、碾碎、切削、锯断等过程的粉尘。

④ 金属熔化，如生产蓄电池电极时熔化铅的工序产生的铅烟尘。

⑤ 成品本身呈粉状，如炭黑、滑石粉、有机染料、粉状树脂等。

在工业过程中接触粉尘的工作很多。例如：矿山的开采、爆破、运输；冶金工业中的矿石粉碎、筛分、配料；机械铸造工业中原料破碎、清砂；钢铁磨件的砂轮研磨；石墨、珍珠岩、蛭石、云母、萤石、活性炭、二氧化钛等的粉碎加工；水泥包装；橡胶加工中的炭黑、滑石粉的使用等过程中，若防尘措施不完善，均有大量生产性粉尘扩散。

（2）粉尘的分类

根据粉尘的性质及来源，粉尘可以分为以下三类。

① 无机粉尘。

（a）矿物性粉尘，如石英、石棉和煤等粉尘。

（b）金属性粉尘，如铜、铍、铅和锌等金属及其化合物粉尘。

（c）人工无机粉尘，如水泥、金刚砂和玻璃纤维粉尘。

② 有机粉尘。

（a）植物性粉尘，如棉、麻、甘蔗、花粉和烟草等粉尘。

（b）动物性粉尘，如动物皮毛、角质、羽绒等粉尘。

（c）人工有机粉尘，如合成纤维、有机染料、炸药、表面活性剂和有机农药等粉尘。

③ 混合性粉尘。上述各类粉尘中两种或两种以上粉尘的混合物称为混合性粉尘。生产过程中常见的是混合性粉尘。

还原性的有机和无机粉尘，如硫黄、煤、棉、麻、面粉等粉尘，在生产车间等相对密闭场所的空气中达到一定浓度范围时，可发生粉尘爆炸。煤矿的煤粉爆炸、棉麻加工厂的棉麻粉尘爆炸等都是非常严重的生产安全事故。

（3）粉尘的理化特性

了解粉尘对职业健康的危害，应该考虑粉尘以下的理化性质。

① 化学成分及其浓度。化学成分不同的粉尘，即不同种类的粉尘对人体的作用性质和危害程度不同，例如：石棉尘可引起石棉肺和间皮瘤；棉尘则引起棉尘病；含有游离二氧化硅的粉尘可致硅肺。同一种粉尘，在空气中的浓度越高，其危害也越大。粉尘中主要有害成分含量越高，对人体危害也越严重，如含游离二氧化硅10%以上的粉尘比含量在10%以下的粉尘对肺组织的病变发展影响更大。游离二氧化硅是指结晶型的二氧化硅，不包括硅酸盐形态的硅。

② 粉尘的分散度。粉尘分散度是指物质被粉碎的程度，以大小不同的粉尘粒子的百分组成表示。空气中粉尘颗粒中细小微尘所占比例越高，则分散度越大。粉尘分散度越大，形成的气溶胶体系越稳定，在空气中悬浮的时间越长，被人体吸入的概率越大。粉尘分散度越大，比表面积也越大，越容易参与理化反应，对人体危害也越大。

③ 粉尘的溶解度。若组成粉尘的物质对人体有毒，粉尘的溶解度越大，有毒物质越易被人体吸收，其毒性越大。无毒物质的粉尘，若溶解度大，则易被人体吸收、排出，毒性也较小，石英、石棉等难溶性粉尘在体内不能溶解，持续产生毒害作用，对人体危害极其严重。总之，粉尘的溶解度与其对人体的危害程度，因组成粉尘的化学物质性质不同而异。

④ 粉尘的荷电性。在粉尘形成和流动过程中，由于互相摩擦、碰撞或吸附空气中的离子等原因而带电，空气中90%～95%的粒子带有电荷，同一种尘粒可能带正电、负电或呈电中性，与尘粒化学性质无关。荷电量取决于尘粒的大小、相对密度、温度和湿度。温度升高，湿度降低，尘粒荷电量越多。同电性尘粒相互排斥，粉尘稳定性增加，反之，粉尘颗粒相互吸引，形成大的尘粒加速沉降。一般认为，荷电尘粒易阻留在人体内。

⑤ 粉尘的形状与硬度。在一定程度上，粉尘粒子的形状也影响它的稳定性（即在空气中飘浮的持续时间）。质量相同的尘粒，其形状越接近球形，则越容易降落。锐利、粗糙、硬的尘粒对皮肤和黏膜的刺激性比软的、球形尘粒更强烈，尤其是对上呼吸道黏膜的机械损伤或刺激更大。

⑥ 粉尘的爆炸性。一定浓度条件下，高度分散的可氧化粉尘，一旦遇到明火、电火花或放电，则可能发生爆炸。一些粉尘爆炸的浓度条件是：煤尘 $30\sim40g/m^3$；淀粉、铝及硫

黄粉尘 $7g/m^3$；糖尘 $10.3g/m^3$。在采集这些粉尘样品时，必须注意防爆。由此可见，爆炸性粉尘不仅对职业安全有危害，而且对生产安全也是重大的危险源。

9.1.2　粉尘粒径与其对人体健康危害的关系

随着对 $PM_{2.5}$ 认识的深入，人们知道，粒径越小的粉尘对人的危害越大。本节通过空气动力学直径概念解释、粉尘在肺部阻留的规律介绍说明了小粒径粉尘对人体的危害，解释了呼吸性粉尘采样器应满足的基本性能。

（1）呼吸道内不同部位对不同粒径粉尘的沉积作用

一般情况下，粉尘颗粒物并非呈球形，在显微镜下观察，其形状各异。习惯上，仍用粒径表示颗粒的大小，但其含义通常不同。目前，国际上常用空气动力学当量直径表示空气中悬浮粉尘颗粒物的粒径，这一表示方法又分为两种。

不同种类的粉尘，由于密度和形状不同，同一粒径的粉尘在空气中的沉降速度不同，沉积在呼吸道的部位也不同，为了便于比较，提出了空气动力学直径这一概念。颗粒空气动力学当量直径（particle aerodynamic equivalent diameter，PAD），简称空气动力学直径，是指在通常温度、压力和相对湿度的空气中，在重力作用下与实际颗粒物具有相同末速度、密度为 $1g/cm^3$ 球体的直径。也就是说，被测颗粒物的直径相当于在平静的气流中与其具有相同末速度、密度为 $1g/cm^3$ 的球形标准粉尘颗粒物的直径。同一空气动力学直径的尘粒具有如下共同特征：尘粒趋向于沉积在人体呼吸道的相同区域；在大气中具有相同的沉降速度；在进入粉尘采样系统后，具有相同的沉积概率。

颗粒扩散直径（particle diffusion diameter，PDD）是指在通常的温度、压力和相对湿度情况下，与实际颗粒物具有相同扩散系数的球形颗粒直径。当颗粒物的 $PAD < 0.5\mu m$ 时，它在空气中的扩散作用较重力沉降作用强，这种颗粒物处于布朗扩散运动状态，此时应当用 PDD 来表达颗粒的大小。

PAD、PDD 这两种粒径表示方法并不涉及颗粒物的密度和形状，使颗粒物进入人体呼吸系统时的撞击、沉降和扩散作用情形与采样时颗粒物的动力学特征一致，有利于研究和评价颗粒物的卫生和健康效应。

根据粉尘可沉积在呼吸道的部位，可将飘浮在空气中的粉尘分为可吸入粉尘、胸部粉尘和呼吸性粉尘 3 种。

可吸入粉尘是指经口腔和鼻孔被吸入，并能达到鼻咽区的悬浮粉尘颗粒物。显然，可吸入粉尘的粒径范围与劳动场所的风速、风向及劳动者的呼吸急促程度有关。

胸部粉尘是指在可吸入颗粒物中，能穿过咽喉而到达气管和支气管的粉尘，其粒径小于 $30\mu m$。在粒径小于 $30\mu m$ 的范围内，质量累积达到该范围粉尘总质量的 50% 时的粒径通常在 $10\mu m$ 左右，称为中值直径（D_{50}）。在环境监测中，把胸部粉尘称为 PM_{10}（particulate matter 10，PM_{10}），它表示 $D_{50} = 10\mu m$，且粒径小于 $30\mu m$ 的可吸入颗粒物。注意，不能把 PM_{10} 理解为粒径 $\leqslant 10\mu m$ 的可吸入颗粒物。

呼吸性粉尘是指可吸入粉尘中能进入肺泡的粉尘。粒径在 $5\sim10\mu m$ 范围内的颗粒物，由于重力作用，大部分在气管和支气管区发生沉降，$5\mu m$ 左右的颗粒物进入肺泡，沉积率达到 50% 左右。我国现行职业卫生标准对呼吸性粉尘的定义是：按呼吸性粉尘标准测定方法所采集的可进入肺泡的粉尘粒子，其空气动力学直径均在 $7.07\mu m$ 以下，空气动力学直径 $5\mu m$ 粉尘粒子的采样效率为 50%，简称"呼尘"。

依据粉尘粒子的大小、密度、形状等因素的不同，被吸入到呼吸道内的粉尘，可以沉积在呼吸道的不同部位。

根据前面的介绍，粉尘颗粒物被吸入呼吸道后，被阻留沉积在什么部位，关键因素是粉尘粒径，粒径越小，进入的深度越深。国内外大量实验和尸体解剖表明，尘肺病的起因不仅与吸尘量、吸尘时间、尘粒的成分有关，而且在很大程度上取决于粉尘粒径的大小（除人身自然抵抗力外），只有沉积到肺泡的粉尘才能造成尘肺病。粒径为 $5\mu m$ 以下的尘粒是导致人们产生尘肺病的危险尘粒。现在常把 $PM_{2.5}$ 称为可入肺粉尘，可入肺是指可进入肺泡。

（2） BMRC 阻留曲线

粉尘被吸入人体呼吸道后，由于粒径的不同，具有的空气动力学特性也不同，不同部位阻留的粉尘粒径也不同。空气动力学直径较小的粉尘，不一定全部被阻留沉积到肺泡中，还有一部分能随呼吸的气流再被呼出呼吸道。不同粒径粉尘在肺部的沉积率见图 9.1 中左下实曲线，可见在 $2\sim7\mu m$ 范围内，随着粒径的减小，沉积率增加，且增加得很快。这也说明小粒径粉尘对人体危害大。

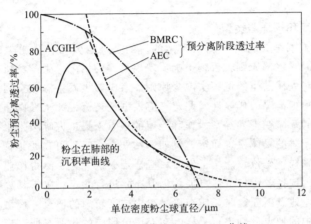

图 9.1　BMRC 曲线和 ACGIH 曲线

采集空气中粉尘颗粒物时，为了专门测定对人体危害较大的呼吸性粉尘，需要对吸入的粉尘进行预先分离，截留非呼吸性粉尘，只让呼吸性粉尘进入检测仪器，或只让粉尘滤膜截留呼吸性粉尘。这一过程称为预分离，或称为粉尘粒径切割，由预分离器（或者称为粉尘切割器）完成。

预分离是对粉尘粒径分离，由于呼吸性粉尘的空气动力学特性，导致对不同粒径粉尘的分离效率是不相同的。英国医学研究委员会（Medical Research Council，MRC）于 1959 年在南非约翰内斯堡召开的第 4 次国际尘肺病会议上推荐了呼吸性粉尘标准采样曲线，简称 BMRC 曲线（亦称约翰内斯堡曲线）。美国国家工业卫生工作者协会（ACGIH）也推荐了呼吸性粉尘标准采样曲线，简称 ACGIH 曲线，见图 9.1。我国呼吸性粉尘浓度测定的采样标准曲线是参照了英国 BMRC 曲线制定的，目的是模拟人体对粉尘的阻留作用来分离呼吸性粉尘。

BMRC 曲线的作用是规范预分离器对不同粒径粉尘的分离效率。下面是某采样器的商业宣传文字："这种预捕集器能对危害人体的呼吸性粉尘和非呼吸性粉尘进行分离，一次采集可兼得呼吸性和非呼吸性两种粉尘样本，其分离效率达到国际公认的 BMRC 曲线标准，是一种较可靠的粉尘分离装置。"这里的预捕集器就是预分离器，说明所有商品预分离器的分离效能均应满足 BMRC 曲线的要求，这样才能使检测结果具有可比性，才能更真实地反映场所粉尘危害的实际。我国行业标准《呼吸性粉尘个体采样器》（WS 762—2008）规定：呼吸性粉尘透过率与 BMRC 曲线对应值的标准差小于 $\pm5\%$。

我国现行标准对呼吸性粉尘的定义：按呼吸性粉尘标准测定方法所采集的可进入肺泡的粉尘粒子，其空气动力学直径均在 $7.07\mu m$ 以下，空气动力学直径 $5\mu m$ 粉尘粒子的采样效率为 50%。我国呼吸性粉尘采样器国家标准对预分离器的技术要求是要满足标准采样曲线的要求，能把粒径 7.07μm 以上的粉尘全部分离掉，对粒径 7.07μm 粉尘的采样效率应达到 100%，对粒径 5.0μm 粉尘的采样效率应达到 50%，粒度更小的粉尘采样效率就更低。标准方法中收集呼吸性粉尘还是采用滤膜截留法，可以想象，粒径特别小的粉尘能透过滤膜"跑掉"，而采用更细孔径的滤膜时，抽气阻力太大，空气流速太小，细小粉尘的布朗运动将导致部分粉尘扩散跑掉，采样效率也可能不高。

9.2 工作场所粉尘的采集

（1）粉尘采样点和采样器类型

① 测尘点和采样位置的确定。测定粉尘的目的是确定劳动者受粉尘危害的程度，所以测尘点的选择要遵循一定的原则，否则不能反映出真实的情况。生产场所粉尘测定的采样点选择以能代表粉尘对人体健康的危害实况为原则。考虑粉尘发生源在空间和时间上的扩散规律，以及工人接触粉尘情况的代表性，测定点应根据工艺流程和工人操作方法而确定。在生产作业地点较固定时，应在工人经常操作和停留的地点采集工人呼吸带水平的粉尘，距地面的高度应随工人生产时的具体位置而定，例如：站立生产时，可在距地面 1.5m 左右尽量靠近工人呼吸带水平采样；坐位、蹲位工作时，应适当放低。为了测得作业场所的粉尘平均浓度，应在作业范围内选择若干点（尽可能均匀分布）进行测定。求得其算数或几何平均值和标准差。在生产作业地点不固定时，应在接触粉尘浓度较高的地点、接触粉尘时间较长的地点及工人和工人集中的地点分别进行采样。在有风流影响的作业场所，应在产尘点的下风侧或回风侧粉尘扩散较均匀地区的呼吸带进行粉尘浓度测定。移动式产尘点的采样位置，应位于生产活动中有代表性的地点，或将采样器架设于移动设备上。

在具体设置采样点时，应根据相应国家标准，结合产尘点的具体情况设置采样点，一般要分为工厂，车站、码头、仓库，露天矿山，地下矿山隧道工程 4 种情况考虑。

② 粉尘采样的类型。《工作场所有害因素职业接触限值 第 1 部分：化学有害因素》（GBZ 2.1—2019）对粉尘的总尘和呼尘都分别规定了时间加权平均容许浓度（PC-TWA），因此在安全检测中就是要检测工作场所空气中粉尘的时间加权平均容许浓度，同有毒气体检测一样，样品采集的方法也必须能满足检测目的的要求。

应根据粉尘测定的目的选择最合适的采样方法，粉尘采样方法的类型及目的如下。

（a）个体采样。是指劳动者携带个体粉尘采样器，采样头进气口处于呼吸带高度进行的采样。直接测定 PC-TWA，反映个体粉尘接触水平。

（b）定点采样。是指将粉尘采样器安置在选定的采样点，在劳动者呼吸带高度处进行的采样。定点采样也能测定 TWA，要求采集一个工作日内各时段的样品，按各时段的持续接触时间与其相应浓度乘积之和除以 8，得出 8h 工作日的时间加权平均浓度（TWA）。定点采样除了反映个体接触水平，也适用于评价工作场所环境的卫生状况。

（c）短时间采样。在采样点，将装好滤膜的粉尘采样夹，在呼吸带高度以 15～40L/min 流量采集 15min 空气样品，用于测定短时间粉尘浓度。

（d）长时间采样。在采样点，将装好滤膜的粉尘采样夹，在呼吸带高度以 1～5L/min 流量采集 1～8h 空气样品，用于测定 PC-TWA。

③ 粉尘采样器的类型。采样器的基本功能是提供采集含尘气体的动力（抽气泵）、调

节、控制和显示气体流量。粉尘收集器是整套粉尘采样装置的一部分，不包括在粉尘采样器中，但也有些采样器和收集器是合并在一起的。

根据采样器设置的位置可分为（定点）粉尘采样器和个体粉尘采样器。如果采样头前安装粉尘预分离器（在本节后面介绍），则为呼吸性粉尘采样器，同样也可以分为（定点）呼吸性粉尘采样器和个体呼吸性粉尘采样器。粉尘预分离器分离粉尘的效能应符合 BMRC 曲线的要求。个体采样器中可以不设流量计，但需要定期加负载标定流量，由适宜规格的皂膜流量计进行校准。

（2）粉尘收集器

① 滤料采样夹。粉尘采样需要滤膜（又称为滤料）作为阻留材料，滤膜质地柔软，需要滤料采样夹支撑。根据制作材料、大小及用途，大体可分为 3 类。铝合金采样夹用硬质铝合金制造，密封圈的内直径为 35mm，使用的滤膜直径为 40mm。小型塑料采样夹用优质塑料制造，使用的滤料和滤料垫的直径为 25mm。粉尘采样夹用优质塑料制造，使用的滤料和滤料垫的直径为 40mm。采样夹的基本结构见图 9.2。采样夹由前盖、中层和底座 3 部分组成，可以安装一张或两张滤料。安装一张滤料时，只需连接前盖和底座。串联两张滤料时，则连接3 部分，每两部分之间夹一张滤料，用抽气装置抽气，则空气中的颗粒物被阻留在滤料上。

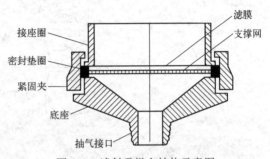

图 9.2 滤料采样夹结构示意图

② 纤维状滤料。由天然纤维素或合成纤维制成的各种滤纸和滤膜合称为纤维状滤料，常用的有聚氯乙烯滤膜、玻璃纤维滤膜、定量滤纸等。滤料采集空气中气溶胶颗粒主要基于直接阻截、惯性碰撞、扩散沉降、静电引力和重力沉降等作用完成。

玻璃纤维滤膜由纯净的超细玻璃纤维制成，厚度小于 1mm，具有较小的不规则孔隙。其优点是耐高温、耐腐蚀、吸湿性小、通气阻力小、采集效率高，适于大流量采集低浓度的有害物质，并可用水、苯和稀硝酸等提取采集到它上面的组分进行分析。其缺点是灰分高、金属空白值高、机械强度较差。玻璃纤维滤膜的采集机制主要是直接拦截、惯性碰撞和扩散沉降作用。

聚氯乙烯滤膜，又称为过氯乙烯滤膜，在粉尘测定中使用最多，所以又称为测尘滤膜。它是由聚氯乙烯纤维互相交叉重叠而构成的，具有许多大小不等、形状各异的孔隙。其优点是静电性强、吸湿性小、通气阻力小、耐酸碱、孔径小、机械强度好、重量轻及金属空白值较低等、采样后的聚氯乙烯滤膜可用有机溶剂（如乙酸乙酯、乙酸丁酯）等制成溶液，进行颗粒物分散度及颗粒物中有毒有害物质分析。其缺点是不耐热，最高使用温度为 65℃。聚氯乙烯滤膜采集气溶胶的机制是阻截、扩散、静电吸附和惯性冲击作用，其中静电吸附作用最强。

③ 筛孔状滤料。筛孔状滤料与纤维滤料的采样机制相似，但其筛孔孔径较均匀。常用的筛孔状滤料有微孔滤膜、核孔滤膜、银薄膜和聚氨酯泡沫塑料等。筛孔状滤料使用较少。

（3）粉尘预分离器

粉尘预分离器又称为可吸入粉尘切割器，安装在粉尘采样头的前面，对粉尘按照粉尘粒径大小进行分离，按照现行国家标准，主要是把呼吸性粉尘与非呼吸性粉尘分离开。

① 串联旋风切割器。旋风切割器的工作原理与旋风分离器相似，如图 9.3（a）所示，空气以高速度沿 180°渐开线进入切割器的圆桶内，形成旋转气流，在离心力的作用下，将粗颗粒物摔到桶壁上并继续向下运动，粗颗粒在不断与桶壁撞击中失去前进的能量而落入大颗

粒物收集器内，细颗粒随气流沿气体排出管上升，被过滤器的滤膜捕集，从而将粗、细颗粒物分开。切割器必须用标准粒子发生器制备的标准粒子进行校准后方可使用。将具有不同分割粒径的旋风切割器依序串联，就可以实现粉尘的分级切割，图9.3（b）为五级串联旋风切割器。旋风切割器的分割粒径与自身尺寸和气流量大小有关。

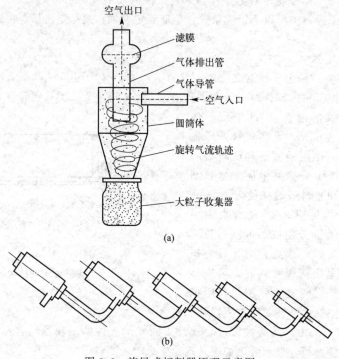

(a)

(b)

图9.3　旋风式切割器原理示意图

　　② 向心式切割器。向心式切割器原理如图9.4（a）所示。当气流从小孔高速喷出时，因所携带的颗粒物大小不同，惯性也不同，颗粒质量越大，惯性越大。不同粒径的颗粒物各有一定运动轨线。其中质量较大的颗粒运动轨线接近中心轴线，最后进入锥形收集器被底部的滤膜收集；小颗粒惯性小，离中心轴线较远，偏离锥形收集器入口，随气流进入下一级。第二级的喷嘴直径和锥形收集器的入口孔径变小，二者之间距离缩短，使小一些的颗粒物被收集。第三级的喷嘴直径和锥形收集器的入口孔径又比第二级小，其间距离更短，所收集的颗粒更细。如此经过多级分离，剩下的极细颗粒到达最底部，被夹持的滤膜收集，图9.4（b）

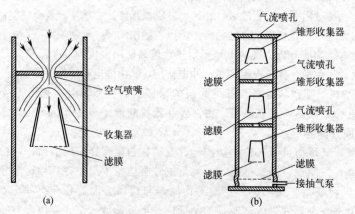

(a)　　　　　　　　　　(b)

图9.4　向心式切割器原理示意图

为三级向心式切割器的示意图。

③ 撞击式切割器。撞击式切割器的工作原理如图 9.5 所示。当含颗粒物气体以一定速度由喷嘴喷出后，颗粒获得一定的动能并且有一定的惯性，在同一喷射速度，粒径越大，惯性越大，因此，气流从第一级喷嘴喷出后，惯性大的大颗粒难以改变运动方向，与第一块捕集板碰撞被沉积下来，而惯性较小的颗粒则随气流绕过第一块捕集板进入第二级喷嘴。因第二级喷嘴较第一级小，故喷出颗粒动能增加，速度增大，其中惯性较大的颗粒与第二块捕集板碰撞而被沉积，而惯性较小的颗粒继续向下级运动。如此一级接一级地进行下去，则气流中的颗粒由大到小地被分开，沉积在不同的捕集板上。最末级捕集板用玻璃纤维滤膜代替，捕

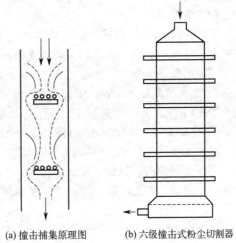

(a) 撞击捕集原理图　　　(b) 六级撞击式粉尘切割器

图 9.5　撞击式切割器示意图

集更小的颗粒。这种采样器可以设计为 3~6 级，也有 8 级的，称为多级撞击式采样器。单喷嘴多级撞击式采样器采样面积有限，不宜长时间连续采样，否则会因捕集板上堆积颗粒过多而造成损失。多级多喷嘴撞击式采样器捕集面积大，应用较普遍的一种称为安德逊采样器，由 8 级组成，每级 200~400 个喷嘴，最后一级也是用纤维滤膜代替捕集板捕集小颗粒物。安德逊采样器捕集颗粒物粒径范围为 0.34~11μm。

④ 水平淘洗式切割器。水平淘洗法的粉尘分离原理如下。水平淘洗式切割器主要由 3 部分构成，即水平淘洗槽、滤料夹和抽气系统。抽气系统抽动含粉尘的空气，空气进入水平淘洗槽后平稳流动，近似层流状态。当粉尘颗粒悬浮在流动的流体中时，利用它们具有不同的沉降速度而将其分离。呼吸性粉尘沉降慢，但漂浮性强，倾向于随气流流过水平淘洗槽，进入粉尘收集器而被收集。水平淘洗式切割器的构造原理示意图见图 9.6。

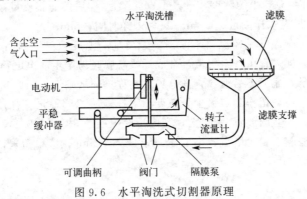

图 9.6　水平淘洗式切割器原理

9.3　工作场所空气中总粉尘浓度的测定

① 检测原理。总粉尘浓度的测定采用滤膜质量法，采样器采集一定体积的含尘空气，

将粉尘阻留在已知质量的测尘滤膜上，由采样后的滤膜增量和采气量，计算出单位体积空气中总粉尘的质量。

② 检测器材。一般采用定点采样法，在采样夹中安装直径 40mm 或 75mm 的过氯乙烯滤膜或其他测尘滤膜，根据粉尘浓度来确定，需要采样器、分析天平、干燥器、镊子等，必要时还需要除静电器。

③ 滤膜的准备和安装。将滤膜在干燥器内放置 2h 以上，之后除静电、称重。记录滤膜的质量 m_1，之后安装于采样头上。

④ 样品采集。按照检测的目的，以预定的时间和流速采样。

根据现场空气中粉尘的浓度、所用采样夹的大小、采样流量及采样时间，估算滤膜上总粉尘的增量（Δm）。控制滤膜粉尘在表 9.1 要求的范围内，若有过载的可能，应及时更换采样夹。采样后，取出滤膜，将滤膜的接尘面朝里对折两次，置于清洁容器内运输和保存。

表 9.1　滤膜总粉尘的增量要求

分析天平感量/mg	滤膜直径/mm	Δm 的要求/mg
0.1	≤37	$1 \leqslant \Delta m \leqslant 5$
	40	$1 \leqslant \Delta m \leqslant 10$
	75	$\Delta m \geqslant 1$，最大增量不限
0.01	≤37	$0.1 \leqslant \Delta m \leqslant 5$
	40	$0.1 \leqslant \Delta m \leqslant 10$
	75	$\Delta m \geqslant 0.1$，最大增量不限

⑤ 样品的称量。称量前，将采样后的滤膜置于干燥器内 2h 以上，除静电后，在分析天平上准确称量，记录滤膜和粉尘的质量 m_2。

⑥ 空气中总粉尘浓度的计算。根据两次称量的质量和采集空气的体积，依据下式计算空气中总粉尘的浓度。

$$c = \frac{m_2 - m_1}{Ft} \times 1000$$

式中，c 为空气中总粉尘的浓度，mg/m^3；m_2 为采样后的滤膜质量，mg；m_1 为采样前的滤膜质量，mg；F 为采样流量，L/min；t 为采样时间，min。

过氯乙烯滤膜为合成纤维制品，不耐高温，当现场温度较高（如高于 55℃）时，可用玻璃纤维滤膜，在采样过程中，空气流过合成纤维滤膜时易产生静电电荷，因滤膜具有憎水性，所以静电电荷易积累而不易泄放，其电场影响称量的准确性，因此，每次称量前应除去静电。已采集的滤膜还可留作测定粉尘分散度。采样前后滤膜称量应使用同一台分析天平，称量前，滤膜应在天平室内放置 2h 以上，室内湿度控制在 30%～60%，尽量保持温度与湿度稳定。采样后，滤膜上粉尘增重若小于 0.1mg 或大于 5mg，应重新采样。

9.4　工作场所空气中呼吸性粉尘浓度的测定

（1）呼吸性粉尘浓度的滤膜质量法测定

① 检测原理。空气中粉尘通过采样器上的预分离器，分离出的呼吸性粉尘颗粒采集在已知质量的测尘滤膜上，由采样后的滤膜增量和采气量，计算出单位体积空气中呼吸性粉尘的浓度。除了对粉尘进行预分离外，其他操作原理均与总粉尘浓度测定相同。

② 检测所需仪器。滤膜采用过氯乙烯滤膜或其他测尘滤膜。呼吸性粉尘采样器（包括预分离器、泵和流量计），预分离器对粉尘粒子的分离性能应符合粉尘粒子空气动力学直径均在 $7.07\mu m$ 以下，且直径 $5\mu m$ 的粉尘粒子的采集率为 50% 的要求。分析天平（感量 $0.01mg$）。其余器材同总粉尘浓度测定。

③ 滤膜的准备与安装。滤膜在干燥器内放置 2h 以上，除静电后称量，在衬纸和记录表上记录滤膜的质量 m_1 和编号。安装时，滤膜毛面应朝着进气方向，滤膜放置应平整，不能有裂隙和褶皱。

④ 预分离器的准备。按照所用预分离器的技术要求，做好准备和安装。

⑤ 样品采集。分为定点采样和个体采样两种情况。根据滤膜上总粉尘增量（Δm）的要求（一般在 $0.1\sim5mg$），都要根据现场空气中粉尘的浓度、所用采样夹的大小、采样流量及采样时间，估算滤膜上粉尘的增量（Δm）。

⑥ 样品的运输与保存。采样后，取出滤膜，将滤膜的接尘面朝里对折两次，置于清洁容器内运输和保存。

⑦ 样品的称量。称量前，将采样后的滤膜置于干燥器内 2h 以上，除静电后，在分析天平上准确称量，记录滤膜和粉尘的质量 m_2。

⑧ 空气中呼吸性粉尘浓度的计算。根据两次称量的质量和采集空气的体积，计算空气中呼吸性粉尘的浓度 c。如果是用一张滤膜一次连续采集 8h，时间加权平均浓度 c_{TWA} 按照上式计算。如果是分时段采样，时间加权平均浓度按下式计算。

$$c_{TWA} = \frac{C_1 T_1 + C_2 T_2 + \cdots + C_n T_n}{8}$$

式中，c_{TWA} 为空气中 8h 呼吸性粉尘时间加权平均浓度，mg/m^3；C_1、C_2、$\cdots$、C_n 为各时段空气中呼吸性粉尘平均浓度，mg/m^3；T_1、T_2、$\cdots$、T_n 为劳动者在相应浓度下的工作时间，h；8 为时间加权平均容许浓度规定的 8h。

（2）β 射线吸收法测定呼吸性粉尘浓度

该测量方法基于的原理是：β 射线通过特定物质后，其强度将衰减，衰减程度与所穿过的物质厚度有关，而与物质的物理、化学性质无关。β 射线测尘仪的工作原理如图 9.7 所示。它是通过测定清洁滤带（未采尘）和采尘滤带（已采尘）对 β 射线吸收程度的差异来测定采尘量的。因采集含尘空气的体积是已知的，故可得知空气中含尘浓度。

设两束相同强度的 β 射线分别穿过清洁滤带和采尘滤带后的强度分别为 N_0（计数）和 N（计数），则二者关系为：

$$N = N_0 e^{-K\Delta M} \quad 或 \quad \ln\frac{N_0}{N} = K\Delta M$$

式中，K 为质量吸收系数，cm^2/mg；ΔM 为滤带单位面积上粉尘的质量，mg/cm^2。

上式经变换可写成：

$$\Delta M = \frac{1}{K}\ln\frac{N_0}{N}$$

设滤带采尘部分的面积为 S，采气体积为 V，则空气中含尘浓度（c）为：

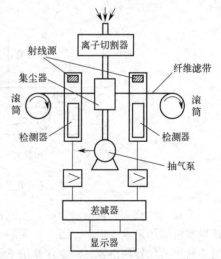

图 9.7 β 射线粉尘测定仪工作原理

$$c = \frac{\Delta MS}{V} = \frac{S}{VK} \ln \frac{N_0}{N}$$

上式说明当仪器工作条件选定后,气样含尘浓度只决定于 β 射线穿过清洁滤带和采尘滤带后的两次计数的比值。从公式可以看出,其工作原理与双光束分光光度计有相似之处。

β 射线源可用 C-14 等,检测器采样计数管,对放射性脉冲进行计数,反映 β 射线的强度。

为研究粉尘的物理化学性质、形成机理和粉尘粒径对人体健康的危害关系,需要测定粉尘的粒径分布,有两种表示方法,一种是不同粒径的数目分布,另一种是不同粒径的重量浓度分布。前者用光散射粒子计数器测定,后者用根据撞击捕尘原理制成的采样器分级捕集不同粒径范围的颗粒物,再用重量法测定。这种方法的设备较简单,应用比较广泛,所用采样器为多级喷射撞击式或安德逊采样器。

(3)光散射法测定呼吸性粉尘浓度

光散射法测尘仪是基于粉尘颗粒对光的散射原理设计而成的,如图 9.8 所示。在抽气动力作用下,将空气样品连续吸入暗室,平行光束穿过暗室,照射到空气样品中的细小粉尘颗粒时,发生光散射现象,产生散射光。颗粒物的形状、颜色、粒度及其分布等性质一定时,散射光强度与颗粒物的质量浓度成正比。散射光经光电传感器转换成微电流,微电流被放大后再转换成电脉冲数,利用电脉冲数与粉尘浓度呈正比的关系便能测定空气中粉尘的浓度。

$$c = K(R - B)$$

式中,c 为空气中 PM_{10} 质量浓度,mg/m^3,采样头装有粒子切割器;R 为仪器测定颗粒物的测定值——电脉冲数(R = 累计读数/t,即 R 是仪器平均每分钟产生的电脉冲数,t 为设定的采样时间,min);B 为仪器基底值(仪器检查记录值),又称暗计数,即无粉尘的空气通过时仪器的测定值,相当于由暗电流产生的电脉冲数;K 为颗粒物质量浓度与电脉冲数之间的转换系数。

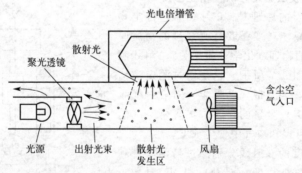

图 9.8　光散射法测尘仪检测原理示意图

当被测颗粒物质量浓度相同,而粒径、颜色不同时,颗粒物对光的散射程度也不相同,仪器测定的结果也就不同。因此,在某一特定的采样环境中采样时,必须先将重量法与光散射法所用的仪器相结合,测定计算出 K 值。这相当于用重量法对仪器进行校正。光散射法仪器出厂时给出的 K 值是仪器出厂前厂方用标准粒子校正后的 K 值,该值只表明同一型号的仪器 K 值相同,仪器的灵敏度一致,不是实际测定样品时可用的 K 值。

实际工作中 K 值的测定方法是:在采样点将重量法、光散射法测定所用相同采样器的采样口放在采样点的相同高度和同一方向,同时采样 10min 以上,根据下式,用两种仪器所得结果或读数计算 K 值。

$$K = \frac{C}{R-B}$$

式中，C 为重量法测定 PM_{10} 的质量浓度值，mg/m^3；R 为光散射法所用仪器的测量值，电脉冲数。

例如，用滤膜重量法测得某现场颗粒物质量浓度 $C=1.5mg/m^3$，用 P-5 型光散射法仪器同时采样测定，仪器读数为 1260（电脉冲数），已知采样时间为 10min，$B=3$（电脉冲数），则：

$$R=1260\div10=126（电脉冲数）$$
$$K=1.5\div(126-3)=0.012$$

有时，可能由于颗粒物诸多性质不同，在同一环境中反复测定的转换系数 K 值也有差异，这主要是由粉尘颗粒的性质随机发生变化，及仪器显示值本身的随机误差造成的。因此，应该取多次测定 K 值的平均值作为该特定环境中的 K 值。只要环境条件不变，该 K 值就可用于以后的测定计算。产生粉尘的环境条件及物料变化时，要重新测定 K 值。

粉尘的仪器测定法中还有石英晶体差频粉尘测定仪法。

9.5 工作场所空气中粉尘分散度测定

粉尘分散度是指各粒径区间的粉尘数量或质量分布的百分比。根据分散度可以反映场所粉尘危害的大小。粉尘分散度的国家标准测定方法是滤膜溶解涂片法，此外还有粉尘分散度的动态光散射仪检测法，本节仅对标准方法进行介绍。

滤膜溶解涂片法又简称滤膜法。其原理是把采样后的过氯乙烯滤膜溶解于有机溶剂中，形成粉尘粒子的混悬液，制成标本，在显微镜下测量和计数粉尘的大小及数量，计算不同大小粉尘颗粒的百分比。

检测所用仪器及有机溶剂：25mL 瓷坩埚或烧杯；载物玻片，75mm×25mm×1mm；显微镜；目镜测微尺；物镜测微尺，它是一标准尺度，其总长为 1mm，分为 100 等分刻度，每一分度值为 0.01mm，即 $10\mu m$；乙酸丁酯，化学纯。使用前，所用仪器必须擦洗干净。

将采集粉尘后的过氯乙烯纤维滤膜放在洁净干燥的瓷坩埚或小烧杯中，用吸管加入 1～2mL 乙酸丁酯，再用玻璃棒轻轻地充分搅拌，制成均匀的粉尘混悬液，立即用滴管吸取一滴，滴于载物玻片上，用另一载物玻片成 45°角推片，制成标本，贴上标签、编号，注明采样地点及日期。如不能即时检测，应把制好的标本保存在玻璃平皿中，避免外界粉尘的污染。测定时，先对目镜测微尺进行标定。

分散度的测定方法：取下物镜测微尺，将粉尘标本放在载物台上，先用低倍镜找到粉尘粒子，然后用 400～600 倍观察（倍数与标定时相同）。用目镜测微尺依次测量粉尘颗粒的大小。测量时移动标本（即移动载物台），使粉尘粒子依次进入

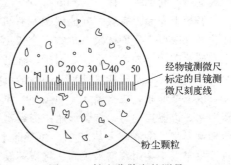

图 9.9 粉尘分散度的测量

目镜测微尺范围，遇长径量长径，遇短径量短径（图 9.9）。每个样本至少测量 200 个尘粒，

并计算出各粒径段尘粒数的百分数。

石英的主要成分是游离二氧化硅，游离二氧化硅是二氧化硅结晶体，不包括以硅酸盐形式存在的硅化合物，是地壳的主要成分之一。粉尘中的游离二氧化硅是致硅肺病的物质，因此需要进行测定。在现行的粉尘游离二氧化硅标准检测方法中，包括焦磷酸重量法、红外光谱法、X 射线衍射法 3 种方法，非标准方法还有碱熔钼蓝比色法和氟硼酸重量法。本节只介绍焦磷酸重量法。

（1）焦磷酸重量法的原理

粉尘中的金属氧化物、硅酸盐能溶解于加热到 245～250℃的焦磷酸中，而石英（即游离二氧化硅）几乎不溶，形成溶解残渣，以重量法测定粉尘中游离二氧化硅的含量。

（2）检测所需仪器、物品和化学试剂

仪器和物品：采样器；恒温干燥箱；干燥器，内盛变色硅胶；分析天平，感量为 0.1mg；锥形瓶，50mL；可调电炉；高温电炉；瓷坩埚或铝坩埚，25mL，带盖；坩埚钳或铂尖坩埚钳；量筒，25mL；烧杯，200～400mL 玛瑙研钵；慢速定量滤纸；玻璃漏斗及其架子；温度计，0～360℃。

化学试剂：焦磷酸，将 85%（质量分数）的磷酸加热到沸腾，至 250℃不冒泡为止，放冷，贮存于试剂瓶中；氢氟酸，40%；硝酸铵；盐酸溶液，0.1mol/L。所有试剂均为分析纯。

（3）采样

本法需要的粉尘样品量一般应大于 0.1g，可用直径 75mm 滤膜大流量采集空气中的粉尘，也可在采样点采集呼吸带高度的新鲜沉降尘，并记录采样方法和样品来源。

（4）测定步骤

将采集的粉尘样品放在 105℃±3℃烘箱中烘干 2h，稍冷，贮于干燥器中备用。如粉尘粒子较大，需用玛瑙研钵研细到手捻有滑感为止。

准确称取 0.1000～0.2000g（G）粉尘样品于 25mL 锥形瓶中，加入 15mL 焦磷酸搅拌，使样品全部湿润。将锥形瓶放在可调电炉上，迅速加热到 245～250℃，同时用带有温度计的玻璃棒不断搅拌，保持 15min。

若粉尘样品含有煤、其他碳素及有机物，应放在瓷坩埚或铂坩埚中，在 800～900℃下灰化 30min 以上，使碳及有机物完全灰化。取出冷却后，将残渣用焦磷酸洗入锥形瓶中。若含有硫化矿物（如黄铁矿、黄铜矿、辉铜矿等），应加数毫克结晶硝酸铵于锥形瓶中，再按照上一步骤加焦磷酸加热处理。硝酸盐可将硫化物氧化成硫酸盐，防止形成硫化物沉淀。

取下锥形瓶，在室温下冷却至 40～50℃，加 50～80℃的蒸馏水约至 40～45mL，一边加蒸馏水一边搅拌均匀。将锥形瓶中内容物小心转移入烧杯，并用热蒸馏水冲洗温度计、玻璃棒和锥形瓶，洗液倒入烧杯中，加蒸馏水约至 150～200mL。取慢速定量滤纸折叠成漏斗状，放于漏斗并用蒸馏水湿润。将烧杯放在电炉上煮沸内容物，稍静置，待混悬物略沉降，趁热过滤，滤液不超过滤纸的 2/3 处。过滤后，用 0.1mol 盐酸洗涤烧杯，并移入漏斗中，将滤纸上的沉渣冲洗 3～5 次，再用热蒸馏水洗至无酸性反应为止（用 pH 试纸试验）。如用铂坩埚时，要洗至无磷酸根反应后再洗 3 次。上述过程应在当天完成。

将有沉渣的滤纸折叠数次，放入已称至恒量（m_1）的瓷坩埚中，在电炉上干燥、炭化，炭化时要加盖并留一小缝，让烟逸出。然后放入高温电炉内，在 800～900℃灰化 30min。取出，室温下稍冷后，放入干燥器中冷却 1h，在分析天平上称至恒量（m_2），并记录。

（5）粉尘中游离二氧化硅含量的计算

按下式计算粉尘中游离二氧化硅的含量。

$$c_{SiO_2} = \frac{m_2 - m_1}{G}$$

式中，c_{SiO_2} 为游离二氧化硅含量，%；m_1 为坩埚质量，g；m_2 为坩埚加沉渣质量，g；G 为粉尘样品质量，g。

（6）焦磷酸难溶物质的处理

若粉尘中含有焦磷酸难溶的物质时，如碳化硅、绿柱石、电气石、黄玉等含硅物质，需用氢氟酸在铂坩埚中处理，将硅转化成气体四氟化硅（SiF_4）。方法如下：将带有沉渣的滤纸放入铂坩埚内，灼烧至恒量（m_2），然后加入数滴 9mol/L 硫酸溶液，使沉渣全部湿润。在通风柜内加入 5～10mL 40%氢氟酸，稍加热，使沉渣中游离二氧化硅溶解，继续加热至不冒白烟为止（要防止沸腾）。再于 900℃下灼烧，称至恒量（m_3）。氢氟酸处理后游离二氧化硅含量按下式计算。

$$c_{SiO_2} = \frac{m_2 - m_3}{G}$$

式中，c_{SiO_2} 为游离二氧化硅含量，%；m_2 为氢氟酸处理前坩埚加沉渣（游离二氧化硅和焦磷酸难溶的物质）质量，g；m_3 为氢氟酸处理后坩埚加沉渣（焦磷酸难溶的物质）质量，g；G 为粉尘样品质量，g。

（7）注意事项

① 焦磷酸溶解硅酸盐时温度不得超过 250℃，否则容易形成胶状物。温度低、时间短时，硅酸盐等化合物溶解不彻底，可能残留在二氧化硅中，使测定结果偏高；时间过长时，已溶解的硅酸盐可能脱水形成胶体。

② 酸与水混合时应缓慢并充分搅拌，避免形成胶状。

③ 样品中含有碳酸盐时，遇酸产生气泡，宜缓慢加热，以免样品溅失。

④ 用氢氟酸处理时，必须在通风柜内操作，注意防止污染皮肤和吸入氢氟酸蒸气。

⑤ 用铂坩埚处理样品时，过滤沉渣必须洗至无磷酸根反应，否则会损坏铂坩埚。

用热蒸馏水洗涤残渣时，检验磷酸根是否被洗涤完全可用下述方法配制。pH=4.1 的乙酸盐缓冲液（把 0.025mol/L 乙酸钠溶液与 0.1mol/L 乙酸溶液等体积混合）、1%抗坏血酸溶液（于 4℃保存）和钼酸铵溶液（取 2.5g 钼酸铵溶于 100mL 的 0.025mol/L 硫酸中，因溶液稳定性差，最好临用时配制）。检验时分别将 1%抗坏血酸溶液和钼酸铵溶液用乙酸盐缓冲液各稀释 10 倍。取 1mL 洗涤滤液加上述溶液各 4.5mL 混匀，放置 20min，如有磷酸根离子则显蓝色。其原理是：磷酸和钼酸氨形成的磷钼杂多酸，在 pH=4.1 时被抗坏血酸还原后显蓝色。

9.7 粉尘浓度在线检测

无论是防止粉尘危害工人健康，避免尘肺病，还是防止发生粉尘爆炸事故，在许多场所都需要对粉尘浓度进行实时检测，这样才能更好地掌握粉尘浓度状况，进行有效的除尘和降尘，减少由此带来的损失。粉尘采样器和直读式测尘仪还不能实现对作业场所粉尘浓度进行实时检测。利用在线的粉尘传感器和监控网络，就可以实现实时在线检测。

（1）各种在线粉尘浓度检测技术简介

国外对粉尘浓度在线检测技术研究较早，主要有电容法、β射线法、光散射法、光吸收法、摩擦电法、超声波法、微波法等粉尘浓度在线测量方法。电容法的测量原理简单，但电容测量值与浓度之间并非一一对应的线性关系，电容的测量值易受相分布及流型变化的影响，导致较大的测量误差。β射线法虽然测量准确，但需要对粉尘进行采样后对比测量，很难实现真正的粉尘浓度在线检测。超声波法、微波法测量粉尘浓度还处于试验研究阶段，市场上成型产品较少。目前市场上主要采用光散射法、光吸收法、摩擦电法进行粉尘浓度在线检测，形成的产品较多，这些产品已成功地应用于烟道粉尘浓度测量和煤矿井下粉尘浓度测量上。国内的产品主要是采用光散射原理的在线检测仪器。下面主要对光散射法、光吸收法和摩擦电法3种方法的传感器原理进行介绍。

（2）光散射法粉尘浓度传感器

在线光散射法检测传感器的检测原理与其他基于光散射的仪器相似，气流被抽动而连续流过，含尘气流可以认为是空气中散布着固体颗粒的气溶胶，当光束通过含尘空气时，会发生光的吸收和散射，从而使光在原来传播方向上的光强减弱，散射光被探测器接收并转化成电信号，散射光强度与粉尘浓度成正比，传感器的光信号也与粉尘浓度成正比，经过换算而实现粉尘浓度的测量，其结构原理如图9.10所示。

采用光散射法测量空气中的粉尘浓度，具有快速、简便、连续测量的特点。

采用光散射原理的粉尘浓度传感器中有抽风机和其他耗电部分，因此工作电流较大，达250mA，在矿井中使用时，一般距地面监控系统在2000m以上，线路损耗电压较大，而监控站提供的电流有限。如果能降低传感器工作电流，则有利于正常使用。

在矿井或其他高粉尘场所，粉尘的沾污将使光学系统透光性降低，导致零点漂移严重，虽然定时清洁有效，但维护工作量较大。

因此，传感器的优化设计是解决问题的根本措施。

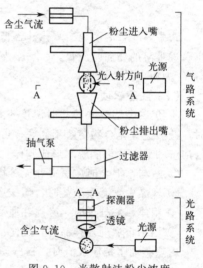

图9.10　光散射法粉尘浓度
传感器结构原理示意图

（3）光吸收法粉尘浓度传感器

当光线穿过含粉尘空气时，发生散射和吸收作用，在光路方向上光强度减弱，透过光被接收并转化成电信号，这个过程类似于分光光度法的吸收过程，在一定的粉尘浓度范围内，透过部分的光强与入射光强之间符合朗伯-比尔定律。光吸收法粉尘浓度传感器以朗伯-比尔定律为基础，通过测量入射光强与出射光强，经过计算得到粉尘浓度，其原理如图9.11所示。该法具有在高粉尘浓度情况下测量准确的特点。由于光吸收法粉尘浓度传感器只有在高浓度时，即在8000～15000mg/m³内测量较为准确，在低粉尘浓度范围内，测量精度差，并且光学系统易受污染，需要经常维护，因此该类传感器大多应用于烟道粉尘浓度监测，在煤矿井下使用该类仪器较少。

（4）摩擦电法粉尘浓度传感器

摩擦电法测量粉尘浓度是近些年来国际上受重视的一种粉尘浓度在线测量方法。该方法

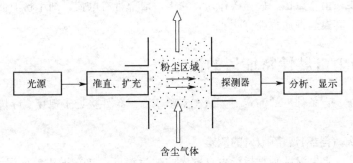

图 9.11　光吸收法粉尘浓度检测仪原理示意图

对运动的颗粒与插入流场的金属电极之间由于碰撞、摩擦产生的等量的符号相反的静电荷进行测量，来考察与粉尘浓度的关系，其原理如图 9.12 所示。其特点是灵敏度高、结构简单、免维护。摩擦电法测量粉尘浓度技术较新，国内研究较少，国外主要集中在美国、澳大利亚、芬兰等少数国家，其主要应用在布袋除尘器泄漏检测上，但该方法受风速、粉尘颗粒粒径、磁场、粉尘性质等因素影响较大，要达到准确的测量，必须找出风速、粉尘粒径、磁场等因素的影响。

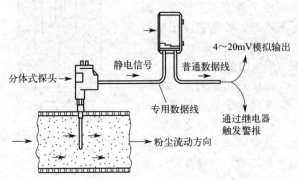

图 9.12　摩擦电法粉尘浓度检测仪原理示意图

9.8　粉尘可燃性和爆炸性的测定

　　粉尘爆炸是指悬浮于空气中的可燃性（或还原性）粉尘的爆炸。最常见的粉尘爆炸是煤尘爆炸。机械化的面粉厂、制糖厂、纺织厂以及铝、镁、碳化钙等生产场所悬浮于空气中的细微粉尘都有极大的爆炸危险性。避免粉尘爆炸的根本方法是防止或减少粉尘扩散、有效的通风除尘。

　　粉尘爆炸必须具备 3 个条件：粉尘浓度在爆炸极限之内、有氧化性气体（通常是氧气）和点燃源。碳氢化合物的单位重量燃烧热大致相等，其爆炸下限约在 $45\sim50\mathrm{g/m}$，爆炸上限一般都比较高，实际情况下很难达到。粉尘的爆炸性与其颗粒大小有关，颗粒越细，单位重量的粉尘表面积越大，吸附的氧就越多，发火点和爆炸下限也越低。颗粒越细越容易带上静电。细小粉尘的爆炸危险性还与其物理化学性质有关，粉尘物质的燃烧热越大，则其粉尘的爆炸危险性越大；越易被氧化的物质，其粉尘越易爆炸；易带静电的粉尘易引起爆炸。在产生粉尘的过程中，由于摩擦、碰撞等作用，粉尘一般都带有电荷，细小粉尘带电后其物理性质将发生改变，其爆炸性质也会变化。

9.8.1 粉尘可燃性特征值的测定

特征值是在一定条件下的测定值，只有实验室测试条件接近于现场实际情况时，测定数据才接近实际。

（1）自发火（自燃）温度（t_z）的测定

自发火温度（自燃温度）是指产生自发火的初始温度。通常采用温度记录法进行测定。图 9.13 是按差分温度记录法测定 t_z 的实验装置。

首先将盛有试验粉尘及惰性物质的坩埚 4 和 3 连同插入其中的热电偶一起置于反应管 5 中，用支撑管固定于竖炉 2 内。用双坐标自动电位计平行记录热电偶的指示值。将一定组成的混合气送入反应管中，由气体分析器测定指示氧浓度。在不同氧浓度下重复进行试验，测出粉尘发火时的最低氧浓度。根据温度记录图上的拐点，确定粉尘自发燃烧的开始点。

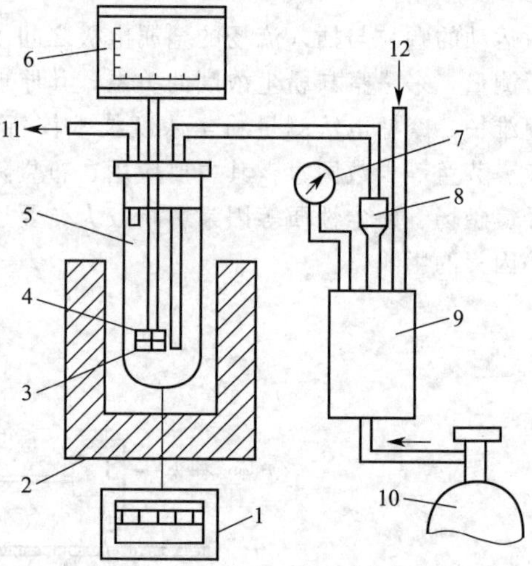

（2）被发火温度（点火温度）的测定

被发火温度（点火温度）指引起发火的热源的最低温度。将粉尘试样置于热金属传热板上，利用热金属棒作为点火源。使热金属棒与粉尘表面接触，粉尘的温度用插入其中的热电偶测量。用电位计记录其读数，在温度记录图上，温度上升的跃点即为点火温度。

图 9.13 测定自发火温度的装置图
1—电位计；2—竖炉；3—盛有标准物质的坩埚；4—盛有试验粉末的坩埚；5—反应管；6—双坐标电位计；7—压力计；8—流量计；9—集气包；10—气体瓶；11—氧气体分析仪；12—压缩空气

（3）阴燃温度（t_y）的测定

阴燃温度是指由于加热产生阴燃时粉尘的最低温度。阴燃温度是自加热温度不高（600～700℃）的粉尘特性指标，这种粉尘燃烧时不起火焰或者自发火温度相当高。测定时先将粉尘以一定厚度均匀铺撒在加热板上，加热板是敞开的，以使空气自由流通和产生强烈的热交换，用电位计记录阴燃温度。

煤粉的最低阴燃温度是 125℃，黄铁矿粉为 150℃，菱铁矿粉为 500℃。

（4）爆燃温度（t_b）的测定

爆燃温度是指可燃物质在试验条件下，其表面上方形成能由点火源产生的爆炸蒸气及与空气的混合物，但形成速度还不足以产生后继燃烧的最低温度。

对于固态熔融状有机物质，例如石油沥青、焦油沥青等需要测定爆燃温度。按其数值对生产工艺、厂房、设备发生火灾及爆炸的危险性的大小进行分级。

测定时，先将试样以 14～17℃/min 的速度进行加热，然后降低其加热速度，即在温度到达 t_b 之前的最后 28℃，把加热速度降为 5～6℃/min，开始测定 t_b。此时把煤气烧嘴的火焰在试样表面上方不断移动 1～1.5cm/s。温度每上升 2℃重复进行一次测试。

测定 t_b 以后继续以 5～6℃/min 的速度加热试样，其温度提高到发火温度。由于煤气烧嘴的火焰而使物质发火，移开烧嘴的火焰使其继续燃烧不少于 5s 的时间，这当中的最低温度为发火温度。

9.8.2　粉尘爆炸性特性参数的测定

粉尘爆炸特性一般在粉尘云发生装置内测定。粉尘云发生装置可行的关键是能否造成均匀的粉尘云。粉尘爆炸特性试验装置，大致由以下几部分构成：喷粉系统、测量发火温度系统、测量爆炸压力及压力增长速度系统、观察发火过程及火焰扩散过程窗口。

可采用 20L 爆炸球形实验装置完成爆炸参数的测量。

① 爆炸下限。爆炸下限的测试应该从一个可爆炸的粉尘浓度开始实验，然后逐渐降低该浓度值，直至无爆炸发生为止。为确保无爆炸的发生，需在该浓度值上重复三次以上试验。采用的点火能量约为 2kJ。关于是否爆炸的判据，国际上尚无定论。根据 20L 爆炸球创始人 R. Siwek 的观点，以比单纯点火头爆炸超压大 0.5bar❶ 为爆炸判据。

② 最大爆炸压力和最大爆炸压力上升速率及爆炸指数。最大爆炸压力 p_{max} 和最大爆炸压力上升速率 $\left(\dfrac{\mathrm{d}p}{\mathrm{d}t}\right)_{max}$ 可以从压力-时间曲线上判定。测试粉尘浓度应该在一广泛范围内变化，直到 p_{max} 和 $\left(\dfrac{\mathrm{d}p}{\mathrm{d}t}\right)_{max}$ 均无增加为止。一般，p_{max} 和 $\left(\dfrac{\mathrm{d}p}{\mathrm{d}t}\right)_{max}$ 不出现在同一粉尘浓度值上。

③ 极限氧浓度。可燃粉尘云中氧浓度低于一定值时不会发生爆炸。实验时，逐步降低 20L 爆炸球内的氧气浓度，并调整粉尘浓度值直到不爆炸为止，此值即为极限氧气浓度。

（1）测试方法

测试装置结构及工作原理如图 9.14 所示，由爆炸容器、粉尘分散装置、控制系统和压力测试系统组成。预先将 20L 球形装置内部抽至一定的真空度，用 2MPa（绝对压力）的高压空气将贮粉罐内的可燃粉尘经气粉两相阀和分散阀分散，使得容器内初始压力恰好为 1atm❷。然后用化学点火装置点火引爆气粉混合物。通过安装在容器壁内的压力传感器记录压力-时间曲线。通过对压力-时间曲线分析，可以得到实验的最大爆炸压力 p_{max} 和最大爆炸压力上升速率 $\left(\dfrac{\mathrm{d}p}{\mathrm{d}t}\right)_{max}$。

装置主体为不锈钢双层夹套球形容器，如图 9.15 所示。容器盖附近有安全限位开关，只有当容器盖位于锁定位置时，控制系统才能进行进气、喷粉和点火。贮粉罐上安装有电接点压力表，只有当压力达到设定压力 2MPa（表压）时，点火按钮才能工作。容器上设有观察窗，可以观察到点火和爆炸发出的光。

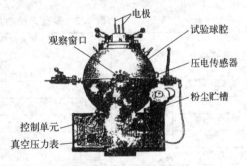

图 9.14　20L 爆炸球装置

（2）测定步骤

把粉尘试样放入粉尘容器中，用压缩空气加压到 2.0MPa。将爆炸室抽成一定真空状态，以确保爆炸室在点燃时处于大气压状态下。启动压力记录仪，打开粉尘容器的阀门，滞后点燃点火源，对爆炸压力进行记录测定。每次试验后，要用空气吹净爆炸室。

采用不同的粉尘浓度重复试验，以得到爆炸压力 p 和压力上升速率（$\mathrm{d}p/\mathrm{d}t$）。同时可得到随粉尘浓度变化的曲线，根据曲线可求得最大爆炸压力 p_{max}、最大爆炸指数 K_{max}。

---

❶ 1bar=100kPa。
❷ 1atm=101325Pa。

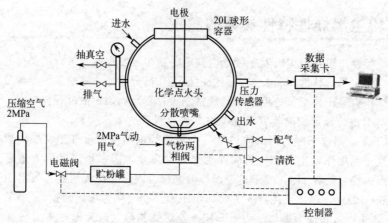

图 9.15　20L 爆炸测试系统示意图

爆炸下限浓度 C_{min} 需通过一定范围不同浓度粉尘的爆炸试验来确定。初次试验时按 $10g/m^3$ 的整数倍确定试验粉尘浓度，如测得的爆炸压力等于或大于 $0.15MPa$ 表压，则以 $10g/m^3$ 的级差减小粉尘浓度继续试验，直至连续 3 次同样试验所测压力值均小于 $0.15MPa$。如测得的爆炸压力小于 $0.15MPa$ 表压，则以 $10g/m^3$ 的整数倍增加粉尘浓度试验，至压力值等于或大于 $0.15MPa$ 表压，然后，以 $10g/m^3$ 的级差减小粉尘浓度继续试验，直至连续 3 次同样试验所测压力值均小于 $0.15MPa$ 表压。所测粉尘试样爆炸下限浓度 C_{min} 则介于 C_1（3 次连续试验压力均小于 $0.15MPa$ 表压的最高粉尘浓度）和 C_2（3 次连续试验压力均等于或大于 $0.15MPa$ 表压的最低粉尘浓度）之间，即 $C_1 < C_{min} < C_2$。

当所试验的粉尘浓度超过 $100g/m^3$ 时，按 $20g/m^3$ 的级差增减试验浓度。

（3）粉尘爆炸性特征值参考值

表 9.2、表 9.3 给出了某些物料的发火及爆炸性指标，供实际工作中参考。

表 9.2　某些无机物悬浮粉尘的爆炸性特征值

物料	尘粒粒径 /μm	发火温度 /℃	发火浓度下限 /(g/m³)	爆炸时的最大压力 /kPa	压力最大增长速度 /(kPa/s)	点火的最小能量 /MJ	氮气中爆炸安全极限含氧量/%
铝粉	<20	540	45	780	19700	0.047	6.5
铝珠	<50	780	50	650	8300	0.047	6.0
铝镁合金	<50	530	2	600	—	0.047	3.0
硼	<44	470	100	630	17000	60	—
青铜粉	<53	370	1000	300	9000	—	—
钒	<74	860	150	620	—	280	15.0
还原铁	<50	270①	76	280	2840	6.8	12.0
700℃温度下在氢中退火的铁粉	<50	270①	79	270	2640	—	13.0
雾化纯铁	<50	330①	103	300	5500	—	12.5
硅	<74	770	100	575	8300	21	11
镁	<74	450	10	660	—	0.025	0①
锰	<44	400	90	390	3700	180	—
硫	<74	205	10.7	360	20000	—	—
钛	<40	330	25	500	—	10	0
钍	7	270	75	350	—	5	2
钒铁	<74	440	1300	—	—	400	17②

安/全/检/测/与/监/控/技/术

物料	尘粒粒径 /μm	发火温度 /℃	发火浓度下限 /(g/m³)	爆炸时的最大压力 /kPa	压力最大增长速度 /(kPa/s)	点火的最小能量 /MJ	氮气中爆炸安全极限含氧量/%
锰铁	<50	495③	76	320	5000	—	7.8
硅铁(Si 75%)	<50	860	150	350	3500	280	15
钛铁	<50	550③	90	420	8000	—	10
锆	3~6	20	40	450	—	5	2①

① 氢气中。
② CO_2 中。
③ 沉淀层的自发火温度。

表 9.3　某些有机物粉尘的爆炸性特征值

名称	≤74μm 尘粒的质量含量	湿度 /%	灰分 /%	自发火温度 /℃	发火浓度下限 /(g/m³)
小粒粉尘取自通风系统	36	6.2	2.6	715	12.6
取自粉尘室	—	10.5	17.5	735	22.7
奶粉	87	3.8	5.6	875	7.6
木屑	—	6.4	1.5	—	12.6~25

本章小结

　　本章简要介绍了生产性粉尘的来源、分类、理化特性以及对人体的危害。

　　对于粉尘的采集，根据国家粉尘检测标准中的规定，介绍了产尘工作场所粉尘采样点设置的要求，阐述了滤料采样夹的基本结构以及各种粉尘滤膜的特性，并系统地介绍了旋风切割器、向心式切割器、撞击式切割器、水平淘洗式切割器四种粉尘预分离器的分离原理。

　　对于工作场所空气中总粉尘浓度的测定，主要介绍了滤膜质量法。对于工作场所空气中呼吸性粉尘浓度的测定，主要介绍了滤膜质量法、β射线吸收法和光散射法等。对于粉尘分散度的测定，本章中只介绍了国家标准测定方法——滤膜溶解涂片法。对于粉尘游离二氧化硅的测定，本章也只介绍了标准方法——焦磷酸重量法。对于粉尘浓度的在线检测，简要介绍了光散射法、光吸收法和摩擦电法三种传感器原理，为了解粉尘监控奠定基础。

　　最后，简述了粉尘可燃性特征值和爆炸参数的测定。

<<<< 习题与思考题 >>>>

1. 生产性粉尘分为哪几类？
2. 为什么用空气动力学直径来表征粉尘的粒度大小？简述其定义。
3. 聚氯乙烯滤膜和玻璃纤维滤膜是采集粉尘常用的滤膜，二者的特性有何区别？
4. 在采集粉尘样品时，粒子切割器的作用是什么？
5. 滤膜重量法测定总粉尘浓度和呼吸性粉尘浓度时，影响结果准确度的因素有哪些？
6. 滤膜重量法测定粉尘浓度时，采样量太少常导致相对误差增大，说明原因。
7. 何谓粉尘分散度？测定粉尘分散度的方法有哪些？
8. 测定粉尘可燃性和爆炸性特征值有何意义？

参考答案

第 10 章

振动检测

机械振动是自然界、工程技术和日常生活中普遍存在的物理现象。各种机器、仪器和设备在运行时，由诸如回转件的不平衡、负载的不均匀、结构刚度的各向异性、润滑状况的不良及间隙等原因而引起力的变化、各部件之间的碰撞和冲击，以及使用、运输和外界环境条件下能量的传递、存储和释放等都会诱发或激励机械振动。

在大多数情况下，机械振动是有害的。振动往往会破坏机器的正常工作和原有性能，振动的动载荷使机器加快失效、缩短使用寿命，甚至导致设备损坏，造成安全事故，机械振动产生的噪声，致使环境和劳动条件恶化、危害人们的健康，成为现代社会的一种公害。

随着现代工业技术的发展，对各种机械设备提出了低振动和低噪声的要求。尽管振动的理论研究已经发展到很高的水平，但是实际所遇到的振动问题非常复杂，结构中的许多参数，如阻尼系数、边界条件等要通过实验来确定。对于现成的机械结构，为改善其抗振性能，也要测量振动的强度（振级）、频谱甚至动态响应，以了解振动的状况，寻找振源，采取合理的减振措施（如隔振、吸振、阻振等）。因而振动的测试在生产和科研的许多方面占有重要的地位，振动测试大致有两方面内容。

① 振动基本参数的测量。测量振动物体上某点的位移、速度、加速度、频率和相位。其目的是了解被测对象的振动状态，评定振动量级和寻找振源，以及进行监测、识别、诊断和评估。

② 结构或部件的动态特性测量以某种激振力作用在被测件上，对其受迫振动进行测试，以便求得被测对象的振动力学参量或动态性能，如固有频率、阻尼、阻抗、响应和模态等。这类测试可分为振动环境模拟试验、机械阻抗试验和频率响应试验等。

10.1 振动的类型及其表征参数

为了研究与认识振动，进而控制振动，首先必须区分振动的不同类别。从测量的观点出发，按振动量随时间的变化规律将振动分为简谐振动、周期振动、脉冲式振动和随机振动四大类，各类振动具有不同的特点与参数。

(1) 简谐振动

很多机械在简谐干扰力之下都会产生受迫振动，这些自由振动和简谐力激励出的振动，都是简谐振动，简谐振动的振动量随时间的变化规律如图 10.1 所示。

简谐振动可用下式表达：

$$\left.\begin{aligned}
x &= A\sin(\omega t + \varphi_0) \\
\dot{x} &= \omega A\cos(\omega t + \varphi_0) = v_m\sin\left(\omega t + \varphi + \frac{\pi}{2}\right) \\
\ddot{x} &= -\omega^2 A\sin(\omega t + \varphi_0) = a_m\sin(\omega t + \varphi + \pi)
\end{aligned}\right\}$$

(10-1)

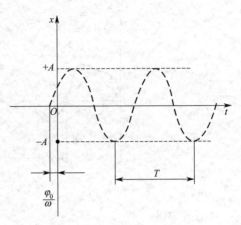

图 10.1　简谐振动波形

式中，A 为位移振幅，m 或 mm；v_m 为速度振幅，m/s 或 mm/s；a_m 为加速度振幅，m/s^2 或 mm/s^2，或 g；ω 为振动角频率，rad/s；φ_0 为初相位角，rad。

振动的一个周期 T 对应于正弦函数中的相位角增加 2π，即有

$$\omega(t+T) + \varphi_0 = (\omega t + \varphi_0) + 2\pi$$

可得

$$T = \frac{2\pi}{\omega} \tag{10-2}$$

及

$$f = \frac{\omega}{2\pi} = \frac{1}{T} \tag{10-3}$$

由式(10-1)可见，在 $t=0$ 时，有幅值

$$x_0 = A\sin\varphi_0$$

$$\dot{x}_0 = \omega A\cos\varphi_0$$

由此二式得

$$A = \left[x_0^2 + \left(\frac{\dot{x}_0}{\omega}\right)^2\right]^{\frac{1}{2}} \tag{10-4}$$

$$\varphi_0 = \arctan\left(\frac{\omega x_0}{\dot{x}_0}\right)$$

由此可知，简谐振动的位移、速度和加速度的波形和频率都为一定值，其速度和加速度的幅值与频率有关，在相位上，速度超前位移 $\pi/2$，加速度亦超前速度 $\pi/2$。对于简谐振动，只要测定出位移、速度、加速度和频率这四个参数中的任意两个，可推算出其余两个参数。

（2）周期振动

实际的机械振动，往往不是单一的简谐振动，如二滚动轴承上支承着一根轴，轴上有几只齿轮，当这一部件运转时，便会产生多个简谐振动，尽管这些简谐振动（来自轴承环、滚动体、轴、齿轮及轮齿啮合）有不同的频率和初相位，但叠加起来后仍然是有一定周期的振动，如图 10.2 所示。

对于周期振动，振幅 x 及频率 f 不能完全揭示其本质，还要通过模拟量频谱分析或数字量频谱分析，才能分清其中的各个频率以及各频率成分的多少。图 10.3 便是功率频谱图，由图可见，此周期振动共含有 f_1、f_2、f_3 及 f_4 四种频率的简谐振动，其纵坐标是功率，由图中谱线长短可知，频率为 f_2 的振动最强，频率为 f_4 的振动最弱。

当二简谐振动的频率非常接近时，合成的周期振动将出现"拍"的现象。因为有

$$x_1 = A\cos(\omega_1 t)$$

$$x_2 = A\cos(\omega_2 t)$$

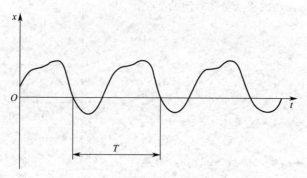

图 10.2　周期振动波形

二者叠加得

$$x = 2A\cos\left(\frac{\omega_1 - \omega_2}{2}t\right)\cos\left(\frac{\omega_1 + \omega_2}{2}t\right) \quad (10\text{-}5)$$

此时 $|\omega_1 - \omega_2| \leqslant \omega_1 + \omega_2$，因此合成的振动频率是二组成分频率的平均值，而振幅则随时间呈周期性变化，其周期可由式(10-6)求得。

$$T = \frac{4\pi}{\omega_1 - \omega_2} \quad (10\text{-}6)$$

在研究周期振动时，如果出现"拍"的波形，在做频谱分析时要求有较高的频率分辨率。实际工作中，两个或几个不相关联的周期振动混合作用时，便会产生这种振动。

图 10.3　功率频谱图

（3）脉冲式振动

瞬态振动是不具备完整周期性的振动，其时间历程往往十分短暂。在工程中，如爆炸、机械碰撞、落锤、敲击、金属加工中的断续切削等，都会发生脉冲式振动。脉冲波形如图 10.4 所示。

表征脉冲的特征量，除脉冲高度 x_{max} 外，还有脉冲持续时间，亦即脉宽 b。

实际的脉冲振动，其频谱分布于 $0 \sim f_c$ 的范围内，如图 10.5 所示。脉宽越宽，频谱分布范围越窄。

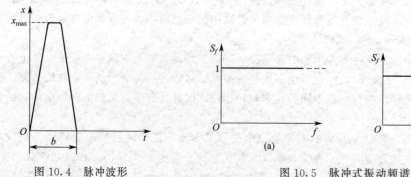

图 10.4　脉冲波形　　　　　　图 10.5　脉冲式振动频谱

由于脉冲包含着从 $0 \sim f_c$ 范围内的所有频率成分的振动，如果受到脉冲的机械、机构或零件具有在 $0 \sim f_c$ 范围内的某一固有频率，就会被激发起共振。

（4）随机振动

确定性振动系统受到随机力的激励，或者是具有随机变化特性的系统受到确定性力的激励，或者是具有随机变化特性的系统受到随机力的激励，都会产生随机振动。随机振动不仅没有确定的周期，而且振动幅值与时间之间亦无一定的联系，如图 10.6 所示。如路面不平对车辆的激励、加工工件表面几何物理状况的不均匀对工艺系统的激励、波浪对舰船的激励、大气湍流对飞行器的激励等，都会产生随机振动。

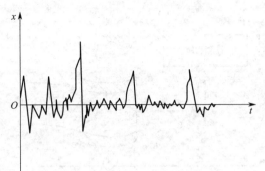

图 10.6　随机振动波形

与一般随机信号的处理一样，随机振动的统计参数通常有均值、均方值、方差、自相关函数和自功率谱密度函数等。

10.2　振动测量的基本原理和方法

物体的机械振动是指物体在其平衡位置附近周期性地往复运动。它与结构强度、工作可靠性、设备的性能有着密切的关系，特别是当结构复杂且难以从理论上正确计算时，进行振动试验和检测是研究和解决实际工程技术中不可缺少的手段。

振动检测主要是指振动的位移、速度、加速度、频率、相位等参数的测量。

10.2.1　振动测量原理

振动检测按测量原理可分为相对式与绝对式（惯性式）两类。

振动检测按测量方法可分为接触式与非接触式两类。

（1）相对式振动测量

将振动变换器安装在被测振动体之外，它的测头与被测振动体采用接触或非接触的测量，所以它测出的是被测振动体相对于参考点的振动量。

图 10.7 所示为相对式直接接触测振仪原理图，直接测量出被测振动体相对于参考点的振动量或记录振动的波形。

（2）绝对式振动测量

采用弹簧-质量系统的惯性型传感器（或拾振器），把它固定在振动体上进行测量，所以测出的是被测振动体相对于大地或惯性空间的绝对运动，工作原理如图 10.8 所示。质量块通过弹簧和阻尼器安装在传感器壳体基座上，组成单自由度振动系统。当测振时，基座随外界被测振动体而振动，引起质量块相对基座的运动，这个相对位移量 x 与振动体输入位移 y 具有一定的比例关系，这个比例关系取决于被测振动的频率 ω 及传感器本身的参数——质量块质量 m、阻尼系数 c、弹簧刚度 k。

当被测振动体和传感器基座按 $y = A\sin(\omega t)$ 规律运动时，根据单自由度系统强迫振动理论可以导出系统的运动方程。

$$m\ddot{y} + c\dot{y} + ky = \omega^2 A\sin(\omega t) \tag{10-7}$$

式中，A 为被测振动体的振幅。

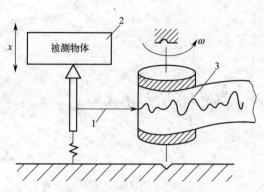
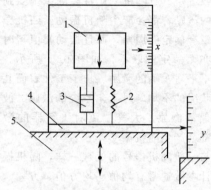

图 10.7 相对式测振仪原理
1—测量针成笔；2—施动体；
3—走动纸

图 10.8 绝对式测振仪原理
1—质量块；2—弹簧；3—阻尼器；
4—壳体机座；5—振动体

将上式除以 m，

$$\ddot{y} + \frac{c}{m}\dot{y} + \frac{k}{m}y = \frac{1}{m}\omega^2 A\sin(\omega t)$$

设 $\omega_0 = \sqrt{\dfrac{k}{m}}$ 为振动系统的固有频率，且

$$2b = \frac{c}{m}$$

得方程

$$\ddot{y} + 2b\dot{y} + \omega_0^2 y = \frac{1}{m}\omega^2 A\sin(\omega t) \tag{10-8}$$

解式(10-8) 得质量块 m 对外壳体的相对位移为

$$y = B\sin(\omega t - \varphi) \tag{10-9}$$

$$B = \frac{\eta_\omega^2 A}{\sqrt{(1-\eta_\omega^2)^2 + 4\zeta^2\eta_\omega^2}} \tag{10-10}$$

$$\varphi = \arctan\frac{2\zeta\eta_\omega}{1-\eta_\omega^2} \tag{10-11}$$

式中，B 为相对振幅；φ 为质量块 m 和输入位移量 y 间的差距；η_ω 为频率比，$\eta_\omega = \dfrac{\omega}{\omega_0}$；

ζ 为阻尼比，$\zeta = c/(2\sqrt{mk})$。

根据所选择的频率比和阻尼比 ζ 的不同，传感器将具有能反映不同振动参数的性能，即相对振幅与基本参数之间的关系。

10.2.2 振动运动量的测量

（1）测量振动位移

由式(10-10) 可以求得相对振幅与被测振幅的比值为

$$\frac{B}{A} = \frac{\eta_\omega^2}{\sqrt{(1-\eta_\omega^2)^2 + 4\zeta^2\eta_\omega^2}} = \frac{1}{\sqrt{\left(1-\dfrac{1}{\eta_\omega^2}\right)^2 + 4\zeta^2\dfrac{1}{\eta_\omega^2}}} \tag{10-12}$$

当被测振体频率比传感器的固有频率高得多（$\omega \gg \omega_0$），且阻尼比 $\zeta < 1$ 时

$$\frac{1}{\sqrt{\left(1-\frac{1}{\eta_\omega^2}\right)^2 + 4\zeta^2 \frac{1}{\eta_\omega^2}}} \approx 1 \tag{10-13}$$

即：$B \approx A$，$\varphi = \pi$（相位落后 $180°$）。图 10.9 是式（10-12）的曲线关系。

由图 10.9 可见，质量块的相对振幅近似等于被测物体的振幅，因此可以利用测试相对振幅 B 来求得被测振幅（位移）A，这就是位移检测仪的基本原理。因为

$$\omega_0 = \sqrt{\frac{k}{m}}$$，故在设计或选用位移检测仪时，应使传感器的弹性系统刚度 k 尽量小，而质量块的质量 m 尽量大。

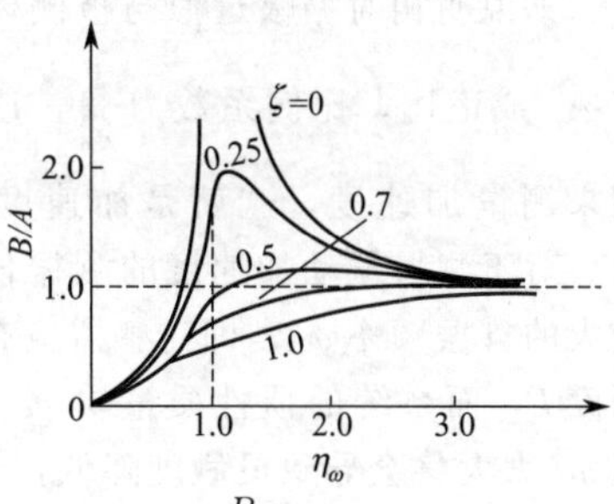

（2）测量振动速度

有两种速度计原理，分别介绍如下。

① 当 $\eta_\omega \approx 1$ 时：

$$\omega_0 = \omega = \sqrt{\frac{k}{m}}, \quad \zeta = \frac{c}{2\sqrt{mk}}, \quad 2b = \frac{c}{m}$$

图 10.9　$\dfrac{B}{A}$ 与 η_ω 的关系曲线

则

$$\frac{B}{A_v} = \frac{B}{\omega A} \approx \frac{1}{2\omega\zeta} = \frac{1}{2b} = \frac{m}{c} = 常数 \tag{10-14}$$

式中，A_v 为速度幅值，$A_v = \omega A$。

从式（10-14）进一步可得：

$$2b\frac{B}{A_v} = 2\zeta\frac{B}{A} = \frac{2\zeta\eta_\omega^2}{\sqrt{(1-\eta_\omega^2)^2 + 4\zeta^2\eta_\omega^2}} \tag{10-15}$$

式（10-15）表明相对幅值 B 与被测物体的速度幅值 A_v 近似成正比。图 10.10 曲线说明 $2b\dfrac{B}{A_v}$ 与 η_ω 之间的关系，由曲线可以看出，阻尼比 ζ 越大，可测量的范围越宽。当 $\zeta \gg 10$ 时比较理想，但使传感器灵敏度下降，并使相频特性线性度变差，所以这种速度计应用上受到影响。

② 当 $\eta_\omega \gg 1$ 时：

$$\frac{B_v}{A_v} = \frac{\omega B}{\omega A} = \frac{B}{A} \approx 1 \tag{10-16}$$

式中，B_v 为相对速度幅值。

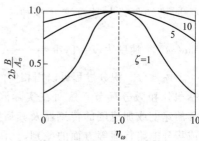

图 10.10　$2b\dfrac{B}{A_v}$ 与 η_ω 的关系曲线

式（10-16）表明，相对速度幅值 B_v 近似等于被测物体速度幅值 A_v。即测出相对速度幅值 B_v，就可得到要测的被测速度幅值 A_v，实际中用电磁感应原理很容易实现相对速度的测量，所以这种速度计应用较广。如磁电式传感器，测量振动体振动速度幅值的大小，可以通过其输出信号的大小来确定。

（3）测量振动加速度

$$\frac{B}{A_a} = \frac{B}{\omega^2 A} = \frac{1}{\omega_0^2\sqrt{(1-\eta_\omega^2)^2 + 4\zeta^2\eta_\omega^2}} \tag{10-17}$$

式中，A_a 为振动加速度的幅值。

根据式（10-17）可得图 10.11 所示曲线。

由图可见，当 $A \ll 1$ 时，

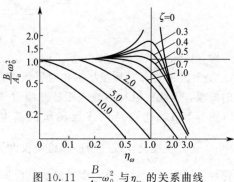

$$\frac{1}{\omega_0^2\sqrt{(1-\eta_\omega^2)^2+4\zeta^2\eta_\omega^2}}\approx\frac{1}{\omega_0^2},\ \varphi=0$$

$$\frac{B}{A_a}\approx\frac{1}{\omega_0^2}=\frac{m}{k}=\text{常数}\qquad(10\text{-}18)$$

即说明相对振幅近似与被测体的振动加速

度 A_a 成正比，比例系数为 $\frac{1}{\omega_0^2}$，这时传感器可

用来测量加速度，这就是加速度计的基本原

理。对于测量振动加速度的测振仪，它应具有

较大的自振频率 ω_0，即传感器应有较大的弹簧

刚度 k，而系统的惯性质量块 m 应尽量小些。

图 10.11　$\dfrac{B}{A_a}\omega_0^2$ 与 η_ω 的关系曲线

但 ω_0 太大将会导致灵敏度降低，从图 10.11 可见，当 $\zeta=0.7$ 时，η_ω 在很大范围内变化都

保持 $\dfrac{B}{A_a}\omega_0^2\approx1$，传感器在这段区间工作较理想。

（4）测量运动量的合理选择

由于振动位移、速度、加速度等几个参数是在振动过程中同时存在的，它们之间保持着
密切的关系。实际上，当知道一个参数随时间的变化关系以后，就可以用积分或微分的方法
求出另外两个参数的变化规律，它们之间有如下关系。

① 已知振动位移运动规律 $y=A\sin(\omega t)$，则可求出：速度为 $\dot{y}=\dfrac{\mathrm{d}y}{\mathrm{d}t}=\omega A\cos(\omega t)$，加速

度为 $\ddot{y}=\dfrac{\mathrm{d}^2y}{\mathrm{d}t^2}=-\omega^2 A\sin(\omega t)$。

② 已知振动速度变化规律 $\dot{y}=A_v\sin(\omega t)$，则可求出：位移为 $y=\displaystyle\int\dot{y}\mathrm{d}t=-\dfrac{1}{\omega}A_v\cos(\omega t)$，

加速度为 $\ddot{y}=\dfrac{\mathrm{d}\dot{y}}{\mathrm{d}t}=\omega A_v\cos(\omega t)$。

③ 已知振动加速度变化规律 $\ddot{y}=A_a\sin(\omega t)$，则可求出：位移为 $y=\displaystyle\iint\ddot{y}\mathrm{d}t^2=-\dfrac{1}{\omega}$

$A_a\sin(\omega t)$，速度为 $y=\displaystyle\int\ddot{y}\mathrm{d}t=-\dfrac{1}{\omega}A_a\cos(\omega t)$。

上述微分、积分过程可以用相应的微分、积分电路来实现，因此在一般测振系统中大都
包括积分和微分环节。然而在实际测量工作中，
位移的速度或加速度的传感器及其后续仪表、微
分或积分电路特性等方面的差别，引起的误差是
不同的，究竟测量什么运动量，应该加以深思熟
虑，反复比较优缺点，方能得出结论。

除了传感器及仪器差别外，由于三者在幅值
上存在如下关系：

$$\dot{y}_{\max}=\omega y_{\max}=2\pi f y_{\max}$$

$$\ddot{y}_{\max}=\omega\dot{y}_{\max}=\omega^2 y_{\max}=4\pi^2 f^2 y_{\max}$$

所以，选用什么运动量，还与频率的大小有
关。一般来说，在频率较低时，加速度数值不大，
宜测量位移；而频率较高时，加速度数值很大，宜测量加速度；在中等频率时，则宜测量速
度。图 10.12 是考虑三类传感器特性和后续仪表的现状推荐选用运动量的范围。

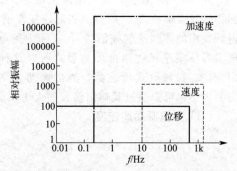

图 10.12　测量振动运动量参考范围

安/全/检/测/与/监/控/技/术

10.3 拾振器

拾振器即测振传感器，是将振动量变换成相应电信号的装置。拾振器既具有一般传感器的共性，又必须具有或满足振动测试的个性要求。根据参考坐标的不同，拾振器分为相对式拾振器与绝对式拾振器两类。相对式拾振器所测出的是被测物体相对于某一参考"静止"坐标物体的振动，绝对式拾振器所测的则是绝对量，又称惯性式拾振器。在振动测试中，最常用的是压电式加速度传感器和磁电式速度传感器，它们都是惯性式拾振器。

10.3.1 压电式加速度计

压电式加速度计是利用压电效应，将与相对位移成正比的弹性力转换成电信号输出的惯性式加速度计。

（1）结构与工作原理

常见的压电式加速度计结构如图 10.13 所示。

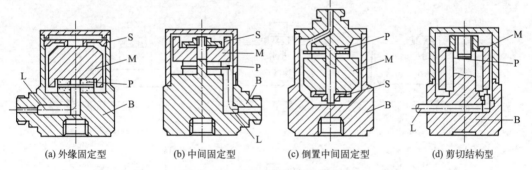

(a) 外缘固定型　　(b) 中间固定型　　(c) 倒置中间固定型　　(d) 剪切结构型

图 10.13　压电式加速度计的结构

S—压紧弹簧；M—质量块；P—压电片；B—基座；L—引出线

质量、弹簧、基座（空气阻尼）构成一个惯性系统。工作时，加速度计安装在被测件上，与被测件一起振动。惯性系统将被测件所承受的加速度变换成质量块与壳体之间的相对位移，由于支承弹簧的作用，质量块产生的弹性力作用于压电晶体片，使之产生电荷输出。输出的电荷正比于弹性力，而弹性力则正比于质量块的相对位移，因而当该系统的固有频率 $\omega_n \gg$ 被测频率 ω 时，其输出的电荷量与壳体的绝对加速度成正比。

图 10.13(a)、(b)、(c)、(d) 给出了压电式加速度计的几种不同的结构形式。其中图 (a)、(b)、(c) 是受压型的压电式加速度计，图 (d) 为剪切式结构。图中压电片 P 处于壳体（基座）B 和质量块 M 之间，并用强弹簧（或预紧螺母）S 将质量块、压电片紧压在壳体上。外缘固定型具有结构简单、工作可靠、频率响应宽和灵敏度高等优点，但由于弹簧片的外缘固定在壳体上，因此，对压电片的预紧力是通过壳体施加上去的，这样外界条件的变化（如温度、噪声等）就会影响到对压电片的预紧力，从而使干扰信号附加到压电元件上，造成测量误差。中间固定型的质量块、压电片和弹簧片都安装在中心架上，质量-弹簧系统与壳体不直接接触，这样有效地克服了外缘固定型的缺点。倒置中间固定型的中心架不直接固

定在基座上，这样可避免基座变形所造成的影响，由于此时的壳体已等效成为弹簧的一部分，故它的固有频率比较低。剪切结构型是将一个圆柱形质量块和一个圆柱形压电元件粘接在中心架上，当传感器沿轴向振动时，压电元件受到剪切应力，可认为这种传感器本质上也是进行力的测量。压电式加速度传感器按不同需要做成不同灵敏度、不同量程和不同大小，形成系列产品。压电式加速度传感器的工作频率范围广，理论上其低端从直流开始，而高端截止频率取决于结构的连接刚度，一般为数十赫兹到数兆赫兹的量纲，这使它广泛应用于各种领域的测量。

（2）主要特性参数

① 灵敏度。压电式加速度计的灵敏度可以用电压灵敏度和电荷灵敏度表示，前者是加速度计输出电压与承受加速度之比（mV/g），后者是输出电荷与承受加速度之比（pC/g）。一般以 g 作为加速度单位（$1g = 9.807 m/s^2$）。压电式加速度计的电压灵敏度在 $2 \sim 10^4 mV/g$ 之间，电荷灵敏度在 $1 \sim 10^4 pC/g$ 之间。

对给定的压电材料而言，灵敏度随质量块的增加而增加，但质量块的增加会造成加速度计的尺寸增大，也使固有频率降低。

② 安装方法与上限频率。加速度计使用上限频率受它第一阶共振频率的限制，对于小阻尼（$\zeta = 0.1$）的加速度计，上限频率取为第一阶共振频率的 $1/3$，便可保证幅值误差低于 12%，若取为第一阶共振频率的 5 倍，则可保证幅值误差小于 6%。但在实际使用中，上限频率还与加速度计固定在试件上的刚度有关。常用的固定加速度计的方法及各种固定方法对加速度计的幅频特性的影响如图 10.14 所示。

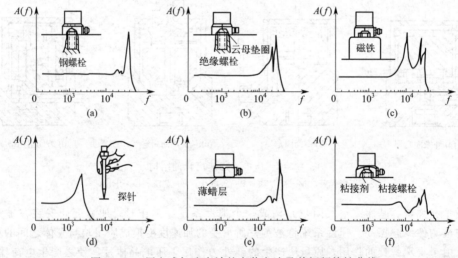

图 10.14 压电式加速度计的安装方法及其幅频特性曲线

应该综合考虑两者对上限额率的影响，当无法确认加速度计完全刚性固定于被测件的情况时，第一阶共振频率应取决于加速度计固定在被测件上的方法。

③ 前置放大与下限频率。压电式加速度计作为一种压电式传感器，其前置放大器可以分成两类：电压放大器和电荷放大器。电压放大器是一种等输入阻抗的比例放大器，其电路比较简单，但输出受连接电缆电容的影响，适用于一般振动测量。电荷放大器以电容作负反馈，使用中基本上不受电缆电容的影响，精度较高，但价格比较贵。

从压电式加速度计的力学模型看，它具有低通特性，应可测量频率极低的振动。但实际上，由于低频大振幅时加速度非常小，传感器灵敏度有限，因而输出信号将很微弱，信噪比很差。另外由于电荷的泄漏、积分电路的漂移（在测量速度与位移时），器件的噪声漂移不可避免。所以实际低频段的截止频率不小于 $0.1\sim1\,\text{Hz}$ 左右。

④ 横向灵敏度。压电元件除产生有用的纵向压电效应外，还有有害的横向压电效应。横向灵敏度通常以相当于轴向灵敏度的百分数来表示，一个好的加速度传感器，其横向灵敏度应低于 5%。往往在加速度计上用小红点标出最小横向灵敏度方向，以供在使用安装时尽可能地避免横向振动的影响。

⑤ 动态范围。动态范围的下限取决于测量系统总噪声的大小。前置放大器是噪声的主要来源。因此，动态范围下限主要取决于前置放大器的质量。

动态范围的上限一般取决于加速度计质量块的质量、压电元件上预加载荷的大小，以及压电元件的机械强度。小尺寸的加速度计的动态范围上限较高。

压电式加速度计一般都配用低噪声电缆，其屏蔽层与介电材料间摩擦而产生的电荷比较小。但在使用中仍应注意电缆的安放，避免电缆的弯曲、缠绕和大幅度地晃动。

⑥ 环境的影响程度。环境温度的影响、基座的变形、固定时的拧紧程度、磁场、声场和温度，都对加速度传感器的工作产生影响，其中环境温度影响最大，应该特别重视。

10.3.2 磁电式速度计

磁电式速度计是利用电磁感应原理将惯性系统中质量块与壳体的相对速度变换成输出电压信号的一种拾振器。其结构如图 10.15 所示，壳体与磁钢构成一体，并在它们之间的气隙形成磁场，芯轴、线圈和阻尼环构成惯性系统的质量块，并用两个弹簧片支承在壳体中。弹簧片在径向有很大的刚度，能可靠地保持线圈的径向位置，而轴向刚度很小，保证惯性系统具有很低的固有频率。测振时，壳体与被测物体固连在一起。承受轴向振动时，包括线圈在内的质量块与壳体发生相对运动，线圈在壳体与磁钢之间的气隙中切割磁力线，产生感应电势 e。e 的大小与相对速度成正比。当系统满足 $\omega_0 \ll \omega_n$（即 $\eta_\omega \gg 1$）时，相对速度可以看成壳体的绝对速度。所以，输出电压 e 实际上与壳体的绝对速度成正比。

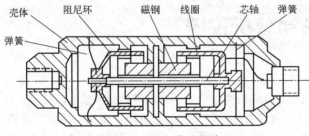

图 10.15　磁电式速度计

阻尼环一方面可以增加质量块的质量，另一方面，利用闭合铜环在磁场中运动时产生一定的阻尼作用，使系统具有较大的阻尼率。

利用电磁感应原理也可以构成相对速度拾振器，如图 10.16 所示，用来测量振动系统中两部件之间的相对振动速度。壳体固定于一部件上，而顶杆与另一部件相连接，从而使传感器内部的线圈与磁钢产生相对运动，发出相应的电动势来。

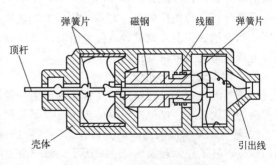

图 10.16　磁电式相对速度拾振器

10.3.3　拾振器的合理选择

在振动测量中正确合理地选择拾振器与测振仪器十分重要，选择不当往往会得出不正确的结果。主要应考虑的因素是频率特性、灵敏度和量程范围。

不同类型的拾振器频率响应不同，可测的频率范围也不同。选择速度计和位移计时要使被测振动信号中的最低频率大于 1.7～2 倍的拾振器的固有频率。在选用加速度计时，其固有频率应该是被测振动信号中最高频率的 3～5 倍。相位有要求的振动测试项目（如作虚实频谱、幅相图、振型等）还应该注意拾振器的相频特性。此外，还要注意放大器、幅值测量仪，特别是带微积分网络放大器的相频特性对测量的影响。

不能片面选用高灵敏度的仪器，如加速度计灵敏度随质量块的增大而增大，但它使拾振器的固有频率降低，这意味着使用上限频率下降。拾振器质量的增加对试件的附加质量也增加。此外，灵敏度越高，量程范围越小，抗干扰能力越差。

正弦振动的位移、速度和加速度的幅值之间是 ω 的等比级数的关系，低频振动尽管位移较大，加速度值却很小。反之，在高频振动中尽管位移很小，加速度值却很大。如频率为 1000Hz、位移为 0.001mm 的振动加速度与频率为 1Hz、位移为 1mm 的振动加速度相比，前者是后者的 1000 倍，振动速度的幅值介于这两者之间。虽然位移、速度和加速度之间可以通过微积分网络互相换算，但是我们还是应该根据对振动对象、振动性质的了解以及对干扰的估计，在位移、速度和加速度之间正确选定测试项目和仪器。通过地基传来的干扰常具有宽广的频带，但占主导地位的是低频干扰。齿轮、轴承和测量装置的噪声则主要是高频干扰。测量电路中的积分网络可以显著抑制高频干扰，却使低频干扰得到增强，微分网络则相反。综上所述，测试工作者必须对被测信号的特征和组成有所认识，才能对所获测量信号进行恰当处理。

10.4　振动分析仪器

拾振器只是将振动信号转换成电信号，对测得的振动信号以位移、速度或加速度指示它们的峰值、峰-峰值、平均值或有效值。因此它只能获得振动强度（振级）的信息，而不能获得振动其他方面的信息。根据测量目的的不同，还需将振动信号进行频谱分析，从而估计振动的根源，进行故障分析和诊断。

频谱分析仪种类比较多，有不同的分类方法。按照分析数据的特征，可以分为模拟式、数字式和模拟数字混合式三种。按分析时间可以分时序的和实时的两种。按滤波器的性质则可以分成恒带宽与恒带宽比两类。

（1）模拟式频谱分析仪

用适当的模拟式滤波器选出所需要的频率分量，是各种模拟式频谱分析仪的基础。根据滤波器的不同形式，模拟式频谱分析仪有以下几种常见形式。

① 基于带通滤波器的频谱分析仪。将信号通过带通滤波器就可以滤出滤波器带通范围内的成分，其工作原理如图 10.17 所示。将一组中心频率不同而增益相同的固定带通滤波器并联起来，组成一个覆盖着所需频率范围的频谱分析仪。所用带通滤波器一般是恒带宽比的，即中心频率和带宽的比值是一常数。

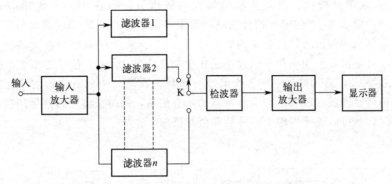

图 10.17　带通滤波器组成的频谱分析仪原理

工作时，输入信号经输入放大器放大后，送给滤波器组，依靠转换开关 K 依次得到各滤波器中心频率所对应信号，然后送入检波器获得对应于各中心频率的幅值。

这种多通道固定带通的仪器分析效率高，但仪器结构复杂。其工作方式是时序的，而且受到结构上的限制，滤波器的数量有限，因而也不可能实现窄带分析。

② 中心频率可调谐的连续扫描式频谱分析仪。与前者不同的是，这一类频谱分析仪用一个中心频率可调的滤波器代替一组不同中心频率的带通滤波器，其工作原理如图 10.18 所示。

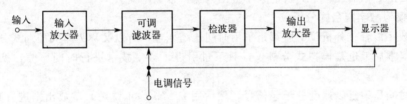

图 10.18　中心频率可调谐的连续扫描频谱分析仪工作原理

这类分析仪滤波后的频带宽度可以较窄，如 1％ 带宽，采用连续自动扫描，就可以得到连续频谱。但这类分析仪要在宽广范围内连续可调是不容易的，所以通常采用分挡改变滤波器的参数，再予以连续微调。

③ 基于并行滤波实时频谱分析仪。结构框图如图 10.19 所示。输入信号经放大后，同时送给各个并联的滤波器及检波器，检波后又同时送到显示荧光屏上。与前面两种分析仪不同，它能够快速获得频谱，因而是一种实时分析仪，可以对频谱进行实时分析，但这种分析仪中要设置大量的滤波器也是困难的，因而不适用于频谱的窄带分析。

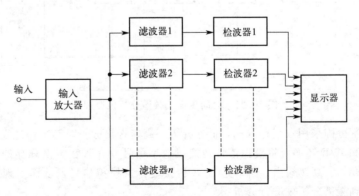

图 10.19　实时并联滤波频谱分析仪工作原理

④ 外差式频谱分析仪。按外差原理构成的频谱分析仪称为外差式频谱分析仪，如图 10.20 所示。频率为 f_x 的输入信号在混频器中与频率为 f_c 的本机振荡信号进行差额，只有当信号频率落在中频放大器的带宽内时，即 $f_x - f_c = f_i$（f_i 是中频放大器的中心频率），中频放大器才有输出，且输出信号的大小正比于频率为 f_x 的输入信号的幅度，因而连续调节本机振荡频率 f_c，输入信号中的各个频率分量将依次落入中频放大器的带宽内。中频放大器的输出信号经检波、放大后加至显示器的垂直信道，同时又将扫频信号加在显示器的水平信道，此时，就可以显示出输入信号的幅值频谱图。

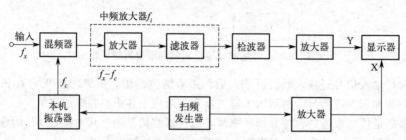

图 10.20　外差式频谱分析仪原理

这类分析仪也是时序的，不能获得实时频谱，但由于中频放大器中的滤波器中心频率和带宽是不变的，因而在整个分析的频率范围内保持带宽不变。

（2）模拟数字混合式分析仪

模拟数字混合式分析仪一般都是采用时间压缩原理，所以又称为时间压缩式分析仪。混合式分析仪本质上也是模拟式分析仪，只不过引进了数字技术进行时间压缩，提高了分析速度。

所谓时间压缩是以速度 v 记录信号，然后用 nv（n 为正整数）重放出来进行频率分析，这样，原来 1s 长度的样本记录信号，重放时被压缩为 $1/ns$ 长度的信号。时域压缩使频域扩展，即使信号带宽为 f_c 的信号重放后变为带宽为 nf_c 的信号。在保证同样频率分辨力的条件下，就可以采用比原来大 n 倍带宽的滤波器对压缩信号进行分析，从而使分析速度提高了 n 倍。图 10.21 是一种时间压缩式频谱分析仪的原理框图，它由时间压缩和频谱分析两部分构成。频谱分析部分，实质上是一台外差式频谱分析仪。

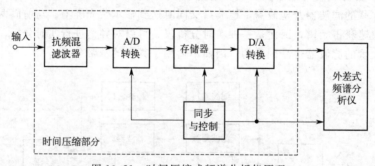

图 10.21　时间压缩式频谱分析仪原理

时间压缩部分即采用数字存取式，低速存入、高速送出分析，其工作过程如下：输入信号经抗混滤波和 A/D 转换，将模拟信号转换成数字信号并存入数字循环存储器，由这个存储器完成低速存入、高速输出，再通过 D/A 转换复原成模拟信号，从而实现时间压缩，最后将该信号送到频谱分析仪进行分析。

一般时间压缩式频谱分析仪将所研究的频率域分成 500～1000 个窄带，并在极短的时间完成所有频带的分析，进行显示，因而是一个窄带、实时分析仪。

（3）数字式频谱分析仪

数字式频谱分析仪的特点是整个分析都是数字化的，最具有代表性的是快速傅里叶变换分析仪，其原理框图如图 10.22 所示。

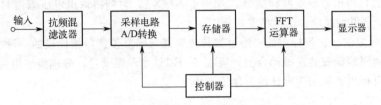

图 10.22　快速傅里叶变换频谱分析仪原理

其中抗混滤波器、采样电路、模数转换器和存储器等按一定算法生成被测信号的频谱，并显示在显示器上。

快速傅里叶频谱分析仪常常做成多通道的，这样不但可以同时分析多个信号的频谱，而且还可以测量各个信号之间的相互关系，如相关函数、互谱等。

10.5　测振仪器的校准与标定

振动测试系统一般均由测振传感器、测力传感器和有关测量仪器组成。为了确保测量精确度和试验的可靠性，在试验之前，必须准确地掌握传感器的参数及测量系统的性能。为此，需进行必要的传感器和振动测试系统的标定工作。标定的内容主要有以下三个方面。

① 确定传感器或测试系统的输出量与所受到的机械振动量（或激振力）之间的比例关系，即灵敏度标定。

② 确定灵敏度在所要求的频率范围及幅度范围内的变化规律，即频率响应检定与幅值线性检定。

③ 通过环境试验，确定可能遇到的环境条件对灵敏度的影响，即环境特性试验。

（1）传感器灵敏度标定

传感器灵敏度为其输出量（电荷或电压）与相应的机械输入量之比。加速度计的灵敏度就是输出电信号与其输入加速度信号之比。灵敏度既包含幅值也包括了相位，是个复数。加速度计的电荷灵敏度的复数形式为：

$$S_a = \frac{q}{a} = \frac{Q \mathrm{e}^{\mathrm{j}(\omega t + \varphi_2)}}{A \mathrm{e}^{\mathrm{j}(\omega t + \varphi_1)}} = S_q \mathrm{e}^{-\mathrm{j}(\varphi_1 - \varphi_2)} = S_q \mathrm{e}^{-\mathrm{j}\varphi} \tag{10-19}$$

式中，S_q 为电荷幅值灵敏度，$S_q = \dfrac{Q}{A}$，pC/g 或（$\mathrm{pC \cdot s^2}$）/m；Q 为电荷输出量幅值；A 为加速度输入量幅值；φ 为电荷量滞后角度，$\varphi = \varphi_1 - \varphi_2$。

加速度计的电压幅值灵敏度与电荷幅值灵敏度之间有以下关系式：

$$S_V = \frac{U}{A} = \frac{S_q}{C} \tag{10-20}$$

式中，S_V 为电压幅值灵敏度，mV/g 或 $\mathrm{mV \cdot s^2}$/m；U 为输出电压幅值；C 为加速度计开路电容 C_a 与连接电缆电容 C_c 之和，$C = C_a + C_c$。

传感器幅值灵敏度应用普遍。标定工作大多数是在振动台上进行的，在 200Hz 以下范围内选定某一频率，在单频振动下作标定，振动台的加速度值不大于 $10g$。灵敏度标定的常用方法有绝对标定法、比较标定法和互易法，其中互易法最精确，误差仅为 0.5%。

① 绝对标定法。对振动的基本参数——振幅和频率做精确测量，对测得的振幅 X 和频率 f 进行计算，得出振动度的标准值 $A(A=4\pi^2 f^2 X)$，再测得输出电压幅值 U 之后，就可由式(10-20)求得加速度计的幅值灵敏度。

② 比较标定法。比较标定法是通过被校传感器与标准传感器相比较的一种相对标定法。它们背靠背地同轴线安装在振动台上，接收了相同频率和振动量，分别测定出它们各自的输出电压，即可得出被测加速度计的灵敏度。

$$S_V = \frac{U}{U_标} S_标 \tag{10-21}$$

式中，$S_标$ 为标准传感器的电压幅值灵敏度；$U_标$ 为标准传感器经放大器的输出电压；S_V 为被测传感器的电压幅值灵敏度；U 为被测传感器经放大器的输出电压。

常用的比较标定法如图 10.23 所示。

先测标准加速度计这一路的输出电压，调节振动台振动量，由 $S_标$ 与电表读数得到振动台的加速度幅值 A。保持振动台振动量不变，将转换开关接到被测加速度计这一路的输出，调节此路电荷放大器面板上的"灵敏度调节"，使电压表的读数达到同一加速度的幅值 A，则此时该电荷放大器上的电荷灵敏度示值，即为被校加速度计的电荷灵敏度 S_q。

比较标定法应用最广泛，精确度较高，误差在 2% 之内，对振动台要求比绝对标定法的要求低。

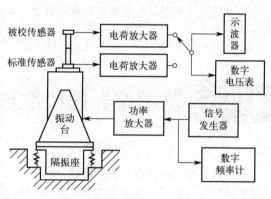

图 10.23　比较标定法

③ 互易标定法。互易标定法也属于绝对标定，它把对机械量的绝对测量转变为对电量的相对测量。无需前述昂贵的设备，也不需要标准加速度计，精确度取决于电量的测量精确度和质量的称重，所以标定精确确度很高，但比较烦琐且费时。

可逆、无源及线性的传感器，具有互易的性质。它可以等效为一个四端网络，如图 10.24 所示。根据互易定理，压电加速度计的互易关系式为

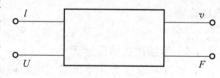

图 10.24　等效四端网络

$$\left. \begin{array}{l} U=Z_{ee}I+Z_{em}v \\ F=Z_{em}I+Z_{mm}v \end{array} \right\} \tag{10-22}$$

式中，U、I、v、F 分别表示复数的电压、电流、速度和力，各系数均为常数，由于可逆性，有 $Z_{em}=\pm Z_{me}$，称为传感器的速度灵敏度（或机电互易阻抗），Z_{ee} 为电阻抗，Z_{mm} 为机械阻抗。

当加速度计受到正弦振动时，则有

$$\left. \begin{array}{l} U=\dfrac{I}{j\omega C}+j\omega Sv \\ F=j\omega SI+j\omega mv \end{array} \right\} \tag{10-23}$$

式中，C 为加速度计电容；m 为加速度计质量；S 为加速度灵敏度。为了对两只加速度计做互易标定，需进行两个试验，测出它们灵敏度的比值和乘积后，进而求得各自的灵敏度。

第一个试验，如图 10.25(a) 所示，类似于比较法。将频谱分析仪的中心频率调在振动台频率 f 处，测得两加速度计的输出电压 U_1' 及 U_2'，则有

$$r_1 = \frac{U_1'}{U_2'} = \frac{S_1}{S_2} \tag{10-24}$$

式中，r_1 为电压比值，即灵敏度比值。

第二个试验，如图 10.25(b) 所示。用信号发生器的高阻抗输出端直接对加速度计 1 供给频率为 f 的正弦电信号，此时，加速度计 1 作激振器，而加速度计 2 仍作拾振器，其原理如图 10.25(c) 所示，注意到两者紧固在一起，故具有相同的速度 v，而该系统无外力的作用。根据式(10-23) 则得

$$\left. \begin{aligned} U_1'' &= \frac{I}{j\omega C_1} + j\omega S_1 v \\ F &= j\omega S_1 I + j\omega m_1 v \\ U_2'' &= j\omega S_2 v \\ -F &= j\omega m_2 v \end{aligned} \right\} \tag{10-25}$$

通过式(10-25) 求出

$$r_2 = \frac{U_1''}{U_2''} \approx \frac{m_1 + m_2}{S_1 S_2 C_1 \omega^2} \tag{10-26}$$

最后，由式(10-24) 及式(10-26) 解得两只加速度计各自的灵敏度。

$$\left. \begin{aligned} S_1 &= \frac{1}{\omega}\sqrt{\frac{r_1 M}{r_2 C_1}} \\ S_2 &= \frac{S_1}{r_2} \end{aligned} \right\} \tag{10-27}$$

式中，M 为两只传感器总质量，$M = m_1 + m_2$；C_1 为第一只传感器的电容。

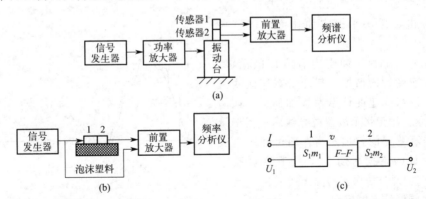

图 10.25　互易标定试验

（2）传感器的频率响应标定

传感器的频率响应（频响）是指它的灵敏度 S 随着频率 ω 变化的关系。频响标定的目的主要是确定传感器所能使用的频率范围，同时也可以检查加速度计有无异常响应。

频率响应标定应包括幅频特性和相频特性标定。但是对于压电加速度计，由于它阻尼很小，一般情况下无需进行相频特性标定。幅频特性标定通常采用正弦激励，在使输入被校传

感器振动幅值恒定的条件下，频率发生变化时，测量出被校传感器输出电压幅值的变化，就能测得灵敏度对频率的变化规律。具体标定方法有逐点比较法和连续扫频法。

① 逐点比较法。把被校加速度计与标准加速度计同轴背靠背地刚性安装在振动台台面中心，在选定的频率范围内，按对数刻度均匀地选取 7 个频率点（不得少于 7 点），以标准加速度计作参照，得出在各个频率点处的灵敏度 S_i（$i=1,2,\cdots,7$，用 dB 表示），然后以频率为横坐标，以灵敏度为纵坐标作出被测传感器的频响曲线。

进而，从测得的频响曲线计算出频响偏差，有两种不同方法：第一种方法是在响应的平坦频段上选择一频率，将此频率的灵敏度作为基准，计算其余各点与此基准点灵敏度的相对偏差；第二种方法是将响应的平坦频段上若干点的灵敏度取平均值作为基准，计算出各点的灵敏度与它的相对偏差。

② 连续扫频法。用慢速正弦扫频法对被测加速度计做频响校准，可以在整个工作频率范围内，连续地做出所有频率的响应曲线，从而检查其有无局部谐振或损坏。

校准振动台内装有一只宽频参考加速度计，由参考加速度计的输出反馈到振动激励信号源的压控输入，当频率缓慢地连续变化时，就可保持振动台的加速度幅值恒定不变。此时，被测加速度输出电压的频率响应，即成为其灵敏度的频响曲线。信号发生器与记录仪同步工作，经过一次连续扫描，记录仪画出被测加速度计的频响曲线。

（3）谐振频率标定

谐振频率标定可以确定加速度计是否按单自由度系统工作，若出现多个谐振峰，则表明此传感器不合要求，假如内部有损伤，其谐振频率就有明显的变化。

谐振频率标定分两种情况进行。

① 谐振频率小于 50kHz。采用高频振动台做正弦激励试验，慢速连续扫频可测得谐振频率。一般要求振动台的谐振频率高于被测加速度计的谐振频率，振动台振动部分的质量要比被测加速度计质量大十倍以上。

谐振频率的确定方法仍为比较法，一是与标准加速度计进行比较，则所用标准加速度计本身的谐振频率必须高于 50kHz，另一种是与振动台的输入作比较，都是将最大灵敏度所对应的频率视为谐振频率。

② 谐振频率超过 50kHz。由于频率高，需采用冲击标定法来确定加速度计的谐振频率。

用锤冲击砧座，冲击力有宽广的谐波，激励出加速度计的谐振，其冲击响应曲线由外力冲击波和加速度计谐振叠加而成，如图 10.26 所示。用记忆示波器或光线示波器记录后，根据示波器的扫描速度，即可确定出被测加速度计的谐振周期 T_n，则其谐振频率 $f_n=1/T_n$。此方法误差约为 $\pm10\%$。

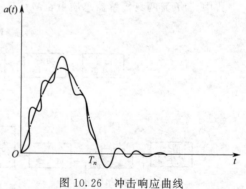

图 10.26 冲击响应曲线

（4）幅值线性度标定

在规定的动态范围内，标定传感器灵敏度在不同振动强度之下的变化，即为其幅值线性标定。具体的标定手段有冲击法与谐振梁法。

① 冲击标定法。图 10.27 为冲击标定法装置。标准加速度计与被校加速度计背靠背且同轴线地安装在落锤上，落锤以一定的高度 h_i 自由落下，与装置下端的砧座相撞，产生呈半正弦波形的脉冲。因为两只加速度计承受了相同的冲击振动，故它们的冲击电压灵敏度之比即为它们各自的输出加速度峰值之比。由此可知被校加速度计的灵敏度如下。

$$S_a = \frac{a_{\text{峰}}}{a_{\text{峰标}}} S_{\text{标}} \qquad (10\text{-}28)$$

式中，S_a 为被校加速度计的电压灵敏度；$a_{\text{峰}}$ 为被校加速度计的输出加速度峰值读数；$S_{\text{标}}$ 为标准加速度计的电压灵敏度；$a_{\text{峰标}}$ 为标准加速度计的输出加速度峰值读数。

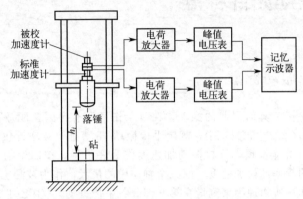

图 10.27　冲击标定法装置

传感器输出的加速度峰值可用峰值电压表读出，或用记忆示波器记录，还可用双通道瞬态信号记录仪记录。

改变落锤高度 h_i（$i=1,2,3,\cdots,n$，一般选取 $n=7\sim14$），按上述步骤，多次重复测试后，得到每个不同高度 h_i 对应的 $a_{\text{峰}i}$ 及 S_i，再利用最小二乘法计算出幅值线性度偏差。

② 幅值线性度计算。对冲击法或谐振梁法得到的实验数据，采用最小二乘的原理，计算出被校加速度的幅值线性度 r，步骤如下。

由测出的一组加速度 a_i 与灵敏度 S_i 值求出回归直线：

$$S_a = S_0 + Ka \qquad (10\text{-}29)$$

斜率 K 为：

$$K = \frac{\sum\limits_{i=1}^{n} a_i S_i - \bar{a} \sum\limits_{i=1}^{n} S_i}{\sum\limits_{i=1}^{n} a_i^2 - \bar{a} \sum\limits_{i=1}^{n} a_i} \qquad (10\text{-}30)$$

截距 S_0 为：

$$S_0 = \frac{\bar{S} \sum\limits_{i=1}^{n} a_i^2 - \bar{a} \sum\limits_{i=1}^{n} a_i S_i}{\sum\limits_{i=1}^{n} a_i^2 - \bar{a} \sum\limits_{i=1}^{n} a_i} \qquad (10\text{-}31)$$

加速度平均值 $\bar{a}$ 为：

$$\bar{a} = \frac{\sum\limits_{i=1}^{n} a_i}{n} \qquad (10\text{-}32)$$

灵敏度平均值 $\bar{S}$ 为：

$$\bar{S} = \frac{\sum\limits_{i=1}^{n} S_i}{n} \qquad (10\text{-}33)$$

式中，$i=1,2,\cdots,n$；测定次数 $n=7\sim14$。

将给定的加速度 a_i 代入回归直线方程式(10-29)，求得在该加速度 a_i 时的灵敏度 S_i，最后代入幅值线性度 r 的代算式。

10.6 振动允许标准

10.6.1 手传振动标准

对于由于使用手持工具而引起的振动，在《工作场所有害因素职业接触限值　第2部分：物理因素》（GBZ 2.2—2007）中，规定手传振动 4h 等能量频率计权振动加速度限值为 $5m/s^2$。此标准以 4h 等能量频率计权振动加速度作为评价量，按照生物力学坐标系，分别测量三个轴向振动的频率计权加速度，取三个轴向中的最大值作为被测工具或工件的手传振动值，具体见《工作场所物理因素测量　第9部分：手传振动》（GBZ/T 189.9—2007）。

考虑到一些类型动力工具的振动特性不是单一方向分量占支配地位的情况，在《机械振动　人体暴露于手传振动的测量与评价　第1部分：一般要求》（GB/T 14790.1—2009）中，是基于振动总值评价，即三个轴向频率计权加速度分量均方根平方和的方根。基于平方和的方根值评价振动暴露将比单一方向振动报告的振动暴露值要大。在三个轴向测量振动得到的振动总值可达最大轴向分量幅值的 1.7 倍（典型值为 1.2～1.5 倍）。在只能得到单轴向最大值的场合，振动总值应根据该值采用适当倍率系数进行估算。

GB/T 14790.1—2009 中，日振动暴露量采用 8h 等能量频率计权振动总值 $a_{hv(eq,8h)}$ 表示，如式（10-34）所示，为方便起见，$a_{hv(eq,8h)}$ 记为 $A(8)$。8h 参考时间可使振动暴露的评价与评价人暴露于噪声和化学物质时通常采用的时间计权平均方法相一致。8h 参考时间的使用纯粹是习惯问题，而并不意味典型的暴露时间为 8h。由 4h 等效幅值到 8h 等效幅值的转换借助倍率因子 0.7 很容易实现。

$$A(8) = a_{hv}\sqrt{\frac{T}{T_0}} \tag{10-34}$$

式中，T 为相对于振动 a_{hv} 的日暴露总时间；T_0 为 8h（28800s）的参考时间。

如果工作日由一些不同振动幅值的作业组成的总日振动暴露，则日振动暴露量 $A(8)$ 由式（10-35）得出：

$$A(8) = \sqrt{\frac{1}{T_0}\sum_{i=1}^{n} a_{hvi}^2 T_i} \tag{10-35}$$

式中，a_{hvi} 为第 i 个作业的振动总值；n 为独立的振动暴露数量。T_i 为第 i 个作业的时间。

每个作业对 $A(8)$ 的作用应分别报告。

【例 10-1】若相对于暴露时间 1h、3h 和 0.5h（在同一个工作日内）的振动总值分别为 $2m/s^2$、$3.5m/s^2$ 和 $10m/s^2$，则：

$$A(8) = \sqrt{\frac{1}{8}\left[2^2 \times 1 + 3.5^2 \times 3 + 10^2 \times 0.5\right]} = 3.4m/s^2$$

10.6.2 全身振动标准

对于全身振动，《机械振动与冲击　人体暴露于全身振动的评价　第1部分：一般要求》

（GB/T 13441.1—2007）定义了振动评价应总是包括计权均方根（r.m.s.）加速度的测量。对平移振动，计权均方根加速度用 m/s^2 表示，而对旋转振动则用 rad/s^2 表示。计权均方根加速度应按式(10-36)或其频域的等价式计算，但标准中不包括振动暴露界限。

$$a_w = \left[\frac{1}{T}\int_0^T a_w^2(t)\,\mathrm{d}t\right]^{\frac{1}{2}} \tag{10-36}$$

式中，$a_w(t)$ 作为时间函数（时间历程）的计权加速度（平移的或旋转的），m/s^2 或 rad/s^2；T 为测量时间长度，s。

本章小结

本章简要介绍了机械振动产生的极其不利影响，简述了振动测试大致包含的内容，简要介绍了振动的类型及其表征参数，解释了振动测量的基本原理，重点理解振动运动量的测量原理，包括振动位移、速度、加速度的测量，重点介绍了两种常用的拾振器——压电式加速度传感器和磁电式速度传感器，其次介绍了振动分析仪器以及拾振器的校准与标定，根据国家现行标准，明确了振动测试的标准要求。

<<<< 习题与思考题 >>>>

1. 振动检测的参数有哪些？

2. 设一振动物体做简谐振动，在频率为 15Hz 和 20kHz 时，试分别求：

① 如果它的位移幅值是 1.5mm，其加速度幅值是多少？

② 如果它的加速度幅值是 1.2g，其位移幅值是多少？

3. 简述绝对式振动测量的基本原理。

4. 具有 0.07kg 质量的传感器安装在振动物体上，若将该物体的固有频率改变 10%，试求振动物体原有质量。

5. 石英压电片加速度计的技术指标如下：工作频率范围 0～15kHz，线性测量范围 ±3000g，电荷灵敏度 50pC/g，固有频率 32kHz，横向灵敏度＜2%。

① 计算振动加速度为 210g 时的电荷输出。

② 当横向振动为 10g 时，主振动方向的附加电荷输出是多少？

参考答案

第 11 章

▶ 噪声检测 ◀

　　物体振动后，振动能在弹性介质中以波的形式向外传播，当传到人耳时能引起音响感觉的振动称为声音。引起音响感觉的振动波称为声波。受振动的物体称为声源。

　　根据物理学的观点，各种不同频率不同强度的声音杂乱地无规律地组合，波形呈无规则变化的声音称为噪声，如机器的轰鸣等。从生理学的观点来看，凡是使人厌倦的、不需要的声音都是噪声。比如对于正在睡觉或学习和思考问题的人来说，即使是音乐，也会使人感到厌烦而成为噪声。

11.1.1　噪声的产生与分类

　　在生产过程中产生的一切声音都称为生产性噪声。生产性噪声按其声音的来源可大致分为以下几种。

　　① 机械性噪声。由于机器转动、摩擦、撞击而产生的噪声。如各种车床、纺织机、凿岩机、轧钢机、球磨机等机械所发出的声音。

　　② 空气动力性噪声。由于气体体积突然发生变化引起压力突变或气体中有涡流，引起气体分子扰动而产生的噪声。如鼓风机、通风机、空气压缩机、燃气轮机等发出的声音。

　　③ 电磁性噪声。由于电机中交变力相互作用而产生的噪声。如发电机、变压器、电动机所发出的声音。

　　生产性噪声根据持续时间和出现的形态，可分为连续性噪声和间断性噪声，稳态噪声和非稳态噪声或脉冲噪声。声音持续时间小于 0.5s，间隔时间大于 1s，声压变化大于 40dB 的称为脉冲噪声，如锻锤、冲压、射击等。声压波动小于 5dB 的称为稳态噪声，如一般环境噪声，高速空调噪声，电锯、机床运转噪声等。声压变化较大的则称为非稳态噪声，如火车通过的噪声、锻造机械的噪声、铆枪的噪声等。

11.1.2　噪声对人体的危害

　　生产性噪声一般声级比较高，且多为中高频噪声，常与振动等不良因素联合作用于人体,使其危害更大。噪声对人的心理和生理健康都会造成不良的影响。其主要危害如下。

① 损伤听力。一般来说,85dB 以下的噪声不至于损伤听力,而超过 85dB 的噪声则可能给人造成暂时性或永久性的听力损伤。表 11.1 列出了在不同噪声级下长期工作时,耳聋发病率调查统计资料。从表中可看出,当噪声级超过 90dB 之后,耳聋的发病率明显增加。然而,即使是高于 90dB 的噪声,短时间内也只能给人造成暂时性的听力损害,一般休息一段时间后可逐渐恢复,因此,噪声的危害关键在于它的长期作用。

表 11.1　工作 40 年噪声性耳聋发病率统计

噪声级/dB(A)	国际统计/%	美国统计/%
80	0	0
85	10	8
90	21	18
95	29	28
100	41	40

② 干扰睡眠。在较强噪声存在的情况下,睡眠的时间和质量都会受到影响。而且,如果长期处于强噪声环境中,会引起失眠、多梦、疲乏、注意力不集中和记忆力衰退等一系列神经衰弱症状。

③ 扰乱人体正常的生理功能。噪声会引起人的紧张反应,刺激肾上腺素的分泌,从而引起心律失调和血压升高,甚至会增加心脏病的发病率。噪声还会使人的唾液、胃液分泌减少,胃酸降低,从而诱发胃溃疡和十二指肠溃疡。研究表明,吵闹环境下的溃疡发病率比安静环境中高出许多。

④ 影响儿童和胎儿的正常发育。在噪声环境下,儿童的智力发育比较缓慢。某些调查资料指出,吵闹环境下儿童的智力发育水平比安静环境中低 20%。

噪声会使母体产生紧张反应,引起子宫血管收缩,以至影响胎儿所必需的养料和氧气的正常供给,从而使胎儿的正常发育受到影响,甚至使产生畸胎的可能性增大。

值得注意的是,除非特强的噪声,一般情况下噪声给人的危害是一个十分缓慢的过程,短时间内并无明显的表现。

11.2　噪声声级

11.2.1　声音的发生、频率、波长和声速

声音可认为是通过物理介质传播的。物体在空气中振动,使周围空气发生疏、密交替变化并向外传递,且这种振动频率在 20~20000Hz,人耳听到的声音是叠加在听者周围大气压力上的一种压力波。因此,声音是周围大气压力的附加变量。频率低于 20Hz 的叫次声,高于 20000Hz 的叫超声,它们作用到人的听觉器官时不引起声音的感觉,所以不能听到,人感觉最灵敏的频率在 3000Hz 左右。

声是一种纵波,既然是波,也可以用频率、波长、声速、周期等反映波特征的参数来描述。声源在一秒钟内振动的次数叫频率,记作 f,单位为 Hz。振动一次所经历的时间叫周期,记作 T,单位为 s。显然,频率和周期互为倒数,即 $T=1/f$。

声波在一个周期内沿传播方向所传播的距离，或在波形上相位相同的相邻两点间的距离称作波长，记为 λ，通常单位用 m。

1s 时间内声波传播的距离叫声速，记作 c，单位为 m/s。频率、波长和声速三者的关系是：

$$c = f\lambda$$

声速与传播声音的媒质和温度有关。在空气中，声速（c）和摄氏温度（t）的关系可简写为：

$$c = 331.4 + 0.607t$$

与绝对温度 T 的关系可大致表达为：

$$c = 20.05\sqrt{T}$$

常温下，声速约为 345m/s。声波在硬质材料中的传播速度远大于在软质材料中的传播速度，如下列材料在室温下（21.1℃）的传播速度（m/s）分别为：空气 344、水 1372、混凝土 3048、玻璃 3658、钢铁 5182、软木 3353、硬木 4267。

11.2.2　声功率、声强和声压

声功率（W）是指单位时间内，声波通过垂直于传播方向某指定面积的声能量。在噪声检测中，声功率是指声源总声功率，单位为 W。

声强（I）是指单位时间内，声波通过垂直于声波传播方向单位面积的声能量，$I = \dfrac{W}{S}$，单位为 W/s^2。

声压（p）是由于声波的存在而引起的压力增值，单位为 Pa。声波是空气分子有指向、有节律地运动，其在空气传播时形成压缩扩张和稀疏交替变化，所以压力增值是正负交替的。但通常讲的声压是取均方根值，叫有效声压，故实际上总是正值，对于球面波和平面波，声压与声强的关系是：

$$I = \frac{p^2}{\rho c}$$

式中，ρ 为空气密度，如以标准大气压与 20℃时的空气密度和声速代入，得到 $\rho c = 408$ 国际单位值，也叫瑞利，称为空气对声波的特性阻抗。

11.2.3　分贝、声功率级、声强级和声压级

① 分贝。若以声压值表示声音大小，由于变化范围非常大，可以达 6 个数量级以上。用分贝表示就是不用线性比例关系，而用对数比例关系，从而避免了大数字的计算。另外，人体听觉对声信号强弱刺激反应也不是线性的，而是成对数比例关系的，所以采用分贝来表达声学量值。

所谓分贝（符号为 dB）是被量度量的物理量（A_1）与一个相同的参考物理量（或基准量，A_0）的比值取以 10 为底的对数并乘以 10。对数值是无量纲的，因此分贝表示的量是与选定的参考量有关的数量级，它代表被量度量比基准量高出多少"级"。其数学表达式是：

$$N = 10\lg\frac{A_1}{A_0}$$

② 声功率级。声功率级是描述一个给定声源发射的功率对应于国际参考声功率 10^{-12}W 的分贝值。

$$L_W = 10 \lg \frac{W}{W_0}$$

式中，L_W 为声功率级，dB；W 为声功率，W；W_0 为基准声功率，为 10^{-12} W。

【例 11-1】 某一小汽笛发出 0.1W 的声功率，其声功率级为：

$$L_W = 10 \lg \frac{W}{W_0} = 10 \lg \frac{0.1}{10^{-12}} = 110 \text{(dB)}$$

由此可见，在人耳的灵敏度范围内，即使像 0.1W 这样小的声功率也是一个很大的声源。

③ 声强级。声强级的定义式为：

$$L_I = 10 \lg \frac{I}{I_0}$$

式中，L_I 为声强级，dB；I 为声强，W/m^2；I_0 为基准声强，为 $10^{12} W/m^2$。

④ 声压级。声压级的定义式为：

$$L_p = 10 \lg \frac{p^2}{p_0^2} = 20 \lg \frac{p}{p_0}$$

式中，L_p 为声压级，dB；p 为被量度声音的声压，Pa；p_0 为基准声压，为 2×10^{-5} Pa，该值是一般青年人人耳对 1000Hz 声音刚能听到的最低声压。

声压级与声压平方比值的对数成正比，这是有意义的，因声压平方也与声强成正比，这样声强级与声功率级都与声压联系起来了。

11.2.4 噪声的物理量和主观听觉的关系

人们感觉到的噪声强度，不仅与噪声的客观物理量有关，还与人的主观感觉有关，所以研究噪声的物理量与主观听觉的关系十分重要。但主观感觉牵涉到复杂的生理机能和心理效应，且每一个人的个体感觉也不相同，所以这种关系相当复杂。

① 响度和响度级。

(a) 响度（N）。人耳有很高的灵敏度和极大的动态响应范围，在此范围内人耳能正常地起作用，但人耳对不同频率的声波具有不同的响应灵敏度，换句话说，两个声压相等而频率不相等的纯音听起来是不一样响的，同理，人耳感觉一样响的两个不同频率的声波的声压并不相同。例如，具有正常听力的人能够刚刚听到 0dB 级的 2000Hz 纯音，但 200Hz 的纯音只有达到 15dB 声压级才能够刚刚听到。响度是人耳判别声音由轻到响的强度等级概念，它不仅取决于声音的强度（如声压级），还与它的频率及波形有关。响度的单位叫"宋"（sone），1sone 的定义为声压级为 40dB、频率为 1000Hz，且来自听者正前方的平面波形的响度。如果另一个声音听起来比这个大 n 倍，即声音的响度为 $n$sone。

(b) 响度级（L_N）。所研究声音的响度级由该声音的响度与一个 1000Hz 纯音的响度凭主观感觉比较而定，响度级的计量单位叫"方"（phon），其定义 1000Hz 纯音声压级的分贝值为响度级的数值，任何其他频率的声音，当调节 1000Hz 纯音的强度使之与这声音一样响时，则这 1000Hz 纯音的声压级分贝值，就定为这一声音的响度级值。

利用与基准声音比较的方法，可以得到人耳听觉频率范围内一系列响度相等的声压级与频率的关系曲线，即等响曲线，如图 11.1 所示，该曲线为国际标准化组织所采用，所以又称 ISO 等响曲线。

图 11.1 中同一曲线上不同频率的声音，听起来感觉一样响，而声压级是不同的。从曲线形状可知，人耳对 1000~4000Hz 的声音最敏感。对低于或高于这一频率范围的声音，灵敏度随频率的降低或升高而改变。例如，一个声压级为 80dB 的 20Hz 纯音，它的响度级只

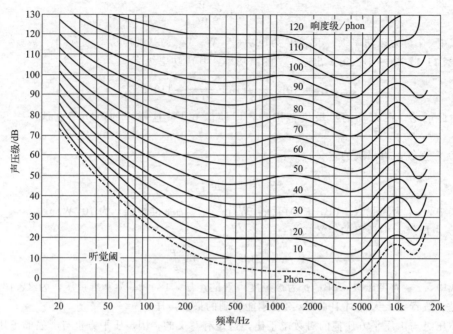

图 11.1　自由声场中双耳听到的等响曲线

有 20phon，因为它与 20dB 的 1000Hz 纯音位于同一条曲线上，同理，与它们一样响的 10000Hz 纯音声压级为 30dB。

（c）响度与响度级的关系。根据大量实验数据，响度级每改变 10phon，响度加倍或减半。例如，响度级为 30phon 时响度为 0.5sone，响度级为 40phon 时响度为 1sone，响度级为 50phon 时响度为 2sone，依此类推。它们的关系可用下列数学式表示。

$$N = 2^{\left(\frac{L_N - 40}{10}\right)} \text{ 或 } L_N = 40 + 33\lg N$$

响度级的合成不能直接相加，而响度可以相加。例如，两个不同频率且都具有 60phon 的声音，合成后的响度级不是 60＋60＝120phon，而是先将响度级换算成响度进行合成，然后再换算成响度级。60phon 相当于响度 4sone，所以两个响度合成为 4＋4＝8sone，而 8sone 按数学计算可知为 70phon，因此两个响度级为 60phon 的声音合成后的总响度级为 70phon。

② 计权声级。从图 11.1 中的等响曲线看出，人耳对不同频率的声波响应灵敏度有很大区别。由于实际声源所发射的声音几乎都包含很广的频率范围，所以上面讨论的纯音（或狭频带信号）的声压级与主观听觉之间的关系，只适用于纯音的情况，而实际噪声的测定就必须综合考虑混合噪声。

为了能用仪器直接反映人的主观响度的评价量，有关人员在噪声测量仪器——声级计中设计了一种特殊滤波器，叫计权网络。通过计权网络测得的声压级，已不再是客观物理量的声压级，而叫计权声压级或计权声级，简称声级。通用的有 A、B、C 和 D 计权声级。

A 计权声级模拟人耳对 55dB 以下低强度噪声的频率特性，B 计权声级模拟 55dB 到 85dB 的中等强度噪声的频率特性，C 计权声级模拟高强度噪声的频率特性，D 计权声级对噪声参量模拟，专用于飞机噪声的测量。计权网络是一种特殊滤波器，当含有各种频率的声波通过时，它对不同频率成分的衰减不一样。A、B、C 计权网络的主要差别在于对低频成分的衰减程度，A 衰减最多，B 其次，C 最少。A、B、C、D 计权的特性曲线见图 11.2，其中 A、B、C 三条曲线分别近似于 40phon、70phon 和 100phon 三条等响曲线的倒转。由于计权曲线的频率特性是以 1000Hz 为参考计算衰减的，因此以上曲线都重合于 1000Hz，后来实践证明，A计权声级表征人耳主观听觉较好，故近年来B和C计权声级较少应用。A计权声级以 LPA 或 LA 表示，其单位用 dB（A）表示。

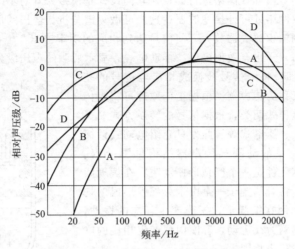

图 11.2　A、B、C、D计权特性曲线

11.3 声级计的构造与原理

通常用噪声测量仪器测量的噪声强度主要是声场中的声压，以及测量噪声的特征，即声压的各种频率组成成分。由于声强、声功率的直接测量较麻烦，所以较少直接测量。

测量噪声的仪器主要有声级计、声频频谱仪、记录仪、录音机和实时分析仪器等。

（1）声级计

声级计是最常用的噪声测量仪器，但与平时用的电位计、万用表等客观电子测量仪表又不同。它在把声信号转换成电信号时，可以模拟人耳对声波反应速度的时间特性，对高低频有不同灵敏度的频率特性以及在不同响度时改变频率特性的强度特性。因此，声级计是一种主观性的电子仪器。按精密度可将声级计分为精密声级计和普通声级计两种，普通声级计的测量误差为±3dB，精密声级计的测量误差为±1dB。

① 声级计的工作原理。声级计的工作原理见图11.3。传声器膜片接收声压后，将声压信号转换成电信号，经前置放大器作阻抗变换，使电容式传声器与衰减器匹配，再由放大器

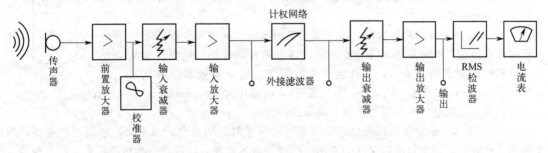

图 11.3　声级计工作方框图

将信号送入计权网络，对信号进行频率计权。由于表头指示范围一般只有20dB，而声音变化范围可达140dB，甚至更高，所以必须使用衰减器来衰减较强的信号。再由输入放大器进行放大。放大后的信号由计权网络进行计权，它的设计是模拟人耳对不同频率有不同灵敏度的听觉响应。在计权网络处可外接滤波器，这样可做频谱分析。输出的信号由输出衰减器减到额定值，随即送到输出放大器放大。使信号达到相应的功率输出，输出信号经RMS检波后（均方根检波电路）送出有效值电压，推动电表，显示所测的声压级分贝值。

　　② 声传感器原理。将声信号转换成相应电信号的装置称为声传感器，又称为传声器。根据工作原理可将声传感器分为声压式和差压式两类，根据信号的转换方式又可分为电动式、电容式、压电式等。此处只介绍电动式话筒的工作原理，一种简单的动圈式传声器结构见图11.4。电动式传声器的敏感元件是一个圆顶形振动膜，在振动膜后面粘有一个音圈，将音圈置于一个由永久磁铁形成的均匀磁场里。当声波作用在振膜上，振膜产生相应的振动，从而带动音圈做切割磁力线运动，音圈内便产生相应的电流，该电流与声波的频率相同。

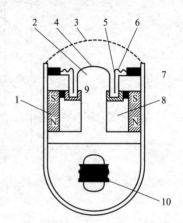

图11.4　动圈式传声器结构示意图
1—磁铁；2—空腔；3—保护罩；
4—振膜；5—音圈；6—折环；7—毡垫；
8—空腔；9—铜环；10—声压变压器

　　③ 声级计的分类。声级计整机灵敏度是指标准条件下测量1000Hz纯音所表现出的精确度。根据精确度，声级计可分为两类：一类是普通声级计，它对传声器要求不太高，动态范围和频响平直范围较窄，一般不与带通滤波器相联用；另一类是精密声级计，其传声器要求频响宽，灵敏度高，长期稳定性好，且能与各种带通滤波器配合使用，放大器输出可直接和电平记录器、录音机相连接，可将噪声信号显示或贮存起来。如将精密声级计的传声器取下，换一输入转换器并接加速度计就成为振动计，可作振动测量。

　　近年来有人又将声级计分为四类，即0型、1型、2型和3型。它们的精确度分别为±0.4dB、±0.7dB、±1.0dB和±1.5dB。

　　仪器上有阻尼开关能反映人耳听觉动态特性，快挡"F"用于测量起伏不大的稳定噪声。如果噪声起伏超过4dB可利用慢挡"S"，有的仪器还有读取脉冲噪声的"脉冲"挡。

　　声级计的示值表头刻度方式，通常为-5（或-10）到0，以及0到10，跨度共15（或20）dB。图11.5是一种普通声级计的外形图。

　　（2）其他噪声测量仪器

　　① 声级频谱仪。噪声测量中如需进行频谱分析，通常对精密声级计配用倍频程滤波器。根据规定需要使用十挡，即中心频率为31.5kHz、63kHz、125kHz、250kHz、500kHz、1kHz、2kHz、4kHz、8kHz、16kHz。

　　② 录音机。有些噪声现场，由于某些原因不能当场进行分析，需要储备噪声信号，然后带回实验室分析，这就需要录音机。供测量用的录音机不同家用录音机，其性能要求高得多。它要求频率范围宽（一般为20～15000Hz），失真小（小于3%），信噪比高（35dB以上），此外，还要求频响特性尽可能平直、动态范围大等。

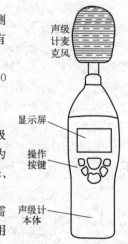

声级计麦克风

显示屏

操作按键

声级计本体

图11.5　常见声级计外观形状

　　③ 记录仪。记录仪是将测量的噪声声频信号随时间的变化记录下来，从而对环境噪声做出准确评价，记录仪能将交变的声谱电信号做对数转换，整流后将噪声的峰值、均方根值（有效值）和平均值表示出来。

④ 实时分析仪。实时分析仪是一种数字式谱线显示仪，能把测量范围的输入信号在短时间内同时反映在一系列信号通道示屏上，通常用于较高要求的研究、测量。目前使用尚不普遍。

11.4 工业噪声测量

（1）测量仪器

声级计应选用 2 型或以上，具有 A 计权、"S（慢）"挡。积分声级计或个人噪声计量计应选用 2 型或以上，具有 A 计权、"S（慢）"挡和"Peak（峰值）"挡。

（2）测量方法

① 现场调查。为正确选择测量点、测量方法和测量时间等，必须在测量前对工作场所进行现场调查。调查内容主要包括：工作场所的面积、空间、工艺区划、噪声设备布局等，绘制简略图；工作流程的划分、各生产程序的噪声特征、噪声变化规律等；预测量，判定噪声是否稳态、分布是否均匀；工作人员的数量、工作路线、工作方式、停留时间等。

② 测量仪器的准备。测量仪器选择：固定的工作岗位选用声级计；流动的工作岗位优先选用个体噪声计量计，或对不同的工作地点使用声级计分别测量，并计算等效声级。

测量前应根据仪器校正要求对测量仪器校正。积分声级计或个人噪声计量计设置为 A 计权、"S（慢）"挡，取值为声级 L_{pa} 或等效声级 L_{Aeq}，测量脉冲噪声时使用"Peak（峰值）"挡。

③ 测点选择。工作场所声场分布均匀［测量范围内 A 声级差别＜3dB（A）］时，选择 3 个测点，取平均值。

工作场所声场分布不均匀时，应将其划分为若干声级区，同一声级区内声级差＜3dB（A），每个区域内，选择 2 个测点，取平均值。

若劳动者工作是流动的，在流动范围内，对工作地点分别进行测量，计算等效声级。

④ 测量。传声器应放置在劳动者工作时耳部的高度，站姿为 1.50m，坐姿为 1.10m。传声器的指向为声源的方向。

测量仪器固定在三脚架上，置于测点。若现场不适于放置三脚架，可手持声级计，但应保持测试者与传声器的间距＞0.5m。

稳态噪声的工作场所，每个测点测量 3 次，取平均值。

非稳态噪声的工作场所，根据声级变化（声级波动＞3dB），确定时间段，测量各时间段的等效声级，并记录各时间段的持续时间。

脉冲噪声测量时，应测量脉冲噪声的峰值和工作日内脉冲次数。

测量应在正常生产情况下进行。工作场所风速超过 3m/s 时，传声器应戴风罩。应尽量避免电磁场的干扰。

⑤ 测量声级的计算。

（a）非稳态噪声的工作场所，按声级相近的原则把一天的工作时间分为 n 个时间段，用积分声级计测量每个时间段的等效声级 $L_{Aeq,Ti}$，按照下式计算全天的等效声级。

$$L_{Aeq,T} = 10\lg\left(\frac{1}{T}\sum_{i=1}^{n}10^{0.1 L_{Aeq,Ti}} T_i\right) dB(A)$$

式中，$L_{Aeq,T}$ 为全天的等效声级；$L_{Aeq,Ti}$ 为时间段 T_i 内等效声级；T 为这些时间段的总时间；T_i 为 i 时间段的时间；n 为总的时间段的个数。

（b）8h 等效声级（$L_{EX,8h}$）的计算。根据等能量原理将一天实际工作时间内接触噪声强度规格化到工作 8h 的等效声级，按下式计算。

$$L_{EX,8h} = L_{Aeq,Te} + 10\lg\frac{T_e}{T_0}dB(A)$$

式中，$L_{EX,8h}$ 为一天实际工作时间内接触噪声强度规格化到工作 8h 的等效声级；T_e 为实际工作日的工作时间；$L_{Aeq,Te}$ 为实际工作日的等效声级；T_0 为标准工作日时间，8h。

（c）每周 40h 的等效声级。通过 $L_{EX,8h}$ 计算规格化每周工作 5 天（40h）接触的噪声强度的等效连续 A 计权声级用下式。

$$L_{EX,w} = 10\lg\left(\frac{1}{5}\sum_{i=1}^{n}10^{0.1(L_{EX,8h})_i}\right)dB(A)$$

式中，$L_{EX,w}$ 为每周平均接触值；$L_{EX,8h}$ 为一天实际工作时间内接触噪声强度规格化到工作 8h 的等效声级；n 为每周实际工作天数。

（d）脉冲噪声。使用积分声级计的"Peak（峰值）"挡，可直接读声级峰值 L_{Peak}。

（3）测量记录

测量记录应该包括以下内容：测量日期、测量时间、气象条件（温度、相对湿度）、测量地点（单位、厂矿名称、车间和具体测量位置）、被测仪器设备型号和参数、测量仪器型号、测量数据、测量人员及工时记录等。

（4）注意事项

在进行现场测量时，测量人员应注意个体防护。

本章小结

本章简要介绍了生产性噪声的概念及噪声的产生与分类，指出了噪声对人体的主要危害；明确了声音的频率、波长和声速、分贝、声功率级、声强级和声压级等基本概念；解释了噪声的物理量和主观听觉的关系；重点介绍了声级计的构造与原理和工业噪声的测量技术。

<<<< 习题与思考题 >>>>

1. 生产性噪声按其声音的来源可大致分为哪几种？
2. 用"分贝"表示声学量有什么好处？
3. 测得 3 个噪声的声压级分别为 88dB、90dB、92dB，试求其复合声压级为多少？
4. 简述声级计的工作原理。
5. 为什么要在噪声研究中引入响度和响度级等度量？
6. 一台噪声很大的机械设备经修理后响度级降低了 20phon，相当于响度下降了多少？
7. 某车间在 8h 工作时间内，有 1h 声压级为 80dB（A），2h 声压级为 85dB（A），2h 声压级为 90dB（A），3h 声压级为 95dB（A），问这种环境是否超过 8h 声压级为 85dB（A）的劳动防护卫生标准？

参考答案

安／全／检／测／与／监／控／技／术

第 4 篇

安全监控篇

在工业生产过程中，要求生产装置中的压力、流量、液位、温度等工艺参数维持在一定的安全限度以内，从而实现生产过程的安全运行。因此，需要采用检测仪表测得被控参数的变化后，再经过控制器、执行器完成自动报警或自动控制，从而实现系统安全。

本篇主要介绍了开关量控制系统，同时补充了目前安全监控系统中的新技术，并给出典型行业的安全检测与监控系统的案例。

第12章

开关量控制系统

在过程自动化领域中存在着两种不同类型变量的控制系统：模拟量控制系统和开关量控制系统。这两种系统紧密合作、相互配合，共同完成对被控量和工艺过程的控制。小到阀门开闭、单回路控制，大到整体工艺的全程控制，如火电机组的自启停，火箭点火、升空，至卫星入轨控制等，均体现出两种控制类型的密切结合。因此，它们是控制内容的两个方面，同等重要，密不可分。

模拟量控制系统以给出的预定值为目标，通常根据反馈控制理论指导系统的设计，以保证被控参数与预定值的趋近和稳定，因而模拟量控制以反馈控制为特征。开关量控制系统以预定的状态为目标（以作业命令表示）来控制被控设备的动作。两种控制系统的组成如图12.1所示。

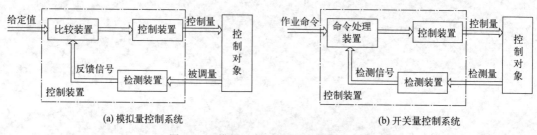

(a) 模拟量控制系统　　　　　　　　　　　(b) 开关量控制系统

图 12.1　模拟量与开关量控制系统组成

这两种控制系统构成相似，开关量控制系统中以作业命令替代模拟量控制系统中给定值概念，表明它们控制目的相同，都是为了达到控制目标而对被控对象施以某种操作。但它们有着明显的区别：被控变量不同，模拟量控制系统被控变量是模拟值，开关量控制系统是对应开关量状态的逻辑值；工作原理不同，模拟量控制系统通常是负反馈闭环回路，没有反馈信号无法精准完成控制任务，开关量控制系统控制状态的检测信号并非是必需的，有时没有这些检测信号并不影响控制过程的进行；控制规律不同，模拟量控制系统采用PID、模糊控制等算法，开关量控制系统采用以布尔代数为基础的逻辑推演算法。

可见开关量控制系统是以处理开关量信息为基本特征的一类控制系统。开关量是指两个对立的、稳定的物理状态，是二状态变量，可采用一种符号表示。对立是指两个物理状态有着非此即彼、互为依存并能相互转化的关系。稳定是指从控制角度达到的稳定情况，而不着重这两种物理状态相互转化的具体过程。对开关量状态，为方便运算常以二状态的逻辑值"0""1"对应，这样开关量就转化为数学逻辑值。开关量控制是指在过程控制中状态信息的检测、转换、运算和输出，控制信号都以开关量信号进行。由此构成的控制系统称为开关量控制系统。这种以检测和处理开关量信息为特征所形成的理论和方法是开关量控制技术的应用基础。

开关量控制应用包括顺序控制、保护和报警三个方面。

顺序控制将关系密切的若干控制对象集中起来，根据一定的生产规律，按照预先拟定的次序，依据时间或条件，有计划、有步骤地使生产工艺中各有关设备自动地依次进行一系列逻辑操作。顺序控制的应用可以避免操作人员的误操作，极大减轻操作人员的劳动强度，有利于设备的安全、经济运行，从而使生产过程的管理和控制水平提升到一个新的层次。

保护是在工艺过程中设备启停和正常运行时，当出现异常情况和危险工况，发生可能危及设备和人身安全的故障时，能根据故障的情况和性质，自动地采取预先设置的措施，通过对个别或一系列设备的操作处理，以消除异常和防止事故扩大。完善可靠的保护系统可以保证设备及人身的安全，是提高生产过程可靠性的重要手段。

报警指因生产过程或参数偏离正常状态而通过声音、光字牌、参数显示闪烁等方式向监控人员报告危急情况或发出危急信号。按报警的性质，可以把报警纳入保护控制范围内，这样也可以说顺序控制和保护是开关量控制的两个内容。

12.2 开关量控制系统构成与理论

12.2.1 开关量控制系统的构成

开关量控制系统由控制装置和控制对象组成，如图12.2所示。它的控制装置主要由三部分组成：检测装置、逻辑控制装置和执行装置，此外还包括控制指令装置、监视装置等人机接口部件。

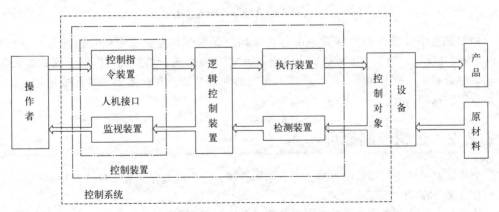

图 12.2 开关量控制系统的构成

开关量控制系统的检测装置也称为开关量变送器或逻辑开关，包括限位开关、压力开关、温度开关、光电开关、电位器、测速发电机、译码器、编码器等。它的作用是将被测物理量转换成开关形式的电信号。采用开关量变送器是获取开关量信息的主要手段。

开关量控制系统的执行装置也称开关量执行机构，它执行逻辑控制装置或人工发出的指令，完成规定控制任务，是开关量控制系统的最后环节。常见的电动执行装置有电动机、阀门（挡板）、电磁阀三种类型。对执行机构的控制除了有电动机的启停、阀门的开闭命令外，还要有保护、状态指示等辅助功能，这需要专门的逻辑控制电路实现。

逻辑控制装置是开关量控制系统的核心。它对大量信息进行逻辑运算和判断，并发出控制命令，保证生产过程的自动进行。它所使用的逻辑装置种类较多，有继电器逻辑器件、晶体管逻辑器件、集成电路逻辑器件和可编程逻辑器件；编制的程序可变性差别大，有固定程序方式、矩阵式可变程序方式和可编程序方式。它所使用的逻辑控制原理有时间程序式、基本逻辑式和步序式。从开关量控制程序进展的条件上，控制方式可分为开环控制方式和闭环控制方式。在控制过程中，逻辑控制装置发出操作指令后，不需被控对象的回馈信号，控制过程仍能进行下去，这称为开环控制方式。逻辑控制装置发出操作指令后，要求把被控对象执行完成后的回馈信号反馈给逻辑控制装置并依据这些信号控制程序的进行，这称为闭环控制方式。

人机接口设备包括控制指令装置和监视装置。控制指令装置包括按钮、定位开关、转换开关等。监视装置包括指示灯、蜂鸣器、指示计、CRT（阴极射线管显示技术显示器）等。

下面以采用可编程逻辑控制器（PLC）的监控系统为例，说明一个开关量控制系统的构成，如图 12.3 所示。

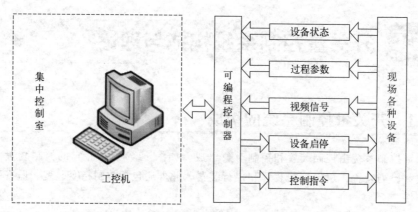

图 12.3 可编程逻辑控制器构成的监控系统

PLC 通过 I/O 部件与控制对象中各种现场设备联系，完成预定的控制任务。上位机（工业控制计算机，简称"工控机"）以通信方式同 PLC 进行信息交流，可完成数据采集、存储、参数显示、控制操作、PLC 组态、报表打印等功能。在此基础上可构成适用范围更广的分布式控制系统。

12.2.2 逻辑控制原理

顺序控制系统中所涉及的控制原理分基本逻辑式、时间顺序式和步序式三种。

（1）基本逻辑式原理

决定某一结论的诸多条件组合方式，构成基本逻辑原理。"与""或""非"是二值逻辑代数中三种最基本的运算。由于与、或、非是一个完备集合，因此任何逻辑运算都可以用这三种组合来构成。这种基本因果关系用逻辑函数形式表示如下。

与关系（逻辑乘）：$Y=A\times B=A\cdot B=AB$，具有"缺一不可，全有才有"的性质。当数的二值逻辑取值表示为"1"或"0"时（以下同），逻辑乘表示为

$$0\times1=0,1\times0=0,0\times0=0,1\times1=1$$

或关系（逻辑加）：$Y=A+B$，具有"有一即可，全无才无"的性质。逻辑加表示为

$$0+1=1,1+0=1,1+1=1,0+0=0$$

非关系（逻辑反演）：$Y=\overline{A}$，表示二值中取相反值的运算。反演运算表示为

$$\overline{1}=0,\overline{0}=1$$

常用的复合逻辑还包括以下几种。

与非逻辑：$Y=\overline{A\cdot B}$。

或非逻辑：$Y=\overline{A+B}$。

与或非逻辑：$Y=\overline{A\cdot B+C\cdot D}$。

异或逻辑：$Y=A\oplus B=\overline{A}B+A\overline{B}$。

同或逻辑：$Y=A\odot B=\overline{A}\ \overline{B}+AB$。

同样，与非、或非、与或非也是一个完备集。

逻辑控制的理论基础是逻辑代数。有关逻辑代数的多种逻辑运算、特殊函数的表达及在控制电路分析中的应用将在后面章节中说明。

（2）时间顺序式原理

时间顺序式原理按预先设定的时间产生逻辑结果，采用专用的时间发信部件，如定时器，发出时间信号。常用的定时器为接通延时型（TON），其逻辑关系见表 12.1。

表 12.1　定时器逻辑关系（TON 型）

定时条件（输入）I	定时器（预设值 PT）		定时继电器（输出）Q
	当前值（ET）	操作	
OFF	设成预设值	不操作	OFF
ON	$\neq0$	计时	OFF
ON	$=0$	不操作	ON

也可以用图 12.4 所示的时序图更为直观地表达这种定时器的逻辑关系。

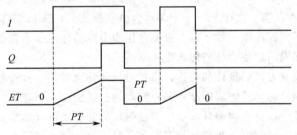

图 12.4　TON 型定时器时序图

TON 型定时器用逻辑函数表达的方程为：$Q=tI$（t 表示输入接通时间≥预设值）。

（3）步序式原理

步序式原理是组织顺序控制过程的基本方法。它的思想是：将整个的顺序控制过程分为若干个阶段，相应地在控制电路中对应为步。每一步包含若干个动作命令或不带动作命令而仅表示一种状态。步的转换根据操作条件、回报信号或设定的时间依次进行，因此使控制过程依赖于步的转换，具有了明确的顺序关系。在顺序控制系统的设计方法和设计语言中能否直观、准确表达顺序控制的特点和监控需求是衡量这种设计方法和设计语言优劣的标准

之一。

以顺序功能图（SFC）为例来说明步序式原理。

SFC 是一种图形化的表达方法和编程语言。对应控制过程若干阶段，在 SFC 中定义为步，用方框标识。步和步之间的条件称转换条件，用短横线标识并把其称为转换。

步：将控制过程分成的一个个明显的阶段。每一个步一般要确定若干个动作。

转换：步之间的要素，转换完成后进入下一个步。转换包含了转换条件。

转换条件：实现转换的前提。

图 12.5 中以步和转换表示的 SFC 结构直观表明了步序式原理。

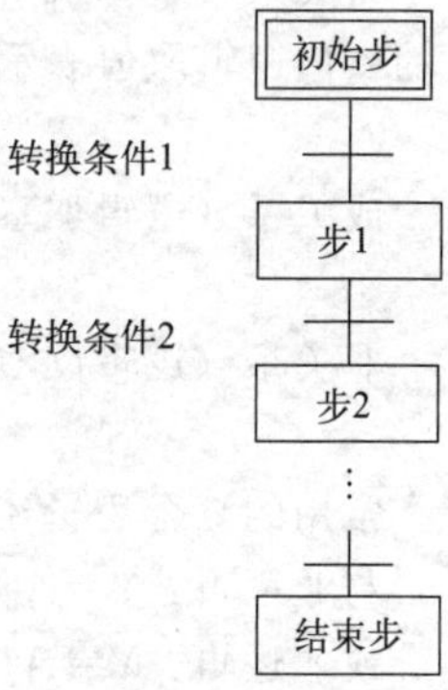

图 12.5　以 SFC 描述的步序式原理

12.3　开关量变送器

12.3.1　开关量变送器的输出形式

开关量变送器输出的开关信号的物理状态分两大类。一类是无源通断信号。传感器里没有电源，或虽有电源却因隔离或其他原因和输出电路无关，两个输出端子只有通、断两种状态，但是这两种状态必须在外电路有电源的情况下才能相应体现出导电和不导电两种状态。所以无源开关信号的接收端必须有电源，电压的高低和电流的大小应在变送器所规定的范围内。干接点信号属于这种类型。另一类是有源信号，凡是靠半导体器件输出开关信号的都属于这一种。输出有源开关信号的传感器不要求信号接收端有电源，但要求接收端的电阻连同传输线的电阻在允许的范围内，否则不能正常工作。半导体开关和电位信号属于这种类型。为便于控制设备的配套，对有源开关信号规定了国际标准，即采用直流电流（电压）时以小于 4mA（1V）为一种状态，大于 20mA（5V）为另一种状态，这和 TTL（晶体管-晶体管逻辑）电路的高低电平的标准值一致。以上直流电压和电流的标准都不包括零值在内，这是为了避免和断电的情况混淆，使信息的传送更为确切。

为了方便电气控制方案的设计和表达，每种电气元件通常用一种符号来表达。使用的符号应该遵循最新的国际标准或国家标准。符号的表达包括图符和字符两部分，其中一些测量或执行元件的符号又可以分成两部分：感应（检测）部分和动作（输出）部分。虽然是一个整体元件，但在电气控制图中这两部分并不画在一起，而是通过字符联系在一起。这样的元件包括检测开关、继电器、接触器等。

12.3.2　开关量变送器的技术指标

（1）动作值和死区

变送器输出状态转换时，被测物理量的值就是变送器的动作值。

在自动控制系统中，不仅需要能测量不同物理量的不同类型变送器，并且对于测量同种物理量的变送器也需要有不同的动作值。因此，绝大多数变送器均设有可以在一定范围内任意整定动作值的手段。这样，就可以做到以较少的类型适应较广的用途。

从理论上说，当被测物理量升到变送器的动作值时触点应该动作，降到动作值时触点应该复位。但是，实际上由于机械结构上的原因，一般情况下变送器触点的返回值总要比动作值低一些，如图 12.6 所示。

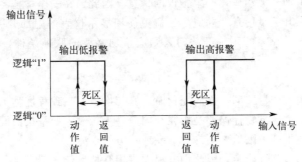

图 12.6   变送器的实际输入-输出曲线

从图中实际输入-输出特性可以看出，变送器是具有死区的非线性部件。从表面上看这似乎是变送器的不足之处。但是，在大部分自动控制系统中不但不要求变送器消除死区，相反地甚至还要求变送器具有足够大的死区，而且对于不同的场合，控制系统希望变送器具有不同的死区。这是由于工业环境中的被测参数一般是在一定范围内不断波动的，则当被测量接近动作值时，会多次反复大于和小于动作值，造成开关量输出状态多次转变，可能造成报警频繁动作、光字牌不断闪动、音响连续出现、执行机构频繁动作等情况。这对运行人员的监控工作极为不利，也不利于设备的可靠运行。因此，大部分变送器在结构上都考虑了增大死区的措施，还设了整定死区范围的手段。变送器的死区有时被称为动作差值，它指的是变送器动作值和返回值（或复位值）之间的差值。

（2）可靠性

衡量开关量变送器质量的最重要指标是可靠性。对于开关量变送器来说，因为它具有继电特性，而且动作值和返回值均可任意整定，所以测量精度并不是主要问题。但是却要求它的动作值和返回值具有较高的稳定性和可靠性，也就是说要求变送器的动作值和返回值在长期工作中均能保持在原来的整定值上。

在大多数厂矿自动控制系统中使用的开关量变送器大多数是不经常动作的。自动报警系统使用的变送器是在生产运行工况异常时才会动作输出报警信息的，因此动作的次数不太多。而自动保护系统使用的变送器仅在生产出现危险工况时才动作，动作的机会就更少，有的甚至几年或更长的时间才有可能动作一次。因此，对于变送器的要求就是在生产长期运行过程中它们应处于待机状态，亦即处于随时准备动作的状态。而且无论待机时间的长短，一旦被测参数达到动作值，它们必须保证能准确动作。显然，这样的要求对于变送器来说是相当严格的。

从上述对变送器的要求可以看出，采用显示仪表上附加的开关触点来代替开关量变送器不能满足自动控制系统的要求。从表面上看，显示仪表的附加开关可以很方便地提供开关量信息，而且它的动作值也是可以任意设定的，但是它工作的可靠性却远远低于专用的开关量变送器。

首先，使用显示仪表上附加的开关提供开关量信息时，经过的中间转换环节较多。一般要经过模拟量变送器将被测物理量转换为模拟电信息，再通过电缆和中间连接端子引到显示仪表，然后经过仪表的测量电路和伺服电机将电信息转换为仪表指示的机械位移，最后才由指针带动附加开关。任何中间转换环节发生故障都会影响信息的可靠性，或者产生错误的信息。这一点，对于较重要的自动控制系统是非常危险的。而开关量变送器的转换环节较少，通常仅由测量元件、杠杆机构和微动开关组成，结构简单。

此外开关动作位移小，机件磨损小，因此可靠性较高。其次，显示仪表本身在工作过程中需要进行经常性维护，如更换记录纸、清洗和注油等工作，都是不可少的。进行这些维护工作时都可能使附加开关动作，产生错误的信息。因此，在安全检控系统中优先使用专用的开关量变送器提供开关量信息，并应尽量避免使用显示仪表的附加开关提供开关量信息。在不得已必须使用显示仪表的附加开关时，则应增加必要的联锁条件，以避免错误信息的危害。

（3）重复性

相同条件下，输入变量按同一方向变化时，其切换值的一致程度称为重复性。重复性指标可用重复性误差衡量。重复性误差是指在相同条件下，输入变量按照同一方向变化时，连续多次测得的切换值中两极限值之间的代数差或均方根误差。

在测量中由于真值难以确定，因此均方根误差用其估计值 S 替代。

$$S = \sqrt{\frac{\sum_{i=1}^{n}(x_i - \overline{x})^2}{n-1}}$$

式中，x_i 为 n 个重复测量值（x_1, x_2, …, x_n）中的第 i 个；$\overline{x}$ 为各测量值的算术平均值，$\overline{x} = \frac{1}{n}\sum_{i=1}^{n} x_i$。

为保证动作的精密性，应选择重复性误差小的产品。

12.3.3 常见的开关量变送器

（1）行程开关

行程开关采用直接接触的方法测量物体的机械位移量，以获得行程信息。行程开关的核心是微动开关，微动开关在其他开关量变送器中也有广泛应用。

① 微动开关的工作原理。微动开关是利用微小的位移量完成开关触点切换的，其基本工作原理基于弹簧蓄能后产生的突然变形。

② 微动开关的典型结构，如图 12.7 所示。图（a）所示的微动开关具有一对转换触点，图（b）所示的开关具有一对常开触点和一对常闭触点。弹簧片的加力片受力端抵在滑块上，滑块由按钮带动。由于弹簧片是具有波纹的，所以可以保证滑块始终有一个力施加在加力片的轴向。这个力一方面使动触点紧压在下部的静触点上，另一方面又使滑块位于最上方。按下按钮，使滑块向下移动，加力片受的轴向力增大。由于这个力作用在动触点上，是指向下方的，所以不会使弹簧片的形状改变。直到滑块向下移动到加力片的轴线刚刚低于弹簧片的轴线，作用在动触点上的力迅速由指向下方转变为指向上方。这个力使弹簧片的形状改变，自由端迅速跳向上方。动触点迅速离开下部静触点并和上部静触点接触，这时加力片的轴向力又使动触点能紧压在上部的静触点上。当放开按钮时，按钮下面的弹簧使按钮复位，上述整个工作过程将按反方向进行，使动触点又迅速离开上部静触点，并重新和下部静触点接触，开关又恢复到原来的状态。改变弹簧片的初始形状，可以使它本身就具有使动触点压向下部静触点的初始力。这样做使得开关只有一个稳定状态，就是动触点和下部静触点接触的初始状态。按下按钮时，触点的状态改变；放开按钮后，不需其他弹簧（图 12.7 中按钮下部的螺旋形压缩弹簧）的帮助，弹簧片就会自动恢复到初始状态。

微动开关与凸轮、杠杆等传动机构配合工作，就能组成各种不同的行程开关。图 12.8

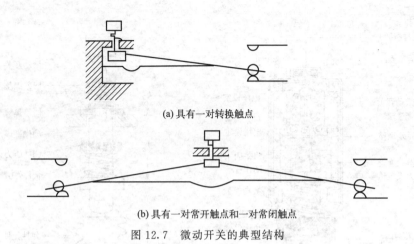

(a) 具有一对转换触点

(b) 具有一对常开触点和一对常闭触点

图 12.7　微动开关的典型结构

中画出了其中一种较常见的行程开关的结构。

　　滚轮 1 是用来和被测机械部件接触的。当机械部件前进并将滚轮回压向右方时，它将带动杠杆 2 绕轴转动。杠杆 2 和转动轴 4 是同轴的，因此转动轴 4 将沿顺时针方向旋转，克服复位弹簧的压力并通过缓冲弹簧去推动推动杆 6。推动杆 6 的下端压在微动开关的按钮上，因此滚轮旋转就会使微动开关动作，送出机械部件行程的开关量信息。当机械部件后退脱离该轮时，复位弹簧迫使滚轮和杠杆恢复原始位置，推动杆释放，微动开关复位，切断机械部件行程的开关量信息。将行程开关安装在待测机械部件行程的任何位置，即可取得机械部件行程到达这一位置的开关量信息。由此可见，当必须改变行程开关的整定值时，亦即改变发出开关量信息的行程位置时，必须改变行程开关的安装位置。因此，行程开关的整定值是半固定的，调整起来不是很方便。

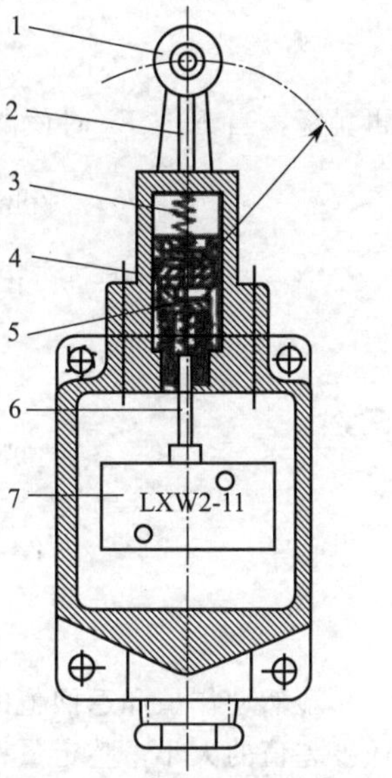

（2）压力开关

　　以直杆式压力开关为例说明，其结构如图 12.9 所示。

　　直杆式压力开关由弹性测量元件、动作杆、量程弹簧、回差弹簧、微动开关构成。校验时调整回差弹簧的推力改变动作值，调整量程弹簧的推力改变返回值。

　　被测介质送入弹性测量元件，弹性元件一般是膜片（包括膜盒）、弹簧管、波纹管。这些敏感元件把感受到的介质压力信号转换成位移、力或力矩信号。在直杆压力开关中，被测介质压力通过压力管道连接口进入波纹管转换为自由端的推力 F_1，原理如图 12.9 所示。

图 12.8　行程开关的结构
1—滚轮；2—杠杆；3—复位弹簧；
4—转动轴；5—撬块；6—推动杆；
7—微动开关

　　主动力 F_1 作用到动作杆上，同量程弹簧产生的作用到动作杆上的力 F_2 相比较，当 $F_1 > F_2$ 时，动作杆开始向上移动，准备驱动微动开关。在动作杆开始移动时，由于动作杆的凸肩结构，使得回差弹簧产生的力 F_3 也开始作用到动作杆上，这个力阻止了动作杆的向上移动，因此动作杆要驱动微动开关，F_1 必须大于 F_2 和 F_3 的合力，即 $F_1 > F_2 + F_3$，此时动作杆移动，触碰微动开关，输出开关量信号。

　　压力开关的动作值为 F_2、F_3 的合力，即 $F_2 + F_3$，如图 12.10 所示。在微动开关动作后，若压力开始降低，则当压力降低到 $F_1 = F_2 + F_3$ 时，动作杆开始脱离回差弹簧的作用力，但并未回到初始状态，直至压力继续降到 $F_1 = F_2$ 时，主杠杆才恢复到平衡状态，压力

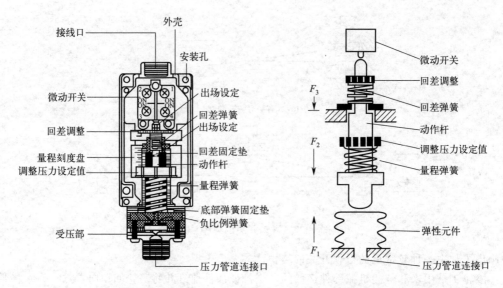

| (a) 直杆式压力开关结构 | (b) 直杆式压力开关工作原理 |

图 12.9　直杆式压力开关结构及工作原理

再稍降，当 $F_1 < F_2$ 时使微动开关复位，压力开关的返回值即为量程弹簧产生的复位值 F_1。

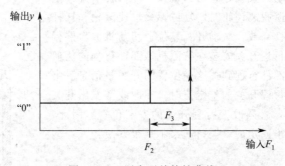

图 12.10　压力开关特性曲线

　　显然动作值和返回值的差值 F_3 为压力开关的切换差，整定回差弹簧的推力 F_3 就可以改变差值的大小，整定量程弹簧的推力 F_2 可以改变返回值的大小，实际动作值为返回值加上差值。因此在整定压力开关的动作值时，应该首先利用量程弹簧的整定螺钉整定好开关的复位值后，再利用回差弹簧的整定螺钉去整定开关的动作值。

（3）温度开关

　　温度开关也称温度控制器或温度继电器，因为很难找到一种温度开关的结构能适应不同的温度测量范围，所以对于不同的温度测量范围常常选用结构不同的温度开关。在 $0\sim$ $100℃$ 的温度范围内，通常采用固体膨胀式的温度开关；在 $100\sim250℃$ 的温度范围内，大多会采用气体膨胀式的温度开关；对于 $250℃$ 以上的温度范围，则只能采用热电偶或热电阻温度计，经过测量变送器转换为模拟量电信息，再通过电量转换开关转换为开关量信息。

　　固体膨胀式温度开关的工作原理，基于固体的直线尺寸会随温度的变化而改变的性质。在一定的温度范围内，固体的长度和温度的关系可以用下列直线方程来表示。

$$L_t = L_0(1 + \beta t)$$

　　式中，L_t 为固体在温度为 $t℃$ 时的长度；L_0 为固体在温度为 $0℃$ 时的长度；β 为固体在 $0\sim t℃$ 温度范围内的线膨胀系数。一般铜、黄铜和铝的 β 值约在 $(1.5\sim3)\times10^{-5}/℃$，铟钢

（不变钢）的 β 值约为 $0.09 \times 10^{-5}/\text{℃}$。

利用不同固体受热后长度变化的差别产生位移推动开关的触点动作，就可制成温度开关。

常见的温度开关有两种，一种是由双金属片构成的，另一种是由金属棒构成的，它们的工作原理如图 12.11 所示。

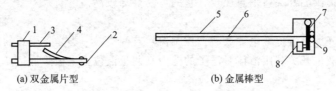

(a) 双金属片型　　　　　　　　　(b) 金属棒型

图 12.11　固体膨胀式温度开关的工作原理
1—绝缘基座；2—动触点基片；3—静触点；4—双金属片；5—套管；
6—铟钢棒；7—杠杆；8—微动开关；9—调整螺帽

双金属片构成的温度开关的结构如图 12.11(a) 所示。动触点基片 2 和静触点 3 固定在绝缘基座 1 上，由双金属片 4 构成的动触点则绑在动触点基片 2 上。双金属片的自由端有动触点和静触点接触。双金属片是由两种线膨胀系数不同的材料叠在一起组成的，例如将黄铜片叠在铟钢片上。当温度升高时，由于黄铜的伸长较铟钢长，双金属片的自由端将向下移动而使触点断开。

该种温度开关的动作值一般都是在制造时决定的，使用过程中无法随意整定。由于测温过程中总是伴随着传热的平衡过程，也就是说温度变化后，总要经过一段时延，温度开关各部分的温度才能达到平衡，所以这种温度开关的动作死区是比较大的。

这种温度开关的体积较小，可以直接装在被测温度的地点，例如将温度开关埋在轴承的金属中。开关只有一对常闭触点，当温度达到动作值时触点断开，当需要反相的信息时必须外加换相电路。

金属棒构成的温度开关结构原理如图 12.11(b) 所示。它的核心是一根铟钢棒 6 和套在棒外的黄铜或铝的套管 5。铟钢棒的一端和套管焊在一起。当温度升高时，由于铟钢棒的伸长较套管要小，棒和套管自由端之间的距离变小。棒的自由端通过调整螺帽 9 带动杠杆 7。杠杆通过缓冲弹簧片压在微动开关的按钮上，使微动开关动作，送出开关量信息。当温度降低时，情况正好相反，铟钢棒和套管自由端之间的距离变大，使微动开关复位。由于微动开关的动作死区和传热平衡过程的影响，这种温度开关具有一定的动作死区，但是这个动作死区的大小是无法改变的。

这种温度开关的动作值可以利用棒端的调整螺帽来整定。当螺帽旋进时，动作值降低；螺帽旋出时，开关的动作值升高。

气体膨胀式温度开关的测量元件和气体压力式温度计的完全相同。温度开关的其他部分结构和压力开关的完全相同。装在被测温度处的温包内通常充入氮气。温包通过密封的毛细管将压力引到压力开关的测量元件中。当被测温度改变时，温包内充气的压力跟着相应地改变。压力开关按照温包内充气压力的变化而送出开关量信息。这一部分的工作原理和压力开关的完全相同，这里不再赘述。

和压力开关的情况相似，这种温度开关的复位值和差值都可以独立整定，并且在开关上均设有它们的温度值指示。但是，为了保证它们动作值的准确性，也应该在温度计校验装置（油槽或水槽）内进行温度开关动作值的整定工作。至于动作值的整定步骤和方法，则与压力开关的完全相同。

上面所说的温度开关适应的范围是有限的，一般只适用于 250℃ 以下的温度范围。对于更高温度范围，如 250℃ 以上的给水温度，500℃ 左右的蒸汽温度和 1000℃ 左右的烟气温度，通常都是先采用传统的测量变送器与热电阻或热电偶配合工作，将温度值的变化转换为模拟量的电信号，然后再将这一模拟量信息送入电量转换开关转换为开关量的信息。用这种方法获得温度的开关量信息时，由于中间转换环节仍相当多，可靠性还是较差的。但是与显示仪表的附加开关所提供的开关量信息比较，它的可靠性却较高。

（4）液位开关

常见的液位开关（液位继电器或液位控制器）有两类，一类是浮子式的，另一类是电极式的。浮子式的液位开关利用液体对浮子的浮力来测量液位，电极式液位开关利用液体的电导来测量液位。

浮子式液位开关的结构如图 12.12 所示。图中所画的位置就是开关工作时的位置，与磁钢 3 刚性连接的空心浮子 1 用来测量液位，它可以随液位的变化沿着轴 7 偏转，同时带动磁钢偏转。当液位降低带动浮子落到最低位置时，磁钢偏转到最高位置。由于壳体是由非磁性材料制成的，这时装在壳体外的舌簧管 4 脱离磁钢磁场的影响而致触点断开。当液位上升时，浮子受液体的浮力作用上升，而磁钢也随之下降。当磁钢降到水平位置时，它的磁场透过壳体使舌簧管动作，触点闭合。当液位继续上升时，为了避免带动磁钢下降使舌簧管再次释放，在浮子下部设有限位器 5，以使磁钢降到水平位置后就不能再继续下降。

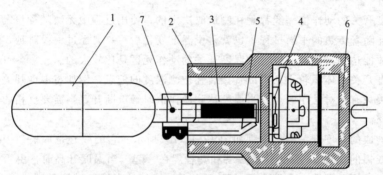

图 12.12　浮子式液位开关的结构

1—浮子；2—壳体；3—磁钢；4—舌簧管；5—限位器；6—盖；7—轴

如图 12.12 那样安装的液位开关，液位高于浮子时输出触点闭合。如果需要反相的开关量信息，亦即要求液位低于浮子时输出触点闭合，可以将磁钢的限位器装在磁钢的上方。实际上只要将液位开关原地旋转 180°，即可达到这一目的。这时，即液位低于浮子时，由于浮子受限位器的限制停留在水平位置，磁钢使舌簧管的触点闭合；而当液位超过浮子的高度后，浮子则上升，带动磁钢使舌簧管的触点断开。

液位开关的磁钢隔着壳体移近舌簧管时，舌簧管的触点受磁力线的作用而闭合。但当磁钢离开舌簧管时，由于磁滞现象，磁钢必须离开较远时才能使舌簧管的触点断开。这一现象使得液位开关的动作和复位之间存在着一定的死区，这个死区是无法整定的。使用这种液位开关时，应将开关的壳体按水平方向安装在被测液体容器的侧壁上。很明显，这种液位开关的动作值取决于液位开关安装的高度。因此要改变开关的动作值是比较困难的，必须改变液位开关的安装高度，也就是说必须在容器上重新开孔。这一点，并不是都能做到的，因此在设计过程中应该慎重决定液位开关的动作值。

这种液位开关用于不同液体时的动作值是不相同的。液位开关的动作值一般是在液位到达浮子的轴 7 或更高一些，也就是说要到达浮子中心线或更高一些处。但是对于不同的液体来说，同样到达浮子轴 7 并不一定能到达浮子中心线。这是因为，浮子所受浮力是和它没入液体中的体积和被测液体的比重成正比的。对于同一个浮子来说，被测液体的密度直接影响液位开关的动作值。当液体的比重大时，较液位开关中心线低的液位就可能使开关动作。而当液体的比重小时，液位必须高于液位开关的中心线才能使开关动作。为了准确地确定液位开关的安装位置，必须弄清液位开关用于不同液体时的动作液位。

由于使用了空心浮子和磁钢，这种液位开关的工作压力和工作温度都受到了限制。一般情况下，它的工作压力不超过 3MPa（30kgf/cm²），工作温度不超过 150℃。

对于工作温度较高的场合，可以采用扭管结构的液位开关。在这种开关里，浮子的位移转换为转角后，通过扭管直接带动微动开关。

电极式液位开关利用被测液体的电导来测量液位，它的工作原理如图 12.13（a）所示。

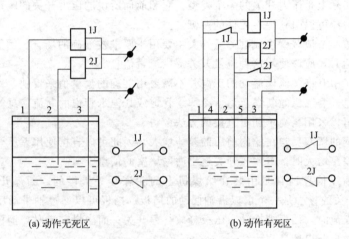

(a) 动作无死区　　　　　　　　　(b) 动作有死区

图 12.13　电极式液位开关

电极装在被测液体的容器壁上，并与容器壁绝缘。当容器内的液体没有触及电极时，电极之间的电阻极大，中间继电器绕组电路不通，继电器释放。当液体的液位上升并触及电极时，由于液体的电导使两个电极之间的电阻急剧降低，中间继电器绕组电路合通，继电器动作，继电器的触点送出液位的开关量信息。图中，电极 3 是公用电极，电极 1 是高限电极，电极 2 是低限电极。液位达到电极 1 时，中间继电器 1J 动作，送出高限液位信息。这时低限电极 2 已没入液体中，所以低限液位信息应使用中间继电器 2J 的常闭触点送出。当液位降低到脱离电极 2 时，中间继电器 2J 释放，2J 的常闭触点送出低限液位信息。

电极式液位开关只适用于导电度较高的液体，可应用于酸碱溶液和炉水、凝结水、补充水和循环水等处。一般酸碱溶液的导电度在 1S/cm 以下，凝结水的导电度在 1×10^{-6}S/m 左右，而炉水的导电度在 1×10^{-3}S/cm 左右。因此，只要选用适当的中间继电器，就可以利用电极可靠地测量液位信息。当然对于不同的被测液体和工作条件（工作压力和温度），应该选用不同的材料制作电极，并采用不同结构的电极。

也可以直接由电极引出液位的开关量信息，但这时信息的表现形式将是高电阻和低电阻两种状态。

从电极式液位开关的工作原理可以看出，它的动作是没有死区的。如果要求液位开关的动作值和复位值之间具有差值，则应增加电极，并按图 12.13（b）所示接线。当液位升到电极 1 时，继电器 1J 动作，送出液位高限信息。液位降低脱离电极 1 时，1J 通过电极 4 自保持，直到液位低于电极 4 后 1J 才释放，切断液位高限信息。同样，当液位降低到电极 2 以下时，2J通过电极5自保持，直到液位低于电极5后2J才释放，并通过常闭触点输出液位低限信息，这个信息要等液位上升到触及电极2后才会切断。

电极式液位开关的动作值决定于电极端部的位置。垂直安装的电极改变动作值时，必须改变电极的长度。水平安装的电极改变动作值时，必须在容器上重新开孔。因此开关的动作值也是很难在使用过程中任意改变的。

（5）流量开关

目前大部分蒸汽和水的流量都是采用传统的节流方法测量的。测量流量时，利用孔板和喷嘴等已经标准化了的节流装置将流量值转换为差压值，再用流量变送器将差压值转换为与流量成比例的模拟量电信息，供显示仪表进行显示。输出开关量信息的流量开关，则利用差压开关测量节流装置转换出的差压值。根据节流装置的流量-差压特性整定差压开关的动作值，即可得到流量的开关量信息。

差压开关实际上是压力开关的一个类型。它和前面所说的压力开关的区别仅是测量元件为双室，被测差压可以引到弹性元件的两侧。

由差压开关和节流装置组成的流量开关主要用于要求较准确的场合。例如，给水泵出口流量达到规定值时，应该使用这种流量开关提供流量信息。

在工业厂矿中有许多流体流动的工况并不需要用准确的流量值来反映，例如管道中所设滤网的堵塞信息、磨煤机的断煤信息、冷却水管道或其他水管道的断流信息等。这些流量的开关量信息就可以采用更简单和更直接的方法取得。

管道中滤网的堵塞反映在滤网前后的差压增大，因此可以直接使用差压开关测量滤网前后的差压。当差压增大时，由差压开关送出滤网堵塞的信息。

磨煤机的断煤信息通常是由装在给煤机上的断煤开关提供的。断煤开关的原理如图12.14所示。开关的核心是一个可以沿轴摆动的挡板。挡板可以通过轴带动压板去按压行程开关。当存在煤流时，挡板被推动，压板释放行程开关；而当煤断流时，挡板复位，压板强压行程开关，送出断煤信息。

至于管道内水的断流信息，即反映管道内是否有水流过的信息，根据被测管道的大小可以采用不同的方法来实现。对于大直径管道，可以将图12.12所示的浮子式液位开关安装在管道水平段的上方，如图12.15所示。当管内没有流体时，浮子由于自重处于垂直位置。这时磁钢靠近舌簧管，它的磁力线透过壳体使舌簧管的触点闭合，送出断流信息。管内有流体流过时，由于流体充满管内，浮子受到液体的浮力和流体的冲击向流体流动方向摆动。这时磁钢离开舌簧管，舌簧管的触点断开，切断了断流信息。使用浮子式液位开关作为断流开关时，必须注意浮子的允许运动方向应和流体的流动方向一致。也就是说，在安装液位开关时应使浮子的限位器迎着流体的流向，否则开关将无法正常工作。

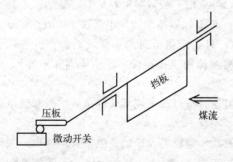

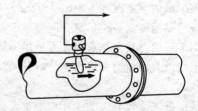

图12.14　断煤开关的原理　　　　　图12.15　用液位开关作断流开关

至于小口径管道的断流信息，则应采用专门的断流开关。断流开关通常由装在开关壳体中的挡板、活塞或浮子配以开关构成。开关的壳体连接在管道中。当没有流体流过时，开关的挡板、活塞或浮子受本身的重力或在弹簧的帮助下处于初始位置，它们通过杠杆或磁场带动开关送出断流信息。当管道内有流体通过时，断流开关的挡板、活塞或浮子被管内流体所推动，离开了初始位置，因而释放了开关，并切断了断流信息。典型的断流开关如图12.16所示。

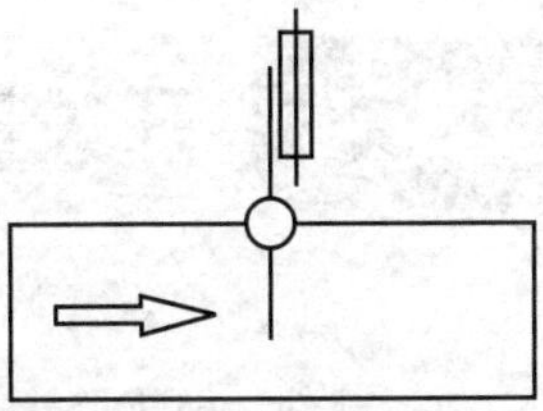

图12.16 典型的断流开关

（6）电量转换开关

为了将已经转换为直流电流或电压值的模拟量电信息转换为开关量信息，必须使用电量转换开关。电量转换开关可以用来测量火电厂中的各种电工参数，如电流、电压、电功率和频率等，获得它们的开关量信息。它也可以用来测量已经转换为模拟量电信息的热工参数或其他参数，获得它们的开关量信息。前面已经指出，对于250℃以上的温度范围，暂时还没有适用的温度开关。通常在这个范围内的温度值是已经转换为模拟量电信息的，将这一模拟量电信息送入电量转换开关，即可获得高温的开关量信息。

电量转换开关的工作原理框图如图12.17所示。它的核心部分是比较电路。需要转换为开关量信息的电压值，也就是电量转换开关的输入电压和定值电路的输出电压一起送入比较电路，进行比较。比较电路可以比较这两个输入电压的大小。当输入电压小于定值电压时，比较电路输出一种工况。而输入电压大于定值电压时，比较电路输出另一种工况。这样一来，就达到了将模拟量电信息转换为开关量信息的目的。而且只要改变定值电路输出的电压值，就可以改变电量转换开关的动作值。

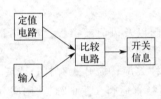

图12.17 电量转换开关的工作原理框图

用集成运算放大器构成的比较电路，结构简单、整定方便、使用灵活，而且在和继电器共同组成电量转换开关时不会受继电器本身特性的影响，因此近年来得到了广泛的应用。

（7）火焰转换开关

火焰转换开关通常称为火焰检测器。它用来监视燃烧器的火焰，可以输出开关量信息。常见火焰检测器有火焰导电极、紫外线检测器和红外线检测器几种。

火焰棒是利用火焰使空气电离导电的原理制成的。将能耐高温的硅碳棒电极伸到火焰的根部，检测该点空气的电导。在没有火焰时，空气的电导率很低。但是在有火焰时，由于火焰能使空气电离，导电率变高。用电极测得这个导电率的变化值，就可以取得有无火焰的开关量信息。由于火焰棒必须直接伸入火焰，而且煤种的变化和燃烧方式的变化都会影响火焰棒的工作，因此目前仅用于点火器上，用以检测点火器的火焰。

紫外线火焰检测器的敏感元件是一个充满气体的放电管。火焰根部的紫外线能使放电管内气体电离而导通。根据放电管是否导通就可以取得火焰有无的开关量信息。紫外线火焰检测器能准确检测到火焰根部的紫外线辐射量而不会受炉墙辐射的影响，然而油雾和煤灰对于紫外线都有强烈的吸收能力，因此紫外线火焰检测器目前只在燃气的锅炉上使用得较多且有实效。由于红外线火焰检测器会受到高温炉墙辐射的红外线的影响，不能直接利用火焰产生的红外线变化来区别火焰的有无，因此大多用检测火焰闪烁的方法来检测火焰。火焰燃烧时会发出不断闪烁的可见光，而且闪烁的频率在150Hz以上。用光电元件检测出火焰闪烁的频率，就可以根据电信息的频率变化得到火焰有无的开关量信息。

12.4 开关量执行部件

执行部件，即执行器，指能够接收控制系统的指令并直接改变能量或物料输送量的装置。这些量的改变作为被控对象的输入，影响或改变被控对象的输出，这个输出一般就是控制系统中的被控量。对执行部件基本的定义是：一种能提供直线或旋转运动的驱动装置，它利用某种驱动能源并在某种控制信号作用下工作，并改变进入被控对象的能量。执行部件一般由驱动部和调节部两部分组成，前者称执行机构，后者称调节机构。用于流体流量的调节机构也称为调节阀，简称为阀门。执行机构使用电力、液体、气体或其他能源并通过电动机、油动机、气缸或其他装置将其转化成驱动作用。基本的执行机构用于把阀门驱动至全开或全关的位置。

阀门的种类、阀芯的类型以及阀内件和阀门的结构和材料通常由生产过程要求和工艺介质决定。阀门有如下两种基本操作类型。

① 角行程阀门。也称单回转阀门，包括旋塞阀、球阀、蝶阀以及风门或挡板。这类阀门需要以要求的力矩进行90°旋转操作的执行机构。

② 直行程阀门。也称多回转阀门，可以是非旋转提升式阀杆或旋转提升式阀杆，或者说它们需要多回转操作去驱动阀门到开或关的位置。这类阀门包括直通阀（截止阀）、闸阀、刀闸阀等。作为一种选择，直线输出的气动或液动气缸或薄膜执行机构也用来驱动上述阀门。

执行机构按两种基本的阀门操作类型来考虑。有四种类型的执行机构可供选择，它们能够使用不同的驱动能源，能够操作各种类型的阀门。

① 电力驱动直行程执行机构。电力驱动直行程执行机构常是多回转式结构，是最常用、最可靠的执行机构类型，使用单相或三相电动机驱动齿轮或蜗轮蜗杆，最后驱动阀杆螺母，阀杆螺母使阀杆产生运动，从而使阀门打开或关闭。

这种多回转式电力驱动直行程执行机构可以快速驱动大尺寸阀门。为了保护阀门不受损坏，安装在阀门行程终点的限位开关会切断电机电源，同时当安全力矩被超过时，力矩感应装置也会切断电机电源，位置开关用于指示阀门的开关状态，安装离合器装置的手轮机构可在电源故障时手动操作阀门。

这种类型的执行机构的主要优点是所有部件都安装在一个壳体内，在这个防水、防尘、防爆的外壳内集成了所有基本及先进的功能，主要缺点是，当电源故障时，阀门只能保持在原位，只有使用备用电源系统，阀门才能实现故障安全操作（故障开或故障关）。

② 电力驱动角行程执行机构。这种执行机构类似于电动多回转执行机构，主要差别是执行机构最终输出的是 1/4 转，即90°的运动。

电力驱动角行程执行机构常是单回转执行机构，单回转执行机构结构紧凑，可以安装到小尺寸阀门上，通常输出力矩可达 800kgf·m（1kgf·m＝9.8N·m），另外所需电源功率较小，它们可以安装电池来实现故障安全操作。

③ 流体驱动单回转式执行机构。气动、液动单回转执行机构非常通用，它们不需要电源并且结构简单、性能可靠。它们应用的领域非常广泛。通常输出从几公斤力到几万公斤力。它们使用油缸、气缸及传动装置将直线运动转换为角输出，传动装置通常有拨叉、齿轮齿条、杠杆。齿轮齿条在全行程范围内输出相同力矩，它们非常适用于小尺寸阀门，拨叉具

有较高效率，在行程起点具有高力矩输出，非常适合于大口径阀门。气动执行机构一般安装电磁阀、定位器或位置开关等附件来实现对阀门的控制和监测。这种类型的执行机构很容易实现故障安全操作模式。

④ 流体驱动多回转式或直线输出执行机构。这种类型执行机构经常用于操作直通阀（截止阀）和闸阀，它们使用气动或液动操作方式，结构简单，工作可靠，很容易实现故障安全操作模式。

通常情况下人们使用电力驱动执行机构来驱动闸阀和截止阀，只有在无电源或特殊情况下才考虑使用液动或气动执行机构。

接下来将分别说明电动、液动、气动执行机构和相关控制元件。

12.4.1 电动执行机构

电动执行机构从工作类型上可分为电动式执行机构和电磁式执行机构，前者配合阀门构成各种电动门，广泛用于闸阀、截止阀、蝶阀和球阀等阀门的开启和关闭。后者同阀门一体称为电磁阀，用于调整流体的方向、流量、速度等参数。电动门和电磁阀是工业生产中应用最广泛的基础执行部件。

（1）电动执行机构的组成与保护要求

电动执行机构主要由电动机、减速器、力矩行程限制器、开关控制箱、手轮和机械限位装置以及位置发送器等组成，如图 12.18 所示。角行程和直行程电动执行机构的结构框图如图 12.19 所示。以角行程电动执行机构为例说明各组成部分。

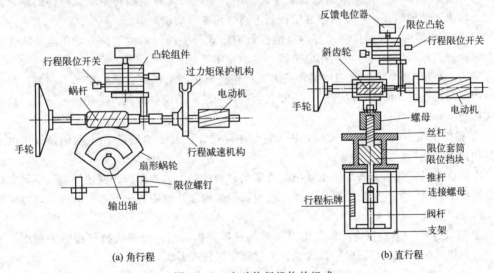

(a) 角行程　　　　　　　　(b) 直行程

图 12.18　电动执行机构的组成

① 电动机：采用专门设计的按 10~15min 短时工作的特种单相或三相交流异步电动机，功率一般为 40W 到 10kW。电动机是异步电动机，具有高启动力矩、低启动电流和较小的转动惯量，因而有较好的伺服特性。为防止电动机惰走，可选用带断电刹车装置的电动机。

② 主传动机构：电动机通过主传动机构进行高减速比的减速，把电动机高转速、低力矩的轴输出转为主传动机构的低转速、高力矩的轴输出。最常见的结构形式为内行星齿轮和偏心摆轮结合的传动机构，这样的传动机构结构紧凑、机械效率较高，又具有机械自锁特性。

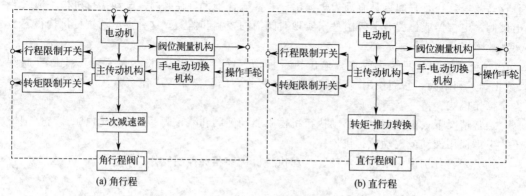

图 12.19　电动执行机构的结构框图

③ 二次减速器：对启闭件做转动角度仅为 90° 旋转运动的阀门（蝶阀和球阀），二次减速器采用蜗杆加蜗轮的传动机构。这种传动机构同样有较大的传动比，具有自锁性。传动过程中蜗杆承受的轴向力较大，磨损较严重。

对于启闭件做直线运动的阀门（闸阀和截止阀），主传动机构输出的转矩通过丝杠螺母传动转换为推力，带动启闭件动作，通常丝杠螺母都作为阀门的一个部件。

④ 行程限制开关：用来整定阀门的启闭位置。当阀门开度达到行程控制机构的整定值时，它将推动行程开关，发出信号给控制电路去切断电动机的电源。行程开关还可以发出信号供给其他自动装置使用。

⑤ 转矩限制开关：用来限制电动装置的输出转矩，当转矩达到转矩限制机构的整定值时，此机构推动转矩开关，发出信号给控制电路去切断电动机的电源。

⑥ 阀位测量机构：阀位测量机构以模拟量的形式提供阀门的位置信号，在电动装置本体上有机械式指示信号，也可利用电位器、差动变压器远传电气信号。

⑦ 手-电动切换机构：常用的结构是人工把切换机构（机械离合器）切到手动侧，就可以使用手轮操作电动阀门。电动时，只要电动机一旋转，切换机构就自动切回电动侧，这种方式称为半自动切换机构。

⑧ 操作手轮：电动操作故障时，用来进行手动操作，但必须先将手-电动切换机构由电动侧切到手动侧。

电动执行机构的动力来源于电动机，要满足自动控制、远方操作和就地控制等不同方式的运行要求，保证执行机构的可靠工作，避免执行机构意外故障造成不必要的损失，重要的电动门要考虑以下保护措施。

① 行程保护。电动执行机构考虑采用多重行程保护机制，包括机械行程保护系统、电气行程保护系统、电路行程保护系统和开关过程定时监控系统。

② 过力矩保护。专门设置开、关方向的过力矩检测开关，以电气行程保护系统、电路行程保护系统形式进行监控，一旦遇到故障而超过安全力矩值时，力矩开关动断触点立即断开，迫使电动机停止运转，以防止操作力矩过大而造成电动装置及阀门有关部件的损坏。另外通过检测电动机的实时电流、电压和磁通，精确测量电动机的实际工作力矩，也可以间接进行电动门过力矩保护。这种方案无需对通常采用的力矩开关进行复杂的调整，使现场调试变得极为简便。

③ 电动机过热保护。在动力回路中设置过热继电器，避免电动机长时间过载运行。也可以在电动机线圈内植入热保护传感器，实时检测温度变化，当温度过热时将终止电动机继续运行，温度正常后，再自行恢复。

④ 电动机过流保护。电动机正常工作时的过流通常与电动机过载、电源缺相、欠压有关。设置过流保护器后，当某种原因使电动机出现过电流时，终止电动机继续运行。

⑤ 电动机缺相保护。三相电动机电源如果缺少一相，电动机扭力会变小，转子转速会下降，从而导致其他两路电流增大，烧毁电动机绕组。设置缺相保护器对三相电进行监控，如有断路情况，就会自动切断电源，避免烧毁电动机绕组。

目前出现的总线型、智能型电动执行机构不仅扩展了多种本体设备保护手段，还提供了许多过程控制保护手段及运行参数选项，方便了设备的维护和调整，极大提高了设备的运行可靠性。

（2）电磁阀的类型和图例符号

电磁阀由电磁线圈和磁芯组成，是包含一个或几个孔的阀体。当线圈通电或断电时，磁芯的运转将导致流体通过阀体或被切断，以达到控制流体流动或流向的目的。电磁阀的电磁部件由定铁芯、动铁芯、线圈等部件组成，阀体部分由滑阀芯、滑阀套、弹簧底座等组成。电磁线圈被直接安装在阀体上，阀体被封闭在密封管中，构成一个简洁、紧凑的组合，如图12.20所示。

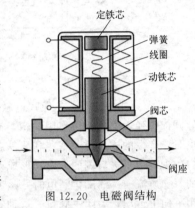

图 12.20　电磁阀结构

当线圈通电产生电磁力，使动铁芯克服弹簧力同静铁芯吸合直接开闭阀时，有2种工作状态可选择：动断型和动合型。动断型断电时呈关闭状态。线圈通电时产生电磁力，使动铁芯克服弹簧力同静铁芯吸合直接开启阀，介质呈通路。线圈断电时电磁力消失，动铁芯在弹簧力的作用下复位，直接关闭阀，介质不通。动合型反之。

按电磁阀的工作过程可将电磁阀分为直动式、分步直动式和先导式三种。

① 直动式电磁阀。当线圈断电时，动铁芯在弹簧力的作用下复位，直接关闭阀口，介质不通。线圈通电时产生电磁力，动铁芯克服弹簧力而同静铁芯吸合直接开启阀门。直动式电磁阀结构简单，动作可靠，一般在零差压和微真空下工作。图12.21所示为直动式电磁阀开闭时的工作状态。

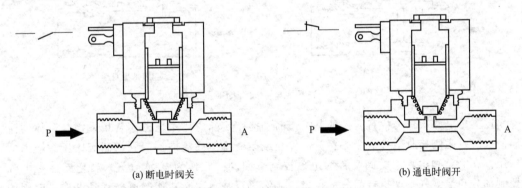

<table>
<tr><td>(a) 断电时阀关</td><td>(b) 通电时阀开</td></tr>
</table>

图 12.21　直动式电磁阀的工作状态

② 分步直动式电磁阀。该阀采用主阀和导阀连为一体的结构。主阀和导阀分步利用电磁力和差压直接开闭主阀口。当线圈断电时电磁力消失，设在主阀口上的导阀口在弹簧力作用下关闭，主阀芯在弹簧力和逐渐形成的主阀上腔压力升高和下腔压力减小的差压作用下关闭主阀，介质断流。当线圈通电时，产生电磁力使动铁芯和静铁芯吸合，导阀口开启，此时主阀芯上腔的压力通过导阀口卸压，下腔压力逐渐升高，在电磁力和差压的同时作用下使主

阀芯向上运动，开启主阀介质流通。此阀结构合理，动作可靠，在零差压或真空、高压时也能可靠工作。图 12.22 所示为分步直动式电磁阀开闭时的工作状态。

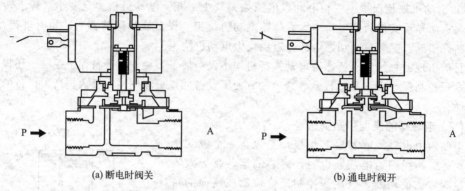

(a) 断电时阀关　　　　　　　　　　(b) 通电时阀开

图 12.22　分步直动式电磁阀的工作状态

③ 先导式电磁阀。先导式电磁阀由先导阀和主阀芯联系形成通道组合。未通电时，先导阀依赖弹簧力的复位作用关闭，流体进入主阀上腔加强弹簧力作用呈关闭状态。当线圈通电时，产生的磁力使动铁芯和静铁芯吸合，导阀口打开，介质流向出口，此时主阀芯上腔压力减少，低于进口侧的压力，形成差压克服弹簧阻力而随之向上运动，达到开启主阀口的目的，介质流通。线圈再断电时，磁力消失，导阀口关闭，主阀差压减小，动铁芯在弹簧力作用下向下运动，关闭主阀口。这种阀体积小、功率要求低，但必须在满足流体差压的条件下工作。图 12.23 所示为先导式电磁阀开闭时的工作状态。

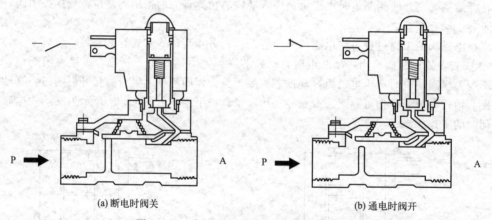

(a) 断电时阀关　　　　　　　　　　(b) 通电时阀开

图 12.23　先导式电磁阀开闭时的工作状态

以上是电磁阀作为执行元件的基本通断功能，实际应用中电磁阀常用来控制流体的流向。这时电磁阀接收电控命令去释放、停止或改变流体的流向，起到控制流体压力输出的作用。在电磁阀中，这类阀又称为电磁控制方向阀。它作为电-液（气）转化元件是电气控制部分和液（气）动执行部分的接口。显然执行基本通断功能的电磁阀是电控方向阀的特例。

为方便说明电磁阀的工作过程，以图 12.24 所示的半结构式工作简图为例直观地表明电磁阀的功能。图中所示电磁阀有 2 个工作位置：通电时和断电时。每一位置称之为"位"。阀对外接口的通路，包括进口、出口和排口的数目，称之为"路"或"通"。流体的进口端一般用字母 P 表示，排出口用 R 或 O 表示，而阀与执行元件连接的接口用 A、B 等表示以示区别。图中所示电磁阀路数为二，此阀就为二路二通电磁阀。当阀断电时 P、A 间不通，通电时 P、A 间接通。

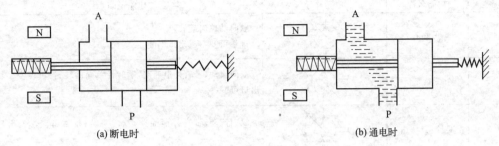

(a) 断电时   (b) 通电时

图 12.24 电磁阀的工作简图

通常电磁阀的功能用 2 个数字表示：X 和 Y，称为 X 位 Y 通电磁阀。"X 位"表示换向阀的切换位置。阀的位置数目就是 X 的数值。"Y 通"表示阀对外的接口，接口数目就是 Y 的数值。

图 12.25 是一个二位三通阀的工作过程。当阀断电时，P、A 间接通，PB 间不通；通电时，P、B 间接通，P、A 间不通。

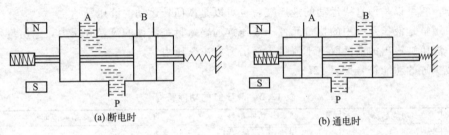

(a) 断电时   (b) 通电时

图 12.25 2 位 3 通阀的工作简图

为进一步方便对电磁阀复杂功能进行描述和设计，往往采用更为简洁的通用标准符号来表示电磁阀功能，这套符号就是电磁阀的图形符号。

12.4.2 液动执行机构

液动执行机构是以压力油或水为动力完成执行动作的一种执行器。液动执行器通常为一体式结构，执行机构与调节机构为统一整体。液动执行器的输出推动力要高于气动执行器和电动执行器，平稳可靠，有缓冲，无撞击现象，适用于对传动要求较高的工作环境。

液动执行器的工作需要外部的液压系统支持，运行液压执行器要配备液压站和输油管路，因而只适用于一些对执行器控制要求较高的特殊工况。为克服液动执行机构的不足，实际应用中较多使用电控系统和液动系统结合的电液执行机构。

（1）液动执行机构组成和功能符号

完整的液动执行机构主要由能源装置、执行装置、控制调节装置和辅助装置组成。

① 能源装置。将原动机（如电动机）输入的机械能转换成油液的压力，为系统提供动力。最常见的能源装置是液压泵。液压泵是一种能量转换装置，其功用是将原动机输入的机械能转换为油液的压力能，以液体压力、流量的形式输入液压系统中，为液压执行元件提供压力油，是液压系统的动力源。液压泵的主要性能参数是工作压力、排量、理论流量、实际流量和输出功率等。液压泵的主要功能符号见表 12.2。

表 12.2 液压泵主要功能符号

序号	功能名称	功能符号	功能说明
1	变量泵		顺时针单向旋转； 排量可变，入、出口不变
2	变量泵	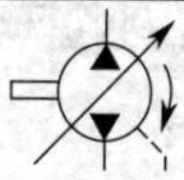	双向流动，带有外泄油路，顺时针单向旋转；排量可变，入、出口可变
3	变量泵/马达	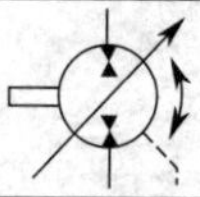	双向流动，带有外泄油路，双向旋转；排量可变，入、出口可变
4	定量泵/马达	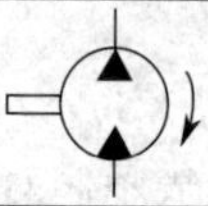	顺时针单向旋转； 排量固定，入、出口不变
5	手动泵	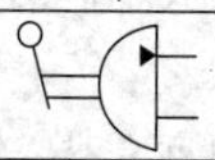	限制旋转角度，手柄控制；排量可变，入、出口不变

② 执行装置。执行装置将油液的压力能转换成机械能输出，是驱动调节装置的能量转换部分。它可以是做直线运动的液压缸，也可以是做回转运动的液压马达。

液压缸是液压系统中的执行元件。液压缸的输入量是液体的流量和压力，输出量是速度和力。液压缸输出的速度取决于流量，输出力取决于压力。

液压缸的功能符号见表 12.3。

表 12.3 液压缸的功能符号

序号	功能名称	功能符号	功能说明
1	单作用单杆缸	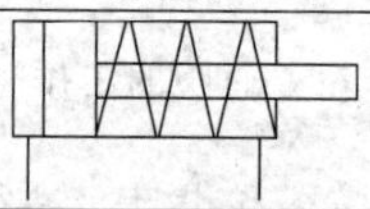	靠弹簧力回程，弹簧腔带连接油口
2	双作用单杆缸	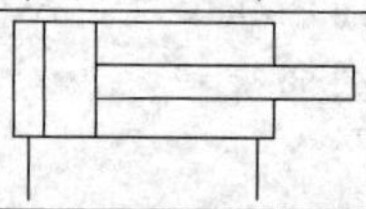	双作用单杆活塞缸
3	双作用双杆缸	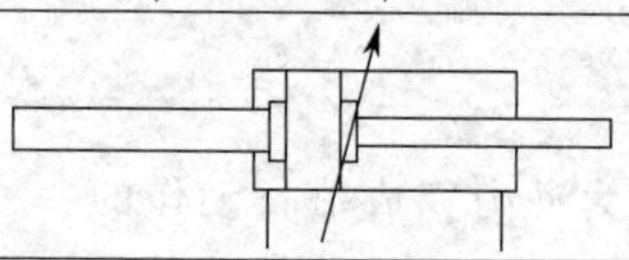	活塞杆直径不同，双侧缓冲，右侧缓冲带调节
4	双作用膜片缸	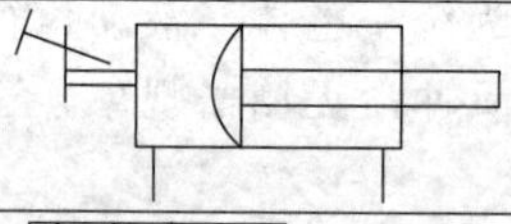	带有预定行程限位器
5	单作用膜片缸	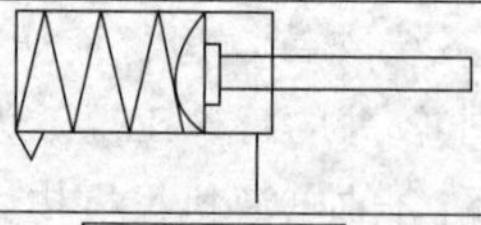	活塞杆终端带有缓冲，带排气口
6	单作用柱塞缸	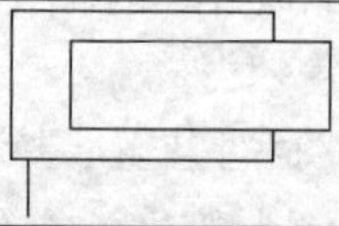	—

③ 控制调节装置。对系统中油液压力、流量、流动方向进行控制和调节的装置，包括压力阀、方向阀、流量阀等，统称为液压阀。方向阀利用通流通道的切换控制着油液的流动方向，又分为单向阀和换向阀两类。压力阀和流量阀利用通流截面的节流作用控制着系统的压力和流量。按对液压阀的控制方式分，有手动阀、机动阀和电动阀三种类型。手动阀指手

把及手轮、踏板、杠杆等驱动。机动阀指挡块及碰块、弹簧、液压驱动、气动驱动。电动阀指电磁线圈、伺服电机和步进电机控制。

液压阀的一些功能符号见表12.4。

表12.4 液压阀功能符号

序号	功能名称	功能符号	功能说明
1	单向阀		只能在一个方向自由流动
2	节流阀		可变流量节流阀
3	单向节流阀		单向作用节流阀
4	二位二通方向控制阀		双向流动,推压控制,弹簧复位,常闭
5	二位三通方向控制阀		单电磁铁控制,弹簧复位
6	二位四通方向控制阀		电磁铁控制,弹簧复位
7	三位四通方向控制阀		液压控制,弹簧对中
8	二位五通方向控制阀		双向踏板控制
9	三位五通方向控制阀		手柄控制,带有定位机构
10	溢流阀		直动式,开启压力由弹簧调节
11	顺序阀		直动式,手动调节设定值

序号	功能名称	功能符号	功能说明
12	二通减压阀	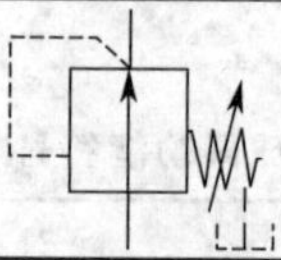	直动式,外泄型

④ 辅助装置。辅助装置是为保证液压传动系统正常工作所需要的其他装置,如油箱、过滤器、管道、管接头等。液压系统辅助装置的功能符号见表12.5。

表 12.5　液压系统辅助装置功能符号

序号	功能名称	功能符号	功能说明
1	软管总成		包括软管和两端的接头部分
2	快换接头	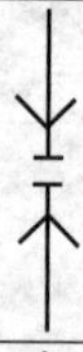	不带有单向阀,断开状态
3	快换接头		带有一个单向阀,断开状态
4	快换接头		带有一个单向阀,连接状态
5	过滤器	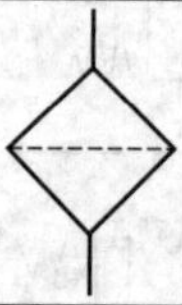	普通过滤器
6	离心式分离器	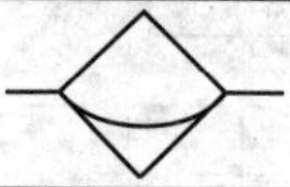	普通离心式分离器
7	冷却器	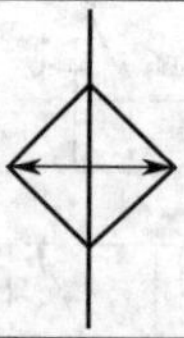	不带有冷却方式指示的冷却器
8	蓄能器		隔膜式蓄能器
9	气瓶	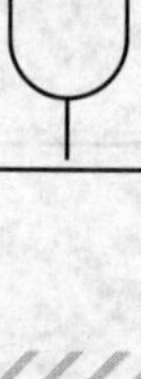	普通气瓶

安全检测与监控技术

（2）液动执行机构示例

液动执行机构是传递动力或功率的液压传递装置，在功率传递过程中兼顾执行元件的动作速度，实质上是一种液压传递调速回路。

图12.26（a）以各液压元件的半结构原理图的形式直观地表示出了这种可调速的执行回路。在启停阀9和换向阀15处于图12.26（a）所示状态时，压力油经启停阀、节流阀、换向阀进入液压缸活塞左室，液压缸活塞右室经换向阀同回油管路相通，两者的差压驱使活塞及与活塞相连的活塞杆向右移动。操作换向阀手柄16，使换向阀阀芯左移，处于图12.26（b）所示的最左端工作位置时，液压缸左、右室进出油路相反，产生的差压驱使活塞及与活塞相连的活塞杆向左移动。图中所示的换向阀还可以处于中间工作状态，并且4个油口均处于封闭状态，称此三位四通阀为"O型"中位机能阀，此时液压缸、排量泵均不卸荷。如果操作换向阀手柄11将启停阀9阀芯左移，转换成图12.26（c）所示的状态，则液压泵输出的油液经启停阀流回油箱。若换向阀15未处于中间状态，则液压系统处于卸荷状态，液压缸停止运动。在工作过程中，排量泵出口油压过高则由溢流阀7监控，打开溢流口使液压油流回油箱，溢流阀起安全阀的作用。节流阀13可以调节液压油流量的大小。因为液压缸活塞的移动速度 $v=q/A$，其中 q 为流量，A 为此流量流经的截面积，一般不能改变，因此通过改变流量就可以改变液压缸活塞的移动速度。

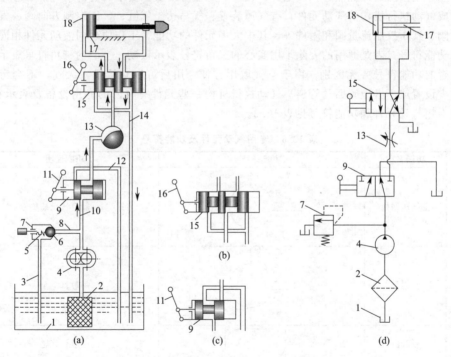

图12.26　液动执行机构半结构原理及符号图

1—油箱；2—过滤器；3、12、14—回油管；4—液压泵；5—弹簧；6—钢球；
7—溢流阀；8、10—压力油管；9—启停阀；11、16—换向手柄；
13—节流阀；15—换向阀；17—活塞及活塞杆；18—液压缸

半结构图便于进行原理说明，但其图形复杂，绘制麻烦，我国已经制定了用规定图形符号来表示液压原理图中的各元件和连接管路的国家标准《流体传动系统及元件　图形符号和回路图　第1部分：图形符号》（GB/T 786.1—2021）。设计液压系统时均应采用并遵循这套国家标准。采用这套简洁的图形符号设计的液压执行机构功能图如图 12.26(d) 所示。

若采用电磁驱动的电控阀替代启停阀 9 和换向阀 15，液动执行机构就可以接收电控信号而成为电液执行机构，进一步扩展了液动执行器作为自动化装置的应用范围。作为电控系统和液动系统接口的电磁换向阀是其中的关键部件。

12.4.3 气动执行机构

气动执行机构是用气压力驱动启闭或调节阀门的执行装置，又被称气动装置，通俗地称之为气动头。

气动执行机构因其具有操作方便、无油、无污染、防火、防电磁干扰、抗振动、抗冲压、介质无需回收等优点，在许多工控场合是优选的执行器。因为用气源做动力，其防爆性能高于电动执行机构，经济上比电动和液动要实惠，且结构简单，易于掌握和维护。

气动执行器的执行机构和调节机构是统一的整体，其执行机构有薄膜式、活塞式、拨叉式和齿轮齿条式。活塞式行程长，适用于要求有较大推力的场合。而薄膜式行程较小，只能直接带动阀杆。拨叉式气动执行器具有扭矩大、空间小、扭矩曲线更符合阀门的扭矩曲线等特点，但是不太美观，常用在大扭矩的阀门上。齿轮齿条式气动执行机构有结构简单、动作平稳可靠、安全防爆等优点，在发电厂、化工、炼油等对安全要求较高的场合都有应用。

构成气动执行机构的气动元件，有气源装置、气马达、气缸、气压控制方向阀、气压控制压力阀、气压控制流量阀和附件等，其中大多元件的功能、工作原理同液动元件相同，因此许多功能符号二者是通用的。除了用实心的三角符号表示液动、空心的三角符号表示气动外，两者的功能符号并无区别。由于空气取用方便，用后可以直接排入大气，不会污染环境，可少设置或不必设置回气管道。气动执行机构一些元件有自己的专用设备及表示符号。归纳的专用气动元件和功能符号见表 12.6。

表 12.6　专用气动元件及功能符号

序号	功能名称	功能符号	功能说明
1	空气压缩机	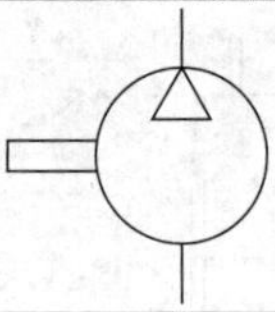	一般空气压缩机
2	真空泵	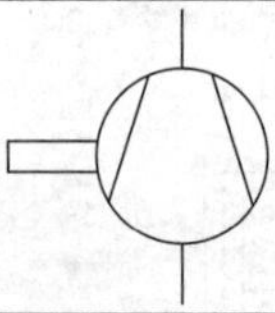	一般真空泵
3	软管缸	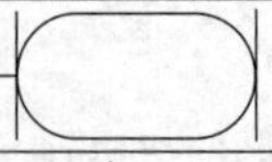	一般软管缸
4	过滤器	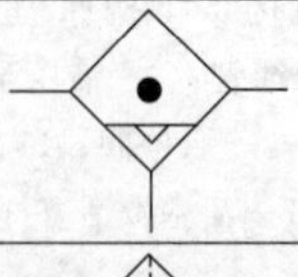	带有自动排水的聚结式过滤器
5	过滤器	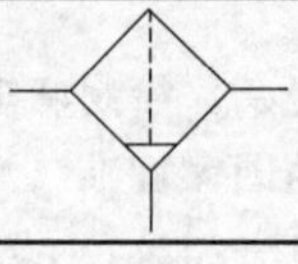	带有手动排水分离器的过滤器

安／全／检／测／与／监／控／技／术

序号	功能名称	功能符号	功能说明
6	油雾器		润滑油雾化器
7	气罐		一般储气罐

气动执行机构构成实例如图 12.27 所示。

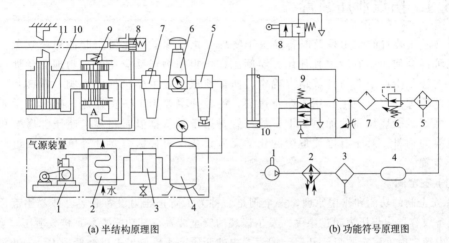

(a) 半结构原理图　　　　　　　　　(b) 功能符号原理图

图 12.27　气动执行机构示例图

1—空气压缩机；2—冷却器；3—油水分离器；4—储气罐；5—分水滤气器；
6—减压阀；7—油雾器；8—行程阀；9—气压驱动换向阀；10—气缸；11—工料

这是一套能够自动完成剪切动作的气动执行机构，其半结构原理图如图 12.27(a) 所示。空气经空气压缩机建立压力，经冷却器散热，经油水分离器进行净化，将其中的液态油水初步分离出来，经储气罐储能和稳压，提供较洁净的气压源。储气罐后的分水滤气器经常和减压阀、油雾器一起使用，集这三者为一体的元件称为气源三联体。分水滤气器可以通过滤芯将空气中的水分过滤，减压阀通过弹性元件来调整出口压力，油雾器将油化成油雾添加在压缩空气中，作为气动元件的润滑，对压缩气体进行干燥、压力调节和加雾化油，保障其后的气动控制阀、气缸等执行元件的长期可靠工作。换向阀 9 是气动操纵的二位四通机动阀，其动作受行程阀 8 控制。行程阀是挡块驱动的二位二通机动阀（参见表 12.4），由工料到达的位置驱动。气缸 10 的活塞轴连接剪刀，完成对工料的切割。

对应图 12.27(a) 的功能符号原理图如图 12.27(b) 所示，工作过程如下。

预备工作状态时，行程阀 8 处于动合位，封闭住换向阀 9 的 A 腔的压缩空气泄漏通路，压缩空气将阀芯推到上位，使气缸上腔充压，活塞处于下位，剪切机的剪口张开。

当送料机构将工料 11 送入并到达规定位置时，工料将行程阀 8 的阀芯向右推动，换向阀 A 腔通过行程阀 8 与大气相通，封闭在换向阀 A 腔的压缩空气泄压，换向阀阀芯在弹簧的作用下移到下位，将气缸上腔与大气连通，下腔与压缩空气连通。此时活塞带动剪刀快速向上运动将工料切下。

工料被切下后，即与行程阀脱开，行程阀阀芯在弹簧作用下复位，将排气口封死，换向阀 A 腔再次封闭，腔内压力上升，阀芯上移，使气路换向。气缸上腔进压缩空气、下腔排气，活塞带动剪刀向下运动，系统又恢复到预备工作状态，等待第二次进料剪切。进料持续进行，剪切机随之连续工作。

12.5 安全功能类执行机构

12.5.1 防爆泄压装置

防爆泄压装置的作用是及时排除由于物理变化或化学变化所引起的超压现象。它们有时几种混合使用，有时单独使用，实际工作中根据物料反应特性、物理化学性质、设备的重要性及生产工艺条件等情况确定。防爆泄压装置主要包括安全阀、爆破片、防爆门和放空管等。安全阀主要用于防止爆裂，爆破片主要用于防止爆炸，防爆门主要用在燃油、燃气或燃烧煤粉的加热炉上，放空管是用于紧急排泄有超温、超压、爆聚和分解爆炸危险的物料。对于有爆炸危险的化学反应设备，应根据需要设置单一的或组合的防爆泄压装置。

（1）安全阀

① 安全阀的功能和作用原理。安全阀是一种为了防止压力设备和容器或易引起压力升高的设备或容器内部压力超过限度而发生爆裂的安全装置，其功能主要是排放泄压。当设备内部压力超常时，安全阀自行开启，把容器内的介质迅速排放出去以降低压力，防止设备超压爆裂；当压力降低至正常值时，自行关闭。同时，若设备超压，安全阀开启，向外排放介质，产生气体动力声响，可起到报警作用。

安全阀的形式通常是由阀体、阀芯和加压载荷等三个主要部分组成。阀体与受压设备相通，阀芯下面承受设备介质的压力，阀芯上面有加压载荷。当设备内的压力为正常值时，加压载荷大于介质作用力，因而阀芯紧压着阀座，安全阀处于关闭状态；当设备内压力大大超过正常值时，介质作用力大于预加的载荷，于是阀芯被顶离阀座，安全阀开启，介质从阀中排出；当设备内压下降至正常值时，介质作用力小于所加载荷，阀芯又被压回阀座，安全阀关闭。调节阀芯上面的加压载荷可以获得所需要的安全阀开启压力。

② 安全阀的安装范围。

a）应当安设安全阀的设备。为了保证安全，在有可能发生超压的下列设备上应当安设安全阀。

（a）顶部最高操作压力等于0.01MPa的压力容器。

（b）顶部最高操作压力大于0.03MPa的蒸馏塔、蒸发塔和汽提塔（汽提塔顶蒸气通入另一蒸馏塔者除外）。

（c）往复式压缩机的各段出口或电动往复泵、齿轮泵、螺杆泵等容积式泵的出口（设备本身已有安全阀者除外）。

（d）凡与鼓风机、离心式压缩机、离心泵或蒸汽往复泵出口连接的设备不能承受其最高压力时，其机泵的出口。

（e）可燃的气体或液体受热膨胀可能超过设备压力的设备。

（f）顶部最高操作压力为0.03~0.1MPa的设备应根据工艺要求设置。

b）一般不安装安全阀的压力设备。

（a）加热炉出口管道若设置安全阀容易结焦堵塞，而热油一旦泄放出来也不好处理，同时，加热炉入口管道若设置安全阀则泄放时可能造成炉管进料中断，从而引起事故。因此，加热炉不论是进口还是出口的炉管，均不应设置安全阀。但为了预防加热超压引起事故，应加强管理，严格设置操作责任制和操作规程。

（b）在同一压力系统中，压力来源处已有安全阀时，则其余设备可不设安全阀。对扫线蒸汽不宜作压力来源。

③ 安全阀的种类。安全阀按照加压载荷力式的不同，分为静重式（重块式）、杠杆式和弹簧式三种。

a）静重式安全阀，是最古老的一种，用许多环状的重块作为加压载荷，通过加减重块的数量来调节作用在阀芯上力的大小，从而调节安全阀的开放压力。静重式安全阀具有结构简单、比较灵敏准确的优点，但是检验比较麻烦，又不便于做提升排放试验，特别是体积庞大且笨重，目前已很少采用。

b）杠杆式安全阀，利用杠杆原理，用重量较轻的重锤代替笨重的环状重块，所以它的体积要比静重式轻巧，便于排放试验，其结构如图 12.28 所示，这种安全阀开启压力的调整是用移动重锤与杠杆支点的距离来完成的，调整比较方便，故在锅炉上普遍使用。

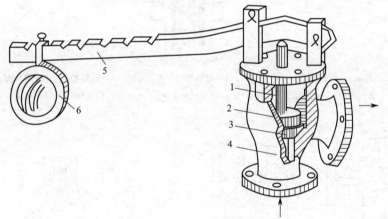

图 12.28　杠杆式安全阀
1—阀杆；2—阀芯；3、4—阀体；5—杠杆；6—重锤

c）弹簧式安全阀，利用弹簧的压力作为加压载荷，通过调整螺钉或调节螺杆改变弹簧压力的大小来调节安全阀的开启压力。有的弹簧式安全阀，阀座外设有调整环，通过调节调整环的位置，可改变安全阀的流通截面积。弹簧式安全阀的结构如图 12.29 所示。

弹簧式安全阀按照阀芯升起高度的不同，有微启式和全开式两种形式。其区别在阀芯和阀座的结构上。图 12.30 与图 12.31 为两种形式的安全阀座和阀芯结构示意图。

（a）微启式安全阀：此种安全阀阀芯的外径和阀座密封面的外径大小差不多，介质对阀芯的作用力把阀芯顶离阀座的高度很小，介质只能从一个很小的缝隙中排出。这种阀的有效排放面积因阀芯升起太低而大为减小。微启式安全阀阀芯的升起高度约为阀座内径的 1/40～1/20，如图 12.31 所示。

（b）全开式安全阀：其结构见图 12.30(a) 和图 12.30(b)。因图 12.30(a) 利用增大阀芯的直接受介质作用的面积而使阀芯升起。因为阀芯有一个直径较大的圆盘，介质从阀底下出来以后，即接触这个圆盘，由于承压面积增大，介质对阀芯向上的作用力也增大，所以阀芯升起的高度也相应增加。图 12.30(b) 是利用介质流对阀芯的反作用原理而使阀芯升起的一种形式。当介质从阀芯底部出来以后，借助于阀芯上可调节的环状结构而向阀芯升起的相反方向转弯，于是便产生一个反作用力作用于阀芯，使其继续升高。通过调节调整环的位置可以改变介质转弯的程度，从而调节阀芯升起的高度。

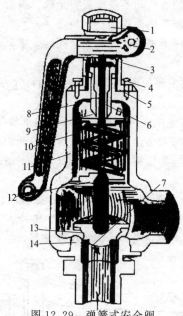

图 12.29　弹簧式安全阀

1—顶盖；2—插销；3—提升手柄；4—紧固螺钉；5—阀帽；6—调整螺钉；7—闷芯脚；
8—阀杆；9—上压盖；10—弹簧；11—阀体；12—下压盖；13—阀芯；14—阀座

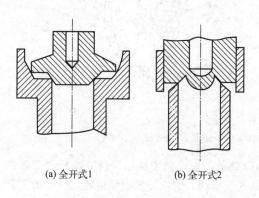

　　(a) 全开式1　　　　　　(b) 全开式2

图 12.30　全开式安全阀的结构示意图　　　　图 12.31　微启式安全阀的结构示意图

　　全开式安全阀阀芯的升起高度应大于阀座内径的 1/4，通常提升高度为阀座内径的 3/10～4/10。全开式安全阀的有效排放面积比较大，所以同样的工作压力和排放能力的安全阀，全开式的阀径就小得多。同时全开式的介质流动量大，关闭时较为缓和。全开式安全阀有内弹簧式和外弹簧式两种。内弹簧式安全阀的阀座由阀瓣压紧，并用螺母通过压紧塞子和弹簧进行调节，阀口的另一端用锚环螺母压紧。为防止漏气，阀口上部用不溶于介质的密封环密封。安全阀的上部通常装上护罩，以保护阀门不受机械损伤和雨雪的侵蚀。内弹簧式安全阀的弹簧及其零件不易被灰尘或脏物堵塞，但安全阀检修不太方便，只有在储罐内介质全部用完或排空后才能进行检修。

　　外弹簧式安全阀的作用原理与内弹簧式安全阀相同，它的启闭压力可通过弹簧上端的螺母进行调节。

　　④ 安全阀的选用。安全阀的选用，应当根据工作压力和温度的高低、承压设备的结构、介质流量的大小，以及介质的危险特性来确定。一般对于工作压力不高、温度较高的承压设

备大多选用杠杆式安全阀，高压容器多半采用弹簧式安全阀，流量大、压力高的承压设备应选用全开式安全阀，介质为易燃易爆或有毒物质的设备应选用封闭式安全阀。选用安全阀时不管其结构或形式是什么样的，都必须具有足够的排放能力，保证介质在超压时能迅速排出，使承压设备压力不超过规定值。所以所选用的安全阀阀口通过面积和阀口直径，应大于或等于安全阀排放量的计算值。在一般工程中，安全阀数量也可用表 12.7 的指标来选用。

表 12.7　安全阀数量的选择

储罐全面积 S/m^2	选取安全阀口径 DN/mm
<25	40
25≤S<40	50
40≤S≤100	80

大型液化石油气储罐（大于 $100m^3$）顶部的气相空间必须设置两个以上的安全阀，且应采用同一型号和规格，以保证罐内压力出现异常或发生火灾的情况下，均能迅速排气。安全阀的开启压力不得大于储罐设计压力的 1.1 倍，全开压力不得高于罐体设计压力的 1.2 倍，而回座压力应不低于开启压力的 0.8 倍。选用安全阀时，除根据型号规格外，还应注意作用压力的范围，方可配置相应等级的弹簧。

⑤ 安全阀的安装。安全阀的安装应满足以下要求，以保证安全阀动作可靠。

a）直接相连、垂直安装。安全阀应与承压设备直接相连，并安装在设备的最高位置。一般情况下禁止安全阀与承压设备之间装设其他任何阀或引出管，但介质为易燃、有毒或黏性大的承压设备时，为便于安全阀清扫、更换，应当在设备和安全阀之间安装截止阀，但必须有可靠的措施和严格的制度，保证在运行中截止阀全开和他人不能使截止阀关闭。另外安全阀的安装应垂直于地面。

b）保持畅通、稳固可靠。为了减少安全阀排放时的阻力，使全量排放时设备超压值尽可能地小些，其进口和排放管等在安装时应保持畅通。安全阀与承压设备的连接短管的流通截面积、特殊情况下安装的截止阀，以及安全阀排放管的流通截面积都不得小于安全阀的流通截面积。若数个安全阀安装在一根与承压设备本体相连的管道上，则管道的流通截面积应不得小于所有安全阀流通截面积之和的 1.25 倍。排放管原则上应一阀一根，要求直而短，尽量避免曲折，并且禁止在排放管上装设任何阀门。有可能被物料堵塞或腐蚀的安全阀，应在其入口前设爆破片或在其出口管上采取吹扫、加热或保温等防堵措施。安全阀在安装时，法兰螺栓应均匀上紧，以免阀体内产生附加应力，破坏了安全阀零件的同心度，影响其正常工作。排放管应有可靠的支承和固定措施，以防止大风刮倒，或安全阀动作时晃动。

c）防止腐蚀、安全排放。若安全阀排放管会产生积累凝液（如蒸汽系统安全阀）或雨水侵入时，积液会对安全阀，即排放管产生腐蚀，冬季还会结冰而堵塞胀坏，因此应在排放管底部装设泄液管。泄液管应接至安全地点，亦应有措施防止冬季结冰而堵塞，并禁止在管上装设任何阀门。安全阀和排放管要有措施，尽量防止雨雪和尘埃等的侵入积聚。

安全阀的排放应根据介质的不同特性，采取相应的措施，确保排放安全。若介质有毒时，应导入封闭系统；若介质是可燃液体时，设备的安全阀出口泄放管应接入储罐或其他容器，泵的安全阀出口泄放管宜接至泵的入口管道。对于塔或其他容器，介质是可燃气体的，设备的安全阀出口泄放管应接至火炬系统或其他安全泄放设施；泄放后可能立即燃烧的可燃气体或液体，应经冷却至低于自燃点后再接至放空设施；泄放后可能携带液滴的可燃气体，应经分液罐分液后接至火炬系统。此外，排放管应有可靠的接地，以消除静电。

室外可燃气体储罐上的排放管管口应高出相邻最高储罐平台 3m 以上，室内的可燃气体储罐上安全阀的排放管应引至室外无其他危险和通风良好的场所，并应高出屋面 3m 以上，放散管的排气口应向上，严禁采用"Ⅱ"形或"Γ"形弯，以防止气流冲击管壁伤害操作人员和发生颤动。排放管的放散管口应设置雨罩、防止雨水或污物进入，影响气流放散。

⑥ 安全阀的检验。安全阀应加强日常的维护保养，保持洁净，防止腐蚀和油垢、脏物的堵塞，要经常检查铅封，防止他人随意移动杠杆式安全阀的重锤或拧动弹簧式安全阀的调节螺钉。发现泄漏应及时进行调换或检修，严禁用加大载荷（如杠杆式安全阀将重锤外移或弹簧式安全阀过分拧紧调节螺钉）的办法来消除泄漏。

安全阀每年至少应做一次定期检验。定期检验的内容一般包括动态检查和解体检查。如果安全阀在运行中已发现泄漏等异常情况或动态检查不合格，则应做解体检查。解体后，对阀芯、阀座、阀杆、弹簧、调节螺钉、锁紧螺母、阀体等逐一进行仔细检查。主要检查有无裂纹、伤痕、腐蚀、磨损、变形等缺陷。根据缺陷的大小、损坏的程度确定修复或更换零部件等，然后组装进行动态检查。

动态检查时使用的介质根据安全阀所用的设备决定。一般用于压缩气体的选用空气，用于液体的选用水。所用压力表的精确度不得低于 1 级，表盘直径一般不应小于 150mm。

动态检查的步骤为：组装、升压（缓慢地将压力升至工作压力）、保压（在工作压力下保持 3～5min 无泄漏）、升压动作（应在规定的开启压力下立即动作，记录动作时的压力）、降压回座（记录回座压力）、保压（即回座后在工作压力下保持 3min 应无泄漏）。若开启压力、回座压力均符合表 12.8 的要求，在工作压力下无明显泄漏，并且在额定排放压力下，阀提升高度达到规定值，安全阀校验即认为合格。动态检查结束，应当将合格的安全阀铅封，检验人员和监督人员应填写检验记录并签字。

表 12.8 安全阀的校正压力

工作压力 p/MPa	开启压力 $p\Delta$	开启压力允许偏差	回座压力
≤1.0	$p+0.05$	±0.02	$p\Delta-0.08$
>1.0	$1.05p$	±2% $p\Delta$	$0.09p$
	$1.10p$	±2% $p\Delta$	$0.08p$

（2）爆破片

爆破片又叫防爆膜、防爆片，其作用主要是排出设备内的气体、蒸气或粉尘等发生爆炸时产生的压力，防止设备或容器爆裂，扩大爆炸事故。其特点是放出物料多、泄压快、构造简单，可在设备试验压力下破裂。

① 爆破片的适用设备。爆破片主要使用在：存在爆炸或异常反应使压力瞬间急剧上升突然超压或发生瞬时分解爆炸的设备（这种设备弹簧式安全阀由于惯性而不相适应）；不允许介质有任何泄漏的设备（各种形式的安全阀一般总有微量的泄漏）；运行中产生大量的沉淀或黏附物，妨碍安全阀正常动作的设备；气体排放口径<12mm，或>150mm，而要求全量泄放或全量泄放时毫无阻碍的设备。

② 爆破片厚度的计算。爆破片的材质和厚度，是保证其能否破裂，以致能保证其发挥安全泄放作用的关键。所以，其厚度必须经过严格的计算才能确定。爆破片厚度的计算，应充分考虑影响爆破效率的因素。影响爆破效率的因素很多，主要是泄放面积、爆破片的材质和厚度。爆破片的泄放面积一般按 $0.035～0.18m^2/m^3$ 来取；对于氢气和乙炔等，可燃气体最好按 $0.4m^2/m^3$ 来取。爆破片的材质应根据设备的压力确定。在不同情况下所用材质见表 12.9。

表 12.9 不同压力下所用材质

设备内部压力	所用材质
常压，很低的正压	石棉板、塑料板、玻璃板、橡胶板
微负压	2～3cm 的橡胶板
压力较高	铝板、铜板

爆破片的厚度可根据不同的材质参考以下公式计算。

铜：$S=(0.12 \sim 0.15) \times 0.001pD$。

铝：$S=(0.316-0.407) \times 0.001pD$。

式中，S 为爆破片的厚度，cm；p 为爆破片爆破时的表压，MPa；D 为爆破孔直径，cm。

一般经验认为，爆破压力不超过工作压力的 25%，但工作表压小于 0.07MPa 时，p 不小于 0.03MPa。

有时按爆破压力计算的爆破片太薄，不便于加工，可在片上刻 $1 \sim 15$mm 深的十字槽。切槽后的爆破片强度会发生变化，此时的爆破片厚度可按下式计算。

铝：$S=0.79 \times 0.001pD$。

铜：$S=0.226 \times 0.001pD$。

式中，S 为开槽后爆破片的剩余厚度。

值得注意的是，计算的爆破片厚度是理论值，没有考虑环境温度的影响，实际使用前应经实验。

③ 爆破片的制造要求。制造爆破片的原材料应进行仔细检查，表面要求平整、光洁，无划痕、结疤、锈蚀、裂纹、凹坑、气孔等缺陷，厚度必须均匀，制成后应逐片测厚。同批爆破片厚度允许偏差：当膜片厚度 < 0.5mm 时，为 4%；当膜片厚度 > 0.5mm 时，为 ±3%。

由于爆破片厚度计算经验公式存在误差，所以制造后的爆破片一定要经过试验验证，合格的方可使用。试验数量为同批生产量的 5%，且应不少于 3 个。试验温度应尽可能接近工作温度。实测的爆破压力与设计爆破压力的允许偏差，当工作温度 < 200℃ 时，按表 12.10 执行；当工作温度 ≥ 200℃ 时，允许偏差为表 12.10 中数值的两倍。

表 12.10　爆破片爆破压力允许偏差

爆破压力 p_D/MPa	$0.1 \leqslant p_D < 0.4$	$0.4 \leqslant p_D < 1.0$	$1.0 \leqslant p_D < 32.0$
允许偏差/%	±8	±6	±4

所谓同一生产批量，是指同材料、同规格、同炉号、同工艺。验证试验时，若有一片爆破压力不合格，应加倍试验；若仍有不合格，则该批爆破片不准使用。

④ 爆破片的使用。爆破片的安装要可靠，夹持器和垫片表面不得有油污，夹紧螺栓应上紧，防止膜片受压后滑脱；运行中应经常检查连接处有无泄漏；由于特殊要求在爆破片和容器间装设了切断阀的，则要检查阀的开闭状态，并有措施保证在运行中此阀处于全开位置；爆破片排放管的要求与安全阀相同。爆破片一般满 6 个月或 12 个月更换一次。对于容器超压后未破裂的爆破片以及正常运行中有明显变形的爆破片应立即更换，更换下来的爆破片应进行爆破试验并记录，以积累分析和整理试验数据，供设计时参考。

⑤ 爆破片与安全阀的组合。安全阀具有开启压力，能调节动作后自行回座的优点，但易泄漏，对于黏稠介质不适用。爆破片不泄漏，能适应黏稠介质且排放量比同口径安全阀大，但不可调节，一旦破裂不能在压力降至工作压力后自行切断，介质得全部外泄。因此，对于一些有特殊要求的设备或容器，需要利用安全阀和爆破片组合使用。

根据爆破片与安全阀的连接方式及相对位置的不同，可分为下列 3 种组合形式：爆破片串联在安全阀入口侧，见图 12.32(a)；爆破片串联在安全阀的出口侧，见图 12.32(b)；爆破片与安全阀并联使用，见图 12.32(c)。

属于下列情况之一的，爆破片应串联在安全阀入口侧：

① 为避免因爆破片的破裂而损失大量的工艺物料或盛装介质；

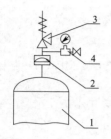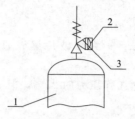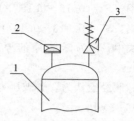

(a) 爆破片串联在安全阀入口侧　　　(b) 爆破片串联在安全阀出口侧　　　(c) 爆破片与安全阀并联

图 12.32　爆破片与安全阀组合形式示意图

1—承压设备；2—爆破片；3—安全阀；4—指示装置

② 安全阀不能直接使用场合（如介质腐蚀、不允许泄漏等）；

③ 移动式压力容器中装运毒性程度为极度、高度危害或强腐蚀性介质。

属于下列情况的，爆破片应串联在安全阀出口侧：安全阀出口侧有可能被腐蚀或存在外来压力源的干扰时，应在安全阀出口侧设置爆破片，以保证安全阀的正常工作。注意的是，移动式压力容器设置的爆破片不应设置在安全阀的出口侧。

属于下列情况之一的，可设置 1 个或多个爆破片与安全阀并联使用：

① 防止在异常工况下压力迅速升高；

② 作为辅助安全泄放装置，考虑在有可能遇到火灾或接近不能预料的外来热源需要增加泄放面积。

（3）防爆门和防爆球阀

防爆门或防爆球阀是一种用于燃油、燃气和煤粉的燃烧室、加热炉上的安全装置，以防止燃烧室或加热炉轰燃或爆炸时设备遭到破坏。防爆门一般安装在燃烧室（炉）墙壁的四周，泄压面积按燃烧室内部净容积 $250cm^2/m^3$ 设计，布置时应避开人员常到的地方。防爆门的构造形式如图 12.33(a)、图 12.33(b) 所示。

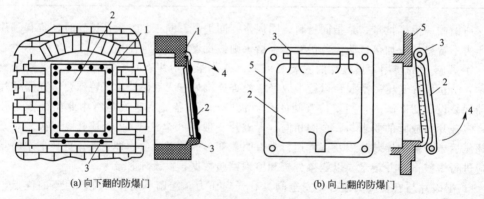

(a) 向下翻的防爆门　　　　　　　　　　(b) 向上翻的防爆门

图 12.33　防爆门的构造形式

1—防爆门（窗）门框；2—防爆门；3—转轴；4—防爆门动作方向；5—爆炸室外壁

防爆球阀是一种安装在加热炉燃烧室底部的防爆装置。它由两个管径为 15~20cm 的铸铁球和一根杠杆组成，并一起安装在一个支点上，见图 12.34。当燃烧室内发生爆炸时，球 1 降落球 2 升起，通过球阀 1 泄压后，球 1 受球 2 重力作用恢复原位。根据燃烧室大小的不同，一般安装 4~7 个球阀，均匀地安装在燃烧室底部，平时可作为点火孔使用。

（4）排气筒、放空管

排气筒或放空管是当反应物料发生剧烈反应，采取加强冷却、减少投料等措施难以奏效，不能防止反应设备超压、超温、爆聚、分解爆炸事故而设置的一种自动或手控的紧急放空的防爆安全装置。排气筒或放空管一般设置在反应器、反应塔、高压容器的顶部。室内设备设置的放空管，若排放易燃易爆物料，应引至室外的安全地点（火炬或其他设施）。易于堵塞的放空管可用爆破片代替控制阀门，或控制阀门保持常开而增设一爆破片。设置紧急放空管或排气筒的注意事项可参照安全阀的要求。若企业内有火炬时，紧急排气筒或放空管可经阻火器连接到通往火炬的管线上。

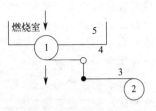

图 12.34　防爆球阀示意图
1、2—球；3—杠杆；
4—支点；5—燃烧室

① 排气管、放空管的防雷、防静电和阻火、灭火措施。由于紧急排气筒或放空管和安全阀放空管口均高出建筑物顶部，且排放易燃易爆物质有较高的气柱，容易遭受雷击。因此，排气筒或放空管口应在防雷保护范围内。由于气体流速较快时，易产生静电，故排气筒或放空管应有良好的接地。有条件时，应在排气筒或放空管的下部连接水蒸气或氮气灭火管线，以便在放空管着火时及时灭火。对经常排放有着火爆炸危险的气态物质的排气筒或放空管，在管口附近宜设置阻火器，或经常充入一定量的水蒸气、氮气、二氧化碳或惰性气体，以稀释排放的可燃气体或易燃蒸气。

② 可燃气体排气筒、放空管的高度。

（a）连续排放可燃气体的排气筒顶或放空管口，应高出平面 20m 范围内的平台式建筑物 3.5m 以上。对位于 20m 以外的平台或建筑物应满足图 12.35 的要求。

（b）间歇式排放可燃气体的排气筒顶或放空管口，应高出平面 10m 范围内的平台或建筑物顶 3.5m 以上。对位于平面 10m 以外的平台式建筑物顶，亦应满足图 12.35 的要求。

③ 可燃物料紧急排放的操作要求。

（a）对液化烃或可燃液体设备，应将外泄的液化烃或可燃液体抽送至专门的储罐，剩余的液化烃应排入火炬系统。

（b）对可燃气体设备，应将设备内的可燃气体排入火炬系统燃烧或排至安全放空系统。

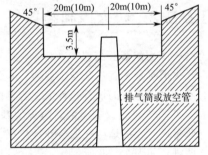

图 12.35　可燃气体排气筒
或放空管高度示意图
（阴影部分为平台或建筑物的设置范围）

（c）由于焦化装置的加热炉内的高温可燃液体泄放后会立即燃烧，故热裂化的反应塔、高压蒸发塔、重油塔和延迟焦化的焦炭塔、减黏裂化的反应塔等焦化装置的电热炉，其高温可燃液体排放时，应设置炉内可燃液体事故的紧急放空冷却处理设施。

（d）常减压蒸馏装置的初馏塔顶、常压塔顶、减压塔顶的不凝气，不应直接排入大气。

（5）火炬

火炬是石油化工企业的一种安全装置。主要用于排除生产装置开车时产生的不合格的可燃气体和设备事故时排放的可燃气体物料。例如，将裂解装置开车时产生的不合格的裂解气、设备发生事故时产生的裂解气、设备检修时的物料、安全阀外泄时产生的气体、生产过程中不平衡的物料和设备不配套时需要排放的不能利用的某种成品等可燃物料排至高架火燃烧掉，以防止可燃物料乱排放与空气形成爆炸性混合物和污染环境。

由于向火炬排放的可燃气体变化幅度很大，组分又不一样，当结构不完善时，可能出现下"火雨"的情况。因此，火炬在设计时，火炬头的结构应当完善。在将气体排入火炬之前应设置分液设备，严格地分离出气体内夹带的液体，并应有可靠的加温措施，其凝结液应密闭回收，不得随地排放。为防止火炬一旦熄灭后可燃气体向四周扩散，应有可靠的点火设施，并在火炬头上设置"长明灯"。为防止火炬的火焰通过输气管道时回火，在通往火炬的输气管道上，于靠近火炬的底部应设有阻火器。

对于全厂性的火炬，在设计时应布置在生产工艺装置、可燃液体和液化石油气储罐区及装卸区、全厂性重要辅助设施及人员集中场所的侧风向。

在设计火炬时，应当考虑火炬火焰辐射热对操作人员和设备的影响。火炬的高度和位置应保证操作人员和设备的安全。由人体承受火焰辐射的能力可知，人体忍受辐射热是有限度的，当辐射强度为 $6264W/m^2$［约 $5400kcal/(m^2 \cdot h)$］（相当于太阳辐射强度的 6 倍）时，8s 就有疼痛感，20s 人体皮肤就开始起泡；辐射强度为 $1392W/m^2$［约 $1200kcal/(m^2 \cdot h)$］（接近夏天的辐射强度）时，长期无多大损害。因此，一般应以辐射强度不超过 $1392W/m^2$ 为设计火炬的高度和确定火炬防火间距的参数。在距火炬 30m 范围内，不得有可燃气体放空。对可能携带可燃液体的高架火炬，距各种工艺装置，可燃液体、气体、液化烃储罐，灌装站的装卸设施，污水处理设施等，均应有不小于 90m 的防火间距；距明火或火花散发地点，罐区的甲、乙类泵房（包括加铅、添加剂室及其专用配电室）等，应有不小于 60m 的防火间距；距铁路、公路的间距应不小于 50m。

由于低热值可燃气体或惰性气体排入火炬系统会破坏火炬的稳定燃烧状态或导致火炬熄火，空气蹿入火炬系统会使放空管道和火炬设施内形成爆炸性气体，易导致回火引起爆炸，损坏管道或设备，酸性气体会造成管道和设备的腐蚀。所以低热值可燃气体、液体、空气、惰性气体、酸性气体及其他腐蚀性气体不得排入火炬系统。

12.5.2　防火控制装置

（1）火焰隔断装置

火焰隔断装置包括安全液封、水封井、阻火器、单向阀等，其作用是防止外部火焰蹿入有着火爆炸危险的设备、管道、容器内或防止火焰在设备和管道间的扩展。

① 安全液封。安全液封阻火的基本原理是有液体封在进出气管之间，在液封两侧的任一侧着火后，火焰将在液封处被熄灭，从而阻止火势蔓延。常用的安全液封有敞开式和封闭式两种，如图 12.36 所示。

封闭式和敞开式安全液封通常安装在操作压力低于 0.02MPa 的气体管线上，需控制操作压力（最高不超过 0.05MPa）防止气体倒流的地方也常装设安全液封。

安全液封使用时，液位应保持一定的高度，否则起不到液封作用。寒冷地区应有防止液面冻结的措施。安全液封应经常检查水封的高度，检查液封是否堵塞或冻结。寒冷地区为了防止作为封液的水冻结，冬季可通入水蒸气，亦可用水和乙二醇的混合液作为防冻液。

② 水封井。水封井是设置在可燃气体、易燃液体蒸气或有油污的污水管网上，用以防止着火或爆炸沿管网蔓延扩展的安全设施。水封井的结构如图 12.37 所示。为保证水封井的阻火效果，水封高度不宜小于 250mm，如果管道很长，可每隔 250m 设一水封井。水封井应加盖，但为防止加盖出现蒸气聚积而导致事故，可改用图 12.38 所示的水封井。

③ 阻火器。阻火器又名防火器，是一种用来阻止可燃气体和液体蒸气火焰蔓延的安全装置。主要是由能够通过气体的许多细小、均匀或不均匀的通道或孔隙的固体不燃材料所组成。

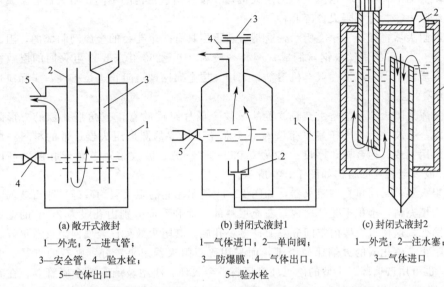

(a) 敞开式液封　　　　　　　(b) 封闭式液封1　　　　　　(c) 封闭式液封2
1—外壳；2—进气管；　　　　1—气体进口；2—单向阀；　　1—外壳；2—注水塞；
3—安全管；4—验水栓；　　　3—防爆膜；4—气体出口；　　3—气体进口
5—气体出口　　　　　　　　　5—验水栓

图 12.36　常用安全液封

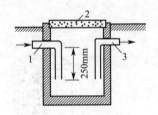

图 12.37　水封井
1—污水进口；2—井盖；3—污水出口

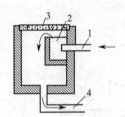

图 12.38　增修溢水槽示意图
1—污水进口管；2—增修的溢水槽；
3—阴井盖；4—污水出口管

　　(a) 阻火器的阻火机理。阻火器的阻火机理是根据火焰在管道中的蔓延速度，随着管径的减小而降低，并可达到使火焰不能蔓延的临界直径，同时随着管径的减小，火焰通过时的热损失相应增大，致使火焰熄灭。这就不难看出，火焰能够被熄灭是传热作用和器壁效应的缘故。

　　传热作用：这是阻火器能够阻止火焰继续传播并使火焰熄灭的因素之一。阻火器由许多小通道或孔隙组成，当火焰进入细小通道后就形成许多细小的火焰流。由于通道或孔隙的传热面积很大，火焰通过器壁进行交换后，温度下降，到一定程度时火焰即被熄灭。根据英国罗卡尔对波纹阻火器进行的试验，当把阻火材料的导热性能提高 460 倍时，其熄灭直径（即火焰熄灭的通道直径）仅改变 2.6%，这说明材质问题是次要的。也就是说传热作用是熄灭火焰的一种原因，但不是主要原因。

　　器壁效应：根据燃烧的连锁反应理论，可燃混合气体自行燃烧（开始燃烧后，没有外界能量作用）的条件是新产生的自由基数等于或大于消失的自由基数。随着阻火器通道尺寸的缩小，自由基与反应分子之间碰撞概率随之减少，而自由基与通道壁的碰撞概率反而增加，这样就促使自由基反应减缓。当通道尺寸减小到某一数值时，这种器壁效应就造成了响应不能继续进行的条件，火焰即被阻止。

　　由此可知，器壁效应是阻止火焰作用的主要原因，以此为出发点就可以设计出各种结构形式的阻火器，满足工业上的需要。

（b）阻火器的种类。根据阻火器的阻火机理，按其制造结构的不同，阻火器有金属网阻火器、波纹阻火器、砾石阻火器等几种。

金属网阻火器：如图12.39所示，这是由若干层具有一定孔径的金属网制成的，阻火网常以直径为0.4mm的铜丝或钢丝制成，网孔一般为$210\sim250$孔$/cm^2$。阻火网的层数视设备管道的介质而不同，对于一般有机溶剂，采用4层金属网即可阻止火焰扩展，实际应用时常采用$10\sim12$层。

波纹金属片阻火器：这是由交叠放置的波纹金属片组成的有正三角形孔隙的方形阻火器，或是将一条波纹带与一条扁平带绕在一个芯子上组成的圆形阻火器。带的材料一般为铝，亦可采用钢或其他金属，厚度一般为$0.05\sim0.07mm$，波纹带正三角形孔隙的高度为0.43mm。波纹金属片的结构如图12.40所示。

砾石阻火器：又叫填充型阻火器，如图12.41所示。它的阻火层用砂砾、卵石玻璃球或铁屑等作为填充料，堆积于壳体之内，在充填料的上面和下面分别由孔眼为2mm的金属网作为支撑网架，这样将壳体内空间分隔成许多小孔隙，其阻火效果比金属网阻火器更好。例如金属网阻止二硫化碳的火焰比较困难，而采用砾石阻火器效果较好。砾石的直径一般为$3\sim4mm$，也可用玻璃球、小型的陶土环型填料、金属环、小型玻璃管及金属管等。在直径150mm的管内，石层厚度为100mm时，即可防止各种溶剂蒸气火焰的蔓延。如为阻止二硫化碳的火焰，需200mm的厚度。砾石阻火器阻火层厚度见表12.11。

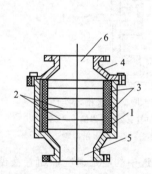

图12.39　金属网阻火器
1—壳体；2—金属网；
3—下盖；4—上盖；
5—进口；6—出口

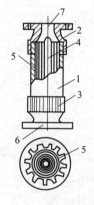

图12.40　波纹金属片阻火器
1—壳体；2—上盖；3—下盖；
4—轴芯；5—绕在轴芯上的波纹；
6—进口；7—出口

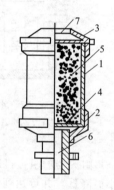

图12.41　砾石阻火器
1—壳体；2—下盖；3—上盖；
4—网格；5—砂砾；6—进口；7—出口

表12.11　砾石阻火器阻火层厚度

熄火直径 D/mm	砾石直径/mm	厚度/mm
$1.0 \leqslant D < 2.0$	1.5	150
$2.0 \leqslant D < 3.0$	3.0	150
$3.0 \leqslant D \leqslant 4.0$	4.0	150

平行板型阻火器：这种阻火器的阻火层是由不锈钢薄板垂直平行排列而成，板间隙在$0.3\sim0.7mm$之间，这样就形成许多细小的孔道，阻火效果也很好。另外还有泡沫金属阻火器和多孔板型阻火器等。

（c）阻火器的计算。影响阻火器阻火效果的主要因素是阻火层的厚度及其孔隙或通道的大小，而要保证阻火器具有良好的阻火效果，首先应使阻火器能满足可燃气体的火焰不能蔓延的临界直径，即火焰熄灭直径。要满足火焰的熄灭直径，必须使阻火器的阻火层有一定的厚度。火焰熄灭直径可以通过试验测定，也可以通过熄灭间隙计算。火焰熄灭间隙可参考以下两式求得。

$$d_0 = 4.53H^{0.403}$$
$$D_0 = 1.54d_0$$

式中，d_0 为熄灭间隙，mm；H 为最小点火能，mJ；D_0 为火焰熄灭直径，mm。

对于波纹形阻火器，阻火层的波纹高度和金属网阻火器的网孔直径一般不应超过火焰熄灭直径的一半，即 $h \leq \frac{1}{2}D_0$。

阻火器阻火层的厚度可参考下式计算得到。

$$Y = \frac{Vd^2}{0.38a}$$

式中，Y 为阻火层厚度，cm；V 为阻火器能够阻止的最大火焰速度，m/s；a 为有效面积比（阻火层实际面积与阻火层孔隙面积之比）；d 为孔眼直径，cm。

波纹型阻火器的波纹高度与阻火层厚度的对应关系见表 12.12。

表 12.12 波纹形阻火器的波纹高度与阻火层厚度的对应关系

气体分类	I	II$_A$	II$_B$	II$_C$
波纹高度/mm	1.13	0.61	0.61	0.43
阻火层厚度/mm	38	19	38	76

注：气体分类中，I 指甲烷（沼气）；II$_A$ 指工业甲烷、氨、高炉煤气、一氧化碳、丙烷、丁烷、戊烷、乙烷、庚烷、辛烷、十碳烷、苯、甲苯、环己烷、丙酮、醋酸甲酯、醋酸乙酯、正醋酸丁酯、氯乙烯、甲醇、乙醇、正丁醇、戊醇、亚硝酸乙酯；II$_B$ 指 1,3-丁二烯、乙烯、二乙醚、氧化乙烯、城市煤气；II$_C$ 指氢气。

各式阻火器内径大小和外壳的高度，是根据管道的直径来决定的。阻火器的内径通常取连接阻火器管道直径的 4 倍。阻火器的内径、外壳高度与管道直径三者之间的关系见表 12.13。

表 12.13 阻火器壳体参考尺寸表

管道公称直径/mm	阻火器壳体直径/mm	壳体总长度/mm	
		波纹形	填充型
15	50	100	200
20	80	130	230
25	100	150	250
40	150	200	300
50	200	250	350
70	250	300	400
80	300	350	450
100	400	450	500

（d）阻火器的使用。根据各种阻火器的性能和特点，在下列设备系统中均应安装阻火器、输送可燃气体的管道、储存石油及其产品的油罐呼吸阀、有爆炸危险系统的通风口、油气回收系统、燃气加热炉的送气系统等。阻火器在使用时应根据设备系统的不同和阻火器的特性来选用，表 12.14 可供选用时参考。

表 12.14 各种类型阻火器的比较

阻火器名称	优点	缺点	适用范围
金属网型阻火器	结构简单，容易制造，造价低廉	阻爆范围小，易损坏，不耐绕	石油储罐，输油、输气管道，油轮

阻火器名称	优点	缺点	适用范围
波纹形阻火器	使用范围大,流体阻力小,能阻止爆炸火焰,易于置换清洗	结构较复杂,造价较高	石油储罐、油气回收系统、气体管道等
填充型阻火器	孔隙小,结构简单,易于制造	阻力大,易于阻塞,重量大	煤气,乙炔,化学溶剂火焰

④ 防火闸门。防火闸门也称阻火闸门,是为了防止火焰通过通风管道或生产管道蔓延而设计的阻火装置。正常条件下,阻火闸门受易熔金属组件的控制,处于开启状态,一旦处于着火条件下,温度升高使易熔金属熔化,闸门便自动关闭。低熔点合金一般采用铅、锡、汞等金属制成,亦可用赛璐珞、尼龙等塑料材料制成,以其受热后失去强度的温度作为阻火闸门的控制温度。易熔金属组件通常做成环状或条状,塑料组件通常做成条状或绳状,发生火灾时,易熔金属或塑料在高温作用下,迅速熔断或失去强度,阻火闸板在重锤作用下翻转而将管道封闭。阻火闸门常见的有旋转式、跌落式和手动式三种。旋转式和跌落式自动阻火闸门如图 12.42、图 12.43 所示。

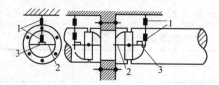

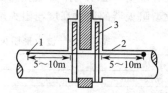

图 12.42　旋转式自动阻火闸门
1—易熔金属或塑料;2—阻火闸门;3—重锤

图 12.43　跌落式自动阻火闸门
1、2—易熔金属或塑料带;3—阻火闸门

跌落式自动阻火闸门在易熔组件熔断后,闸板在自身重力作用下自动跌落而将管道封闭。手控阻火闸门多安装在操作岗位附近,以便于控制。

（2）火星熄灭装置

火星熄灭器又称防火帽,通常安装在产生火星设备的排空系统,以防止飞出的火星引燃周围的易燃物质。

① 熄灭火星的主要方法。

（a）将带有火星的烟气从小容积引入大容积,使其流速减慢、压力降低、火星颗粒沉降下来。

（b）设置障碍,改变烟气流动方向,增大火星流动路程,使火星熄灭或沉降。

（c）设置网格或叶轮,将较大的火星挡住或分散,以加速火星的熄灭。

（d）用水喷淋或水蒸气熄灭火星。

② 火星熄灭器的装设。锅炉烟囱或其他使用鼓风机的烟囱,可在顶部安装带旋转叶轮的火星熄灭装置,当烟气进入火星熄灭装置时,便冲击叶轮使其旋转,在叶轮上方设有挡烟圆板,可使烟气流动的方向由向上改为旋转。叶轮还可以将较大火星击碎,加速其熄火,同时由于烟气进入火星熄灭装置,容积增大,流速减慢,促使火星降落。沉积下来的灰渣可定期清扫。火星熄灭器的直径与烟囱直径之比为 2∶1,火星熄灭器外壳高度为烟囱直径的 4 倍。安装在烟囱上的火星熄灭装置如图 12.44 所示。

③ 内燃机排气管上火星熄灭器的装设。安装在内燃机、汽车、拖拉机排气管上的火星熄灭器,内装有三层带有网孔的隔板,废气受隔板阻挡,除改变气流方向、降低温度外,还能使废气速度减慢,消除火星。值得注意的是,装运易燃液体的泊槽车用的简易火星熄灭器,一般安装在由发动机引到汽车前部的排气管上,以进一步减少油蒸气与火星接触的机会。各种火星熄灭器中的丝网都比较容易磨损或腐蚀,应注意及时清理或更换。

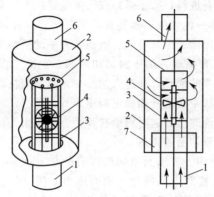

图 12.44　安装在烟囱上的火星熄灭装置

1—烟气进口；2—壳；3—用以固定叶轮和挡烟圆板的格栅；
4—叶轮；5—挡烟圆板；6—烟气出口；7—有门的除灰渣口

12.5.3　紧急制动装置

紧急制动装置是当设备和管道断裂、填料脱落、操作错误时防止介质大量外泄或因物料爆聚、分解造成超温、超压，可能引起着火、爆炸应设的紧急切断物料的安全装置。如若外泄的是易燃易爆物质，则着火爆炸的危险更大，故紧急制动装置对防火安全十分重要。

（1）过流阀

过流阀也称快速阀，是一种防护装置。一般都安设在液化石油气储罐的液相管和气相管出口或汽车铁路槽车的气液相出口上。

① 过流阀的工作原理。过流阀的工作原理是，在正常工作情况下，管道中通过规定范围内的流量时，弹簧式过流阀是开启的，此时设备内的流体就从过流阀通过。当发生事故时，如出现管道和附属设备断裂，以及填料脱落等情况，使管道和容器内介质大量泄出，其出口流速便超过正常流速，当达到规定流量范围的 150%～200% 时，作用在阀瓣上的力大于正常状态下弹簧的反作用力，阀瓣压缩弹簧使阀口关闭，从而防止设备、容器内液体的大量流出。当事故排除后，液体物料从均压孔慢慢流过，经一段时间后，使阀瓣前后的压力相接近，阀瓣便在弹簧作用下，恢复到原来正常的开启状态的位置，设备内介质即可又经阀口流过。

另外，在储罐内的压力和过流阀后管道内的压力相差过大时，也能使过流阀关闭。因为这一差压作用在阀瓣上的压力大于弹簧力。如果过快地打开过流阀后面的其他阀门，就有可能发生这种情况，故操作时应注意。

② 过流阀的分类。过流阀有弹簧式和浮筒式两种，常用的是弹簧式过流阀。弹簧式过流阀适用于液相、气相管道的任一位置。浮筒式过流阀与弹簧式过流阀的不同之处在于平衡力是浮筒的自重而不是弹簧力，故只能用于自下而上的流动液体。

浮筒式过流阀在阀体内设有浮筒，浮筒边上设有三个控制浮筒移动的导架，用浮筒的自重来调节阀门的开关。当流量超过规定值时，流速增加，浮筒升起压紧底座，使液体不能流出。在浮筒顶部设有一个槽沟，当过流阀关闭后，用它来平衡阀门前后的压力。

（2）紧急切断阀

紧急切断阀是当物料暴聚、分解造成超温、超压可能引起爆炸或着火的设备，或易燃液体生产系统中，因管道折损、阀门破裂、运行中操作错误及发生火灾事故时，为防止可燃气体、液体大量泄漏，及时切断进料，防止爆炸或火灾蔓延扩大，而在容器的气相管和液相管（含槽车）的出口位置设置的一种紧急切断装置。紧急切断阀有油压式、气压式、电动式和手动式等几种，它们分别利用油、压缩空气、电磁铁和手动机构来开启或关闭阀门。

① 油压紧急切断阀的工作原理。油压紧急切断阀在正常工作时，利用手摇油泵将高压油沿油管送到紧急切断阀上部的油孔，并进入油缸中。高压油在油缸中克服弹簧力，推动带着阀瓣的缸体移动，使阀瓣从带活塞杆的固定阀座离开，阀门开启，液体介质就可通过紧急切断阀。当发生事故时，使油卸压，这时阀瓣在弹簧力的作用下移动，使阀瓣紧紧地压在阀座上阻止液体通过，起到紧急切断的作用。

② 紧急切断阀的安装使用。要求紧急切断阀有的与自动报警信号联动，有的与过流阀串联使用。油的压力必须大于阀瓣上的弹簧的作用力及液体对阀瓣的作用力之和，否则油缸就不能移动和离开阀座，操作的油压应不小于 3MPa。

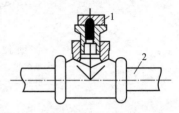

图 12.45　易熔合金塞的安装
1—合金塞；2—油管

为使紧急切断阀能在发生火灾时自动关闭，在阀的高压油管系统上应设置易熔合金塞，如图 12.45 所示。当火灾发生时，周围温度升高，易熔合金塞熔化，油缸中的油自动泄出，油压降低则紧急切断阀关闭。易熔塞的易熔合金熔融温度为（70±5）℃。

（3）单向阀

单向阀又称止逆阀、止回阀，在工业生产中常用的有升降式、摇板式和球式等几种。单向阀的作用是仅允许流体沿一个方向流动，遇有回流时即自动关闭，以防止高压蹿入低压区域引起管道、容器及设备破裂。在可燃气体管线上，单向阀也可作为防止回火的安全装置，其结构如图 12.46 所示。单向阀通常设置在与可燃气体、液体管道及与设备相连接的辅助管线上、压缩机与油泵的出口管线上、高压与低压相连接的低压系统上等。

图 12.46　单向阀
1—壳体；2—升降阀；3—摇板支点；4—摇板；5—球阀

本章小结

本章介绍了开关量控制系统的特征、应用、构成，解释了开关量控制系统的逻辑控制原理；重点介绍了开关量变送器，包括开关量变送器的输出形式、技术指标以及石油化工行业中常用的开关量变送器，重点理解开关量变送器的工作原理；详细介绍了开关量执行部件，尤其是安全功能类执行机构。

<<<< 习题与思考题 >>>>

1. 说明开关量控制系统和模拟量控制系统的异同？

2. 开关量控制装置主要包括哪几部分？可作为逻辑控制器件的装置有哪些？

3. 衡量开关量变送器性能有哪几类技术指标？

4. 举例说明开关量变送器的工作原理。

5. 开关量控制装置中对配合阀门的执行机构有哪些保护要求？

6. 哪些设备应安装安全阀？哪些设备一般不安装安全阀？

7. 哪些压力设备适合安装爆破片？

参考答案

第13章

▶ 安全检测与监控系统 ◀

13.1 安全检测与监控系统概述

13.1.1 计算机安全检测与监控系统的组成

计算机监控系统的组成可以有多种划分方法。一般地，计算机监控系统由硬件和软件组成。计算机监控系统的组成原理如图13.1所示。硬件主要由计算机、输入、输出装置（模块），检测变送装置和执行机构三大部分组成。软件主要分为系统软件、开发软件和应用软件三大部分。系统软件一般为一个操作系统，对于比较简单的计算机监控系统，则为一个监控程序。开发软件包括高级语言、组态软件和数据库等。应用软件往往可以有输入、输出处理模块，控制模块，逻辑控制模块，通信模块，报警处理模块，显示模块，打印模块，等等。各部分详细组成如图13.2～图13.5所示。

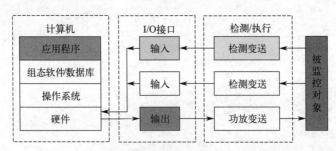

图13.1 计算机监控系统组成原理图

13.1.2 安全检测与监控系统的设计过程

任何一个安全检测与监控系统的设计与开发基本上都是由六个阶段组成的，即可行性研究、初步设计、详细设计、系统实施、系统测试（调试）和系统运行。当然，这六个阶段的发展并不是完全按照直线顺序进行的。在任何一个阶段出现了新问题后，都可能要返回到前面的阶段进行修改。

在可行性研究阶段，开发者要根据被控对象的具体情况，按照企业的经济能力、未来系

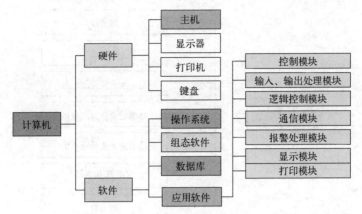

图 13.2 计算机监控系统部分组成图

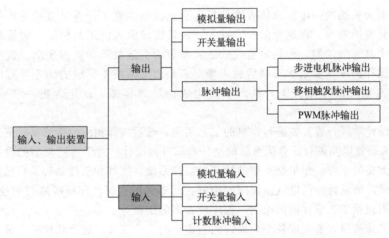

图 13.3 监控系统输入/输出部分组成图

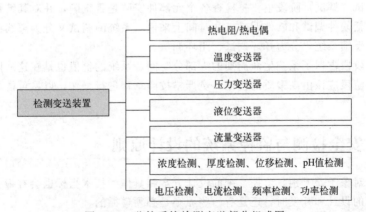

图 13.4 监控系统检测变送部分组成图

统运行后可能产生的经济效益、企业的管理要求、人员的素质、系统运行的成本等多种要素进行分析。可行性研究的结果最终是要确定使用计算机监控技术能否给企业带来一定经济效益和社会效益。

初步设计也可以称为总体设计。系统的总体设计是进入实质性设计阶段的第一步，也

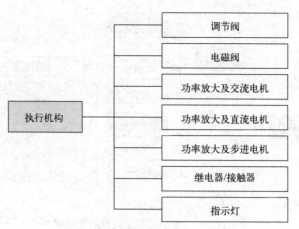

图 13.5　监控系统执行部分组成图

是最重要和最为关键的一步。总体方案的好坏会直接影响整个计算机监控系统的成本、性能、设计和开发周期等。在这个阶段，首先要进行比较深入的工艺调研，对被控对象的工艺流程有一个基本的了解，包括要监控的工艺参数的大致数目和监控要求、监控的地理范围的大小、操作的基本要求等。然后初步确定未来监控系统要完成的任务，写出设计任务说明书，提出系统的控制方案，画出系统组成的原理框图，以作为进一步设计的基本依据。

在详细设计阶段，首先要进行详尽的工艺调研，然后选择相应的传感器、变送器、执行器、I/O 通道装置以及进行计算机系统的硬件和软件的设计。对于不同类型的设计任务，则要完成不同类型的工作。如果是小型的计算机监控系统，硬件和软件都要是自己设计和开发的。此时，硬件的设计包括电气原理图的绘制、元器件的选择、印刷线路板的绘制与制作，软件的设计则包括工艺流程图的绘制、程序流程图的绘制等。

在系统实施阶段，要完成各个元器件的制作、购买、安装，进行软件的安装和组态以及各个子系统之间的连接等工作。

系统的测试（调试）阶段主要是检查各个元部件安装是否正确，并对其特性进行检查或测试。调试包括硬件调试和软件调试。从时间上来说，系统的调试又分为离线调试、在线调试；按照有无反馈系统，分为开环调试、闭环调试。

系统运行阶段占据了系统生命周期的大部分时间，系统的价值也是在这一阶段中得到体现的。在这一阶段应该由高素质的使用人员严格按照章程进行操作，以尽可能地减少故障的发生。

13.1.3　安全检测与监控系统的设计原则

尽管被控对象千差万别，监控系统的设计方案和具体的技术指标也会有很大的差异，但是在进行系统的设计和开发时，还是有一些原则是必须遵循的。

（1）可靠性原则

为了确保计算机监控系统的高可靠性，可以采取以下措施。

① 采用高质量的元部件和电源。所采用的各种硬件和软件，尽量不要自行开发。一般来说，PLC I/O 模块的可靠性比 PC 总线 I/O 板卡的可靠性高，如果成本和空间允许，应尽可能采用 PLC I/O 模块。

② 采取各种抗干扰措施。采取各种抗干扰措施，包括滤波、屏蔽、隔离和避免模拟信

号的长线传输等。

③ 采用冗余工作方式。可以采用多种冗余工作方式，例如，冷备份和热备份。其中，冷备份方式是指一台设备处于工作状态，而另一台设备处于待机状态。一旦发生故障，专用的切换装置就会将原来工作的设备切除，并将待机的设备投入运行。

④ 对一些智能设备采用故障预测、故障报警等措施。出现故障时将执行机构的输出置于安全位置，或将自动运行状态转为手动状态。

（2）使用方便原则

一个好的监控系统应该人机界面友好，方便操作、运行，易于维护。设计时要真正做到以人为本，尽可能地为使用者考虑。

人机界面可以采用 CRT、LCD 或者是触摸屏，这样操作人员就可以对现场的各种情况一目了然。各种部件尽可能地按模块化设计，并能够带电插拔，使得其易于更换，在面板上可以使用发光二极管作为故障显示，使得维修人员易于查找故障。在软件和硬件设计时都要考虑到操作人员会有各种误操作的可能，并尽量使这种误操作无法实现。

许多大公司在设计操作面板、操作台和操作人员座椅时，采用了现代人机工程学原理，尽可能地为操作人员提供一个舒适的工作环境。

（3）开放性原则

开放性是计算机监控系统的一个非常重要的特性。为了使系统具有一定的开放性，可以采取以下措施。

① 尽可能地采用通用的软件和硬件，各种硬件尽可能地采用通用的模块，并支持流行的总线标准。

② 尽可能地要求产品的供货商提供其产品的接口协议以及其他的相关资料。

③ 在系统的结构设计上，尽可能地采用总线形式或其他易于扩充的形式。

④ 尽可能地为其他系统留出接口。

（4）经济性原则

在满足计算机监控系统的性能指标（如可靠性、实时性、精确度、开放性）的前提下，尽可能地降低成本，保证性能价格比最高，以保证为用户带来更大的经济效益。

（5）短开发周期原则

在设计时，应尽可能地使用成熟的技术，对于关键的元部件或软件，不到万不得已不要自行开发。购买现成的软件和硬件进行组装与调试应该成为首选。

13.1.4　安全检测与监控系统的设计步骤

在完成了可行性研究并且确定系统开发确实可行后，即可进入系统设计阶段。设计的结果是要提供一系列的技术文件。这些技术文件包括文字、图形和表格。技术文件主要是为将来的系统实施、运行和维护提供技术依据。设计总是采用结构化的设计方法，即从顶层到底层、从抽象到具体、从总体到局部、从初步到详细。

（1）安全检测与监控系统的总体方案设计

正如前面所言，系统的总体设计是进入实质性设计阶段的第一步，也是最重要和最为关键的一步。总体方案的好坏会直接影响整个计算机监控系统的成本、性能、设计和开发周期等。总体设计基本步骤如下。

① 工艺调研。总体设计的第一步是进行深入的工艺调研和现场环境调研。经过调研要完成以下几个任务。

（a）弄清系统的规模，要明确控制的范围是一台设备、一个工段、一个车间，还是整个企业。

（b）熟悉工艺流程，并用图形和文字的方式对其进行描述。

（c）初步明确控制的任务。要了解生产工艺对控制的基本要求。要弄清楚控制的任务是要保持工艺过程的稳定，还是要实现工艺过程的优化。要弄清楚被控制的参量之间是否关联比较紧密，是否需要建立被控制对象的数学模型，是否存在诸如大滞后、严重非线性或比较大的随机干扰等复杂现象。

（d）初步确定I/O的数目和类型。通过调研弄清楚哪些参量需要检测、哪些参量需要控制，以及这些参量的类型。

（e）弄清现场的电源情况（是否经常波动，是否经常停电，是否含有较多谐波）和其他情况（如振动、温度、湿度、粉尘、电磁干扰等）。

② 形成调研报告和初步方案。在完成了调研后，可以着手撰写调研报告，并在调研报告的基础上草拟出初步方案。如果系统不是特别复杂，也可以将调研报告和初步方案合二为一。

③ 方案讨论和方案修改。在对初步方案进行讨论时，往往会发现一些新问题或是不清楚之处，此时，需要再次调研，然后对原有方案进行修改。

④ 形成总体方案。在经过多次的调研和讨论后，可以形成总体方案。总体方案以总体设计报告的方式给出，并包含以下内容。

（a）工艺流程的描述。可以用文字和图形的方式来描述。如果是流程型的被控制对象，可以在确定了控制算法后画出带控制点的工艺流程图（又称工艺控制流程图）。

（b）功能描述。描述未来计算机监控系统应具有的功能，并在一定的程度上进行分解，然后设计相应的子系统。在此过程中，可能要对硬件和软件的功能进行分配与协调，对于一些特殊的功能，可能要采用专用的设备来实现。

（c）结构描述。描述未来计算机监控系统的结构，是采用单机控制，还是采用分布式控制。如果采用分布式控制，则对于网络的层次结构的描述，可以详细到每一台主机、控制节点、通信节点和I/O设备。可以用结构图的方式对系统的结构进行描述，用箭头来表示信息的流向。

（d）控制算法的确定。如果各个被控参量之间关联不是十分紧密，可以分别采用单回路控制，否则，就要考虑采用多变量控制算法。如果被控制对象的数学模型虽然不是很清楚，但也不是很复杂，可以不建立数学模型，而直接采用常规的PID控制（比例-积分-微分控制）算法。如果被控制对象十分复杂，存在大滞后、严重非线性或比较大的随机干扰，则要采用其他的控制算法。一般来说，尽可能多地了解被控制对象的情况，或建立尽可能准确反映被控制对象特性的数学模型，对提高控制质量是有益处的。

（e）I/O变量总体描述。

（2）安全检测与监控系统的详细设计

在进行详细设计之前，首先是收集各个I/O点的具体情况。

① 传感器、变送器和执行机构的选择。传感器和变送器均属于检测仪表，传感器是将被测量的物理量转换为电量的装置，变送器将被测量的物理量或传感器输出的微弱电量转换为可以远距离传送且标准的电信号（一般为0～10mA或4～20mA）。选择时主要根据被测量参量的种类、量程、精确度来确定传感器或变送器的型号。

如果在前面总体设计时，已经考虑了使用某种现场总线标准，则可以考虑采用支持该标准的智能仪表。当然，智能仪表的价格相对比较高，设计者可以根据用户的经济能力和现场的实际情况来处理。一般来说，如果用户的经济能力允许，或是智能仪表的价格不超过常规仪表的20%，都可以考虑采用智能仪表。

执行机构的作用是接收计算机发出的控制信号，并将其转换为执行机构的输出，使生产过程按工艺要求运行。常用的执行机构有电动机、电机启动器、变频器、调节阀、电磁阀、可控硅整流器或者继电器线圈。与检测仪表一样，执行机构也有常规执行机构（接收 0～10mA 或 4～20mA 信号）与智能执行机构之分。

对于同一物理量的控制，往往可以有多种选择。例如，以前流量的连续控制主要利用调节阀来实现，现在也可以使用变频器驱动交流电动机，然后再由电动机驱动水泵来实现。采用变频器的方案，价格比较高，但调节范围宽、线性度好，而且节约能源。

传感器、变送器和执行机构的选择涉及许多具体的技术细节，可以参考有关书籍和手册。

② 监控装置的详细设计。监控装置是指 I/O 子系统和计算机系统（包括网络）两部分。对于不同类型的设计任务，在详细设计阶段所要做的工作是不一样的。这里只考虑系统的硬件和软件都采用现成产品的情况，在以下各种设计中，显示画面、报表格式的设计应反复与有关使用人员（操作人员、管理人员）交流。

对于小型系统和稳定性要求较低、预算费用较少的系统，一般采用下面介绍的方案 1。

对于中、大型系统和稳定性要求一般、费用预算一般的监测系统，一般采用下面介绍的方案 2。

对于稳定性要求很高、预算费用较高并且具有控制要求的系统，一般采用下面介绍的方案 3。

现在流行的监控系统一般是将其中的监测部分采用模块方式采集，工业常见到的 PID 控制一般采用 PID 控制仪表进行控制，而顺序逻辑控制部分采用 PLC 进行控制。这种配置既可以降低系统成本，也可以提高系统的可靠性。

a) 方案 1：上位机加 I/O 板卡。可以按以下几个步骤进行。

(a) 选择系统总线。由于 STD 总线已经比较陈旧，可以不考虑，ISA 总线也建议不必考虑。然后，根据性能需要和费用，在 PCIE 总线与 PCI 总线之间进行选择。

(b) 选择主机。如果控制现场环境比较好，对可靠性的要求又不是特别高，也可以选择普通的商用计算机，否则，还是选择工控机为宜。在主机的配置上，以留有余地、满足需要为原则，不一定要选择最高档的配置。

(c) 根据系统的精度要求、I/O 的类型和数量选择相应的 I/O 板卡。现有的模拟量输入 I/O 板卡，一般都有单端输入与双端输入两种选择。如果费用允许，还是采用双端输入为好，以提高抗干扰能力。除此之外，还应采取多种隔离和滤波措施。例如，使用专门的信号调理板卡或与隔离端子同时使用。

(d) 选择操作系统、数据库和组态软件。操作系统可以选择 Windows10，数据库一般采用小型数据库，选择小点数并满足需要的组态软件即可，必要时再购买一些特殊组件。

(e) 确定控制算法参数、显示画面、报表格式。

b) 方案 2：上位机加 RS-485 总线、I/O 模块和工业仪表，可以按以下几个步骤进行。

(a) 选择局域工业网络。如果传输距离不是特别远（1km 以内），数据传输速率不是特别高，首先可以考虑 RS-485 总线。如果 RS-485 总线不合适，则可以选择一种现场总线，如 CAN、LON、ProfiBus、FF 或以太网。

(b) 选择主机。如果控制现场环境比较好，对可靠性的要求又不是特别高，也可以选择普通的商用计算机，否则，还是选择工控机为宜。在主机的配置上，以留有余地、满足需要为原则，不一定要选择最高档的配置。

(c) 根据系统的精度要求、I/O 的类型和数量选择相应的 I/O 模块。I/O 模块的选择首先是要支持所选的总线，然后根据系统的分散性来考虑。另外还可选用各种工业显示控制仪表。

(d) 选择操作系统、数据库和组态软件。操作系统可以选择 Windows10，数据库一般采用小型数据库，选择小点数并满足需要的组态软件即可，必要时再购买一些特殊组件。

(e) 确定控制算法参数、显示画面、报表格式。

c) 方案 3：上位机加 PLC。可以按以下几个步骤进行。

(a) 选择特定厂家的 PLC。可根据总线要求、传输距离、可靠性、售后服务、价格等综合因素选定某一厂家的 PLC，可以选择该 PLC 支持的一种现场总线，如 CAN、LON、ProfiBus、FF 或以太网等。

(b) 根据系统的精度要求、I/O 的类型和数量，以及通信等要求选择相应的 PLC I/O 模块。

(c) 选择主机。如果控制现场环境比较好，对可靠性的要求又不是特别高，也可以选择普通的商用计算机，否则，还是选择工控机为宜。在主机的配置上，以留有余地、满足需要为原则，不一定要选择最高档的配置。

(d) 选择操作系统、数据库、组态软件和 PLC 线程软件。PLC 编程软件各个厂家都不同，同一厂家如果 PLC 型号不同，那么 PLC 编程软件也可能不同。

(e) 确定控制算法参数、显示画面、报表格式。

13.2 新技术在安全监测系统中的应用

13.2.1 现场总线技术

现场总线（fieldbus）是 20 世纪 90 年代初发展形成的，用于过程自动化、制造自动化、楼宇自动化等领域的现场控制通信网络。随着控制、计算机、通信、网络等技术发展，信息通信正在迅速涉及从现场设备到控制、管理的各个层次，逐步形成以网络集成自动化系统为基础的企业信息系统。作为工厂控制通信网络的基础，现场总线实现生产过程现场与控制设备之间及其控制管理层之间的数据通信。它不仅是一个基层网络，而且还是一种开放式、新型全分布控制系统。现场总线是当今自动化领域技术发展的热点之一，被称为自动化领域的计算机局域网，标志着工业监控技术领域的一个新时代。

（1）现场总线技术概述

① 现场总线技术简介。现场总线是用于现场仪表与控制系统和控制室之间的一种全分散、全数字化的、智能、双向、多变量、多点、多站的分布式通信系统，按 ISO（international standard organization，国际标准化组织）的 OSI（open system interconnection，开放系统互连）标准提供网络服务，其可靠性高、稳定性好、抗干扰能力强、通信速率快、造价低、维护成本低。该技术的出现解决了传统的现场控制技术自身存在的无法克服的缺陷，使得构成高性能、高可靠的分布式控制、监测系统成为现实。

现场总线控制系统既是一个开放通信网络，又是一种全分布控制系统。它作为智能设备的联系纽带，把挂接在总线上、作为网络节点的智能设备连接为网络系统，并构成自动化系统，实现基本控制、补偿计算、参数值改、报警、显示、监控、优化及控管一体化的综合自动化功能。这是一项以智能传感器、控制、计算机、数字通信、网络为主要内容的综合技术。由于现场总线适应了工业控制系统向分散化、网络化、智能化发展的方向，它一经产生便成为全球工业自动化技术的热点，受到全世界的普遍关注。现场总线的出现，导致目前生产的自动化仪表、集散控制系统（DCS）、可编程逻辑控制器（PLC）在产品的体系结构、功能结构方面的较大变革。

② 基于现场总线构造的网络集成式全分布监控系统。现场总线导致了传统监控系统结构的变革，形成了新型的网络集成式全分布监控系统，即现场总线控制系统（fieldbus control system，FCS）。随着计算机可靠性的提高，价格的大幅度下降，出现了数字调节器、可编程控制器计算，形成了真正分散在现场的完整的监控系统，提高了监控系统运行的可靠性。还可借助现场总线网段以及与之有通信连接的其他网段，实现异地远程检测监控，如检测远在数百千米之外的设备等。

③ 现场总线是底层控制网络。现场总线是新型自动化系统，又是低带宽的底层控制网络。它可与因特网、企业内部网相连，它位于生产控制和网络结构的底层，因而有人称之为底层网。它具有开放统一的通信协议，能完成生产运行一线测量控制的特殊任务。现场控制层网段 H1，H2，LonWorks 等，即为底层控制网络。它们与工厂现场设备直接连接，一方面将现场测量控制设备互联为通信网络，实现不同网段、不同现场通信设备间的信息共享；同时又将现场运行的各种信息传送到远离现场的控制室，实现与操作终端、上层控制管理网络的连接和信息共享。值得指出的是，现场总线网段与其他网段间实现信息交换，必须有严格的保安措施与权限限制，以保证设备与系统的安全运行。

（2）几种典型的现场总线技术

目前，典型的现场总线技术是：基金会现场总线、LonWorks、ProfiBus、CAN 以及 HART 现场总线。

① 基金会现场总线。基金会现场总线（foundation fieldbus，FF）是在过程自动化领域得到广泛支持和具有良好发展前景的技术。这项技术的前身是以美国 Fisher-Rosemount 公司为首，联合 Fox-boro、横河、ABB、西门子等 80 家公司制定的 ISP 协议和以 Honeywell 公司为首，联合欧洲等地的 150 家公司制订的 WorldFIP 协议。它以 ISO/OSI 开放系统互连模型为基础，取其物理层、数据链路层、应用层为 FF 通信模型的相应层次，并在应用层上增加了用户层。

基金会现场总线分低速 H1 和高速 H2 两种通信速率。H1 的传输速率为 3125 kb/s，通信距离可达 1900 m（可加中继器延长），支持总线供电，以及本质安全防爆环境。H2 的传输速率可为 1Mb/s 和 2.5Mb/s，其通信距离分别为 750m 和 500m。物理传输介质可支持双绞线、光缆和无线发射，协议符合 IEC 1158-2 标准，其物理媒介的传输信号采用曼彻斯特编码。基金会现场总线的主要技术内容包括 FF 通信协议，用于完成开放互连模型中第二层至第七层通信协议的通信栈（communication stack）、用于描述设备特征、参数、属性及操作接口的 DDL（data definition language，数据定义语言）。设备描述语言、设备描述字典，用于实现测量、控制、工程量转换等应用功能的功能块，实现系统组态、调度、管理等功能的系统软件技术以及构筑集成自动化系统、网络系统的系统集成技术。

② LonWorks。LonWorks 是具有强劲实力的现场总线技术。它由美国 Echelon 公司推出，并由 Motorola、Toshiba 公司共同倡导，于 1990 年正式公布。LonWorks 采用 ISO/OSI 模型的全部 7 层通信协议，采用面向对象的设计方法，通过网络变量把网络通信设计简化为参数设置，支持双绞线、同轴电缆、光缆和红外线等多种通信介质，通信速率为 300b/s 至 15M/s 不等，直接通信距离可达 2700m（78kb/s），被誉为通用控制网络。LonWorks 技术

采用的 LonTalk 协议被封装到 Neuron（神经元）的芯片中实现。集成芯片中有 3 个 8 位 CPU，第一个用于完成开放互连模型中第一层和第二层的功能，称为媒体访问控制处理器，实现介质访问的控制与处理。第二个用于完成第三层至第六层的功能，称为网络处理器，进行网络变量的寻址、处理、背景诊断、路径选择、软件计时、网络管理，负责网络通信控制、收发数据包等。第三个是应用处理器，执行操作系统服务与用户代码。芯片中还具有存储信息缓冲区，以实现信息传递，并作为网络缓冲区和应用缓冲区。Echelon 公司鼓励各 OEM 开发商运用 LonWorks 技术和神经元芯片，开发自己的应用产品，在开发智能通信接口智能传感器方面，LonWorks 神经元芯片也具有独特的优势。

③ ProfiBus。ProfiBus 是德国国家标准 DIN19245 和欧洲标准 EN50170 的现场总线标准。ISO/OSI 模型也是它的参考模型。ProfiBus 由 3 个兼容部分组成，ProfiBus-DP、ProfiBus-PA、ProfiBus-FMS。ProfiBus-DP 是一种高速低成本数据通信，用于设备级控制系统与分散式 I/O 的通信，应用于加工自动化领域。ProfiBus-PA 用于过程自动化设计的总线类型，遵循 IEC 1158-2 标准，可将传感器和执行机构连在一根总线上，并有本质安全规范。ProfiBus-FMS 用于车间级监控网络，是一个令牌结构、实时多主网络，应用于现场信息规范。ProfiBus-FMS 采用了 OSI 模型的物理层、数据链路层、应用层。其传输速率为 9.6kb/s～12Mb/s，最大传输距离在 12Mb/s 时为 100m，在 15Mb/s 时为 400m，可用中继器延长 10km，其传输介质可以是双绞线，也可以是光缆。它最多可挂接 127 个站点，能实现总线供电与本质安全防爆。

ProfiBus 采用 3 种传输技术：RS-485 传输技术、EC 1158-2 传输技术、光纤传输技术。其中 ProfiBus-DP 和 ProfiBus-FMS 采用 RS-485 传输技术，传输介质为 RS-485 电缆；ProfiBus-PA 采用 IEC 1158-2 传输技术，传输介质为特性阻抗 100Q 的屏蔽双绞线电缆。ProfiBus 均使用一致的总线存取协议，该协议是通过 ISO/OSI 参考模型第二层（数据链路层）来实现的。它包括了保证数据可靠性技术及传输协议和报文处理。主站之间采用令牌传送方式，主站与从站之间采用主从方式。

④ CAN。CAN（controller area network，控制器局域网）最早由德国 BOSCH 公司推出，用于汽车内部测量与执行部件之间的数据通信。目前，它被广泛用于离散控制领域，其总线规范已被 ISO 国际标准组织制定为国际标准，得到了 Intel、Motorola、NEC、PHILIPS 等公司的支持。CAN 协议分为 3 层：物理层、数据链路层、顶层的应用层。CAN 信号传输介质为双绞线，通信速率最高可达 1Mb/s（其传输距离为 40m），直接传输距离最远可达 10km（其传输速率为 5kb/s），最多可挂接设备数为 110 个。

CAN 的信号传输采用短帧结构，每一帧的有效字节数为 8 个，因而传输时间短，受干扰的概率低。当节点严重错误时，具有自动关闭的功能，以切断该节点与总线的联系，使总线上的其他节点及其通信不受影响，具有较强的抗干扰能力。

⑤ HART。HART（highway addressable remote transducer，可寻址远程传感器高速通道）由 Rosemount 公司开发，并成立了 HART 通信基金会。其特点是在现有模拟信号传输线上实现数字信号通信，属于模拟系统向数字系统转变的过渡产品，其通信模型采用物理层、数据链路层和应用层 3 层，支持点对点主从应答方式和多点广播方式。由于它采用模拟数字信号混合，难以开发通用的通信接口芯片。HART 能利用总线供电，可满足安全防爆的要求，并可用于由手持编程器与管理系统主机作为主设备的双主设备系统。

HART 规定了 3 类命令：第一类称为通用命令，这是所有设备都理解、执行的命令；第二类称为一般行为命令，所提供的功能可以在许多现场设备（尽管不是全部）中实现；第三类称为特殊设备命令，用于在某些设备中实现特殊功能，这类命令既可以在基金会中开放使用，又可以为开发此命令的公司所独有。在一个现场设备中，通常可发现同时存在以上 3

类命令。HART 采用统一的设备描述语言 DDL。现场设备开发商采用这种标准语言来描述设备特性，由 HART 通信基金会负责登记管理这些设备描述并把它们编为设备描述字典，主设备运用 DDL 技术来理解这些设备的特性参数而不必为这些设备开发专用接口。

13.2.2 物联网技术

（1）物联网技术概述

物联网（internet of things，IOT）概念于 1999 年由美国麻省理工学院提出，早期的物联网是指依托射频识别（radio frequency identification，RFID）技术和设备，按约定的通信协议与互联网相结合，使物品信息实现智能化识别和管理，实现物品信息互联。现代意义的物联网可以实现对物的感知识别控制、网络化互联和智能处理有机统一，从而形成高智能决策。

物联网是通信网和互联网的拓展应用和网络延伸，它利用感知技术与智能装置对物理世界进行感知识别，通过网络传输互联，进行计算、处理和知识挖掘，实现人与物、物与物信息交互和无缝链接，达到对物理世界实时控制、精确管理和科学决策目的。

（2）物联网网络架构

物联网网络架构由感知层、网络层和应用层组成。感知层实现对物理世界的智能感知识别、信息采集处理和自动控制，并通过通信模块将物理实体连接到网络层和应用层。网络层主要实现信息的传递、路由和控制，包括延伸网、接入网和核心网，网络层可依托公众电信网和互联网，也可以依托行业专用通信网络。应用层包括应用基础设施/中间件和各种物联网。应用基础设施/中间件为物联网应用提供信息处理、计算等通用基础服务设施、能力及资源调用接口，以此为基础实现物联网在众多领域的各种应用。

物联网技术体系划分为感知、识别关键技术，网络通信关键技术、应用关键技术、支撑技术和共性技术。

① 感知、识别，网络通信和应用关键技术。感知和识别技术是物联网感知物理世界获取信息和实现物体控制的首要环节。传感器将物理世界中的物理量、化学量、生物量转化成可供处理的数字信号。识别技术实现对物联网中物体标志和位置信息的获取。

② 网络通信技术主要实现物联网数据信息和控制信息的双向传递、路由和控制，重点包括低速近距离无线通信技术、低功耗路由、自组织通信、无线接入 M2M 通信增强、IP 承载技术、网络传送技术、异构网络融合接入技术以及认知无线电技术。

海量信息智能处理综合运用高性能计算、人工智能、数据库和模糊计算等技术，对收集的感知数据进行通用处理，重点涉及数据存储、并行计算、数据挖掘、平台服务、信息呈现等。面向服务的体系结构（service-oriented architecture，SOA）是一种松耦合的软件组件技术，它将应用程序的不同功能模块化，并通过标准化的接口和调用方式联系起来，实现快速可重用的系统开发和部署。SOA 可提高物联网架构的扩展性，提升应用开发效率，充分整合和复用信息资源。

③ 支撑技术。物联网支撑技术包括微型电机-机电系统（micro-electromechanical system，MEMS）、嵌入式系统、软件和算法、电源和储能、新材料技术等。微型电机-机电系统可实现对传感器、执行器、处理器、通信模块、电源系统等的高度集成，是支撑传感器节点微型化、智能化的重要技术。

嵌入式系统是满足物联网对设备功能、可靠性、成本、体积、功耗等的综合要求，可以按照不同应用定制裁剪的嵌入式计算机技术，是实现物体智能的重要基础。

软件和算法是实现物联网功能、决定物联网行为的主要技术，重点包括各种物联网计算系统的感知信息处理、交互与优化软件与算法、物联网计算系统体系结构与软件平台研发等，电源和储能是物联网关键支撑技术之一，包括电池技术、能量储存、能量捕获、恶劣情况下的发电、能量循环、新能源等技术。

新材料技术主要是指应用传感器的敏感元件实现的技术。传感器敏感材料包括湿敏材料、气敏材料、热敏材料、压敏材料、光敏材料等。新敏感材料的应用可以使传感器的灵敏度、尺寸、精确度、稳定性等特性获得改善。

④ 共性技术。物联网共性技术涉及网络的不同层面，主要包括架构技术、标志和解析、安全和隐私、网络管理技术等。

物联网需具有统一的架构、清晰的分层，以支持不同系统的互操作性，适应不同类型的物理网络，适应物联网的业务特性。

标志和解析技术是对物理实体、通信实体和应用实体赋予的或其本身固有的一个或一组属性，并能实现正确解析的技术。物联网标志和解析技术涉及不同的标志体系、不同体系的互操作、全球解析或区域解析、标志管理等。

安全和隐私技术包括安全体系架构、网络安全技术、智能物体的广泛部署对社会生活带来的安全威胁、隐私保护技术、安全管理机制和保证措施等。

网络管理技术重点包括管理需求、管理模型、管理功能、管理协议等。

（3）物联网标准化

物联网涉及不同专业技术领域、不同行业应用部门，物联网的标准既要涵盖面向不同应用的基础公共技术，也要涵盖满足行业特定需求的技术标准，既包括国家标准，也包括行业标准。物联网总体性标准包括：物联网导则、物联网总体架构、物联网业务需求等。

感知层标准体系：主要涉及传感器等各类信息获取设备的电气和数据接口、感知数据模型、描述语言和数据结构的通用技术标准、RFID 标签和读写器接口和协议标准、特定行业和应用相关的感知层技术标准等。

网络层标准体系：主要涉及物联网网关、短距离无线通信、自组织网络、简化 IPv6 协议、低功耗路由、增强的机器对机器（machine to machine，M2M）无线接入和核心网标准、M2M 模组与平台、网络资源虚拟化标准、异构融合的网络标准等。

应用层标准体系：包括应用层架构、信息智能处理技术以及行业、公众应用类标准。应用层架构重点是面向对象的服务架构，包括 SOA、面向上层业务应用的流程管理、业务流程之间的通信协议、原数据标准以及 SOA 安全架构标准。信息智能处理类技术标准包括云计算、数据存储、数据挖掘、海量智能信息处理和呈现等。云计算技术标准重点包括开放云计算接口、云计算开放式虚拟化架构（资源管理与控制）、云计算互操作、云计算安全架构等。共性关键技术标准体系包括标志和解析、服务质量（quality of service，QoS）、安全、网络管理技术标准。其中，标志和解析标准体系包括编码、解析、认证、加密、隐私保护、管理以及多标志互通标准；安全标准重点包括安全体系架构、安全协议、支持多种网络融合的认证和加密技术、用户和应用隐私保护、虚拟化和匿名化、面向服务的自适应安全技术标准等。

13.2.3 数据融合技术

（1）数据融合技术概述

① 数据融合与多传感器。数据融合最早用于军事，1973 年美国研究机构就在国防部的资助下，开展了声呐信号解释系统的研究。目前，在 CCCI（command，control，communication and intelligence，指挥、控制、通信和情报）系统中都在采用数据融合技术，工业控

制、农业、机器人、空中交通管制、海洋监视和管理、安全检测监控等领域也在朝着数据融合方向发展。

数据融合是针对一个系统中使用多个和（或）多类传感器这一特定问题展开的一种新的数据处理方法，因此数据融合又称为多传感器信息融合或信息融合。随着数据融合和计算机应用技术的发展，根据国内外的研究成果，数据融合比较确切的定义可概括为：充分利用不同时间与空间的多传感器数据资源，采用计算机技术对按时间序列获得的多传感器观测数据，在一定准则下进行分析、综合、支配和使用，获得对被测对象的一致性解释与描述，进而实现相应的决策和估计，使系统获得比它的各组成部分更充分的信息。

多传感器系统是数据融合的硬件基础，多源信息是数据融合的加工对象，协调优化和综合处理是数据融合的核心。数据融合是一个多级、多层面的数据处理过程，主要完成对来自多个信息源的数据进行自动检测、关联、相关、估计及组合等的处理，目的是通过信息组合而不是出现在输入信息中的任何个别元素，推导出更多的信息，得到更加协同作用的结果，即利用多个传感器共同或联合操作的优势，提高传感器系统的有效性，消除单个传感器的局限性。

② 数据融合结构。按照融合的对象或者过程，数据融合结构可分为 3 个层次：数据层融合、特征层融合和决策层融合。

(a) 数据层融合。数据层融合又称为数据级融合、像素级融合，是指直接将各传感器采集到的原始数据进行融合，进行数据的综合与分析。从融合的数据中提取特征向量，完成对被测对象的综合评价。这种融合在各种传感器的原始观测信息未经预处理，或者只做很小处理的基础上进行数据综合分析，在传感器水平上完成融合，是最低层次的融合。如成像传感器中通过对包含若干像素的模糊图像进行图像处理来确认目标属性的过程就属于数据层融合。数据层融合能够保持尽可能多的原始信号信息，提供其他融合层次所不能提供的细微信息。但是数据层融合处理的传感器信息量很大，速度慢，抗干扰能力较差。

(b) 特征层融合。特征层融合又称为特征级融合，属于中间层次的融合，是指先对来自各传感器的原始数据进行特征提取，然后将这些特征进行综合分析和处理，融合成单一的特征向量，完成对被测对象的综合评价。特征层融合可划分为目标状态信息融合和目标特性融合两大类，目标状态信息融合主要应用于多传感器目标跟踪领域，目标特性融合就是特征层联合识别，具体的融合方法采用模式识别的相应技术。特征层融合对原始数据进行了一定的压缩，有利于实时处理，并且由于所提取的特征直接与决策分析有关，因而融合结果能最大限度地给出决策分析所需要的特征信息，但由于数据的丢失使得其准确性和系统的容错性与可靠性还有待改善。特征层融合一般采用分布式或集中式的融合体系。

(c) 决策层融合。决策层融合又称为决策级融合，是指在分别对每一传感器的原始数据独立地完成特征提取和评价（其中包括预处理、特征抽取、识别或判决，以建立对所观察目标的初步结论）后，通过关联处理进行决策层融合判决，最终获得联合推断结果。决策层融合是数据融合中的高级融合。这种融合方法的数据信息量小，实时性好，可以处理非同步信息，能融合不同类型的数据，而且在一个或几个传感器失效时，系统仍能继续工作，具有良好的容错性和可靠性。但是，该技术的不足之处在于原始信息的损失、被测对象的时变特征和先验知识的获取困难以及知识库的巨量特性等，难以得到实际应用。

（2）**数据融合原理**

数据融合能充分利用不同时间与空间的多信息资源，采用计算机技术对按时序获得的多传感器信息，在一定准则下加以自动分析、综合和使用，获得对被测对象的一致性解释或描述，以完成所需的决策和估计任务，使系统获得更优越的性能。数据融合过程包括多传感器、数据预处理、融合中心和结果输出等，如图 13.6 所示，由于被测对象多为具有不同特征的非电量，如压力、气体含量、温度等，因此首先要通过传感器转换电路将这些非电量转换成为电信号，然后经过融合中心将它们转换成能由计算机处理的数字量。由于环境等随机因素的影响，数字化后的电信号中不可避免地存在一些干扰和噪声信号，通过预处理，采用滤波等方法滤除数据采集过程中的干扰和噪声，得到有用信号。预处理后的有用信号就送入融合中心进行信息融合，经过特征提取，并对某一特征量进行融合计算，最后输出融合结果。

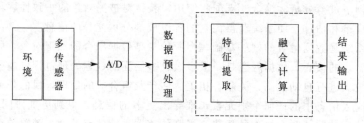

图 13.6　数据融合过程流程图

数据融合中心对来自多传感器的信息进行融合，也可以将来自多传感器的信息和人机界面的观测事实进行信息融合（这种融合通常是决策级融合）。提取特征信息，在推理机作用下，将特征与知识库中的知识匹配，做出故障诊断决策，并提供给用户。在基于信息融合的故障诊断系统中可以加入自学习模块，故障决策经自学习模块反馈给知识库，并对相应的置信度因子进行修改，更新知识库。同时，自学习模块能根据知识库中的知识和用户对系统提问的动态应答进行推理，以获得新知识，总结新经验，不断扩充知识库，实现专家系统的自学习功能。

① 信号的获取。根据具体情况采用不同的传感器可获取被测对象的信号，工程信号的获取一般采用工程上的专用传感器，将非电量信号或电信号转换成 A/D 转换器或计算机 I/O 口能接收的电信号，在计算机内进行处理。

② 信号预处理。在信号获取过程中，由于各种客观因素的影响，检测到的信号常常混有噪声。此外经过 A/D 转换后的离散时间信号除含有原来的噪声外，又增加了 A/D 转换器的量化噪声。因此，在对多传感器信号融合处理前，有必要对传感器输出信号进行预处理，尽可能地去除这些噪声，提高信号的信噪比。信号预处理的方法主要有取均值、滤波、消除趋势项等。

③ 特征提取。对来自多传感器的原始数据进行特征提取，特征可以是被测对象的各种物理量。例如，在安全检测监控系统中通常需要检测的环境参数很多，包括风速、氧气浓度、煤气浓度、温度和粉尘量等。

④ 融合计算。融合计算是数据融合的关键。实现融合的方法很多，对于不同的应用场合与应用要求，融合方法也不尽相同，主要有数据相关技术估计理论和识别技术等。融合计算主要就是对多传感器的相关观测结果进行验证、分析、补充、取舍和状态跟踪估计，对新发现的不相关观测结果进行分析和综合，并生成综合态势，实时地根据多传感器观测结果，对综合态势进行修改等。

（3）数据融合算法

① 数据融合结构。数据融合的结构模型应根据应用特性灵活确定，一般有集中式、分散式和分级式结构。分级式结构又有反馈结构和无反馈结构 2 种基本形式。图 13.7 所示为 4 种最基本的融合结构。

② 数据融合常用算法。数据融合涉及多方面的理论和技术，如信号处理、估计理论、不确定性理论、模式识别、最优化技术、聚类分析、模糊推理、小波变换、神经网络和人工

智能等。常用的数据融合算法有以下几种。

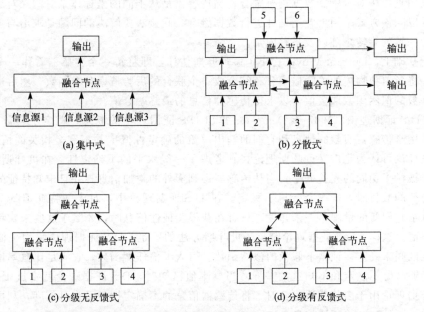

图 13.7 数据融合结构

（a）加权平均法。加权平均法是最简单的直观融合多传感器底层数据的方法。其基本思想是将一组传感器提供的冗余信息进行加权平均，并将结果作为信息融合值。当每个传感器的测量值为标量，且加权值反比于每个传感器标准差时，加权平均法等效于贝叶斯法。加权平均法的一个应用实例是 HILARE 移动机器人，该机器人由触觉、听觉、二维视觉、激光测距等传感器提供信息，经过集成得到环境物体的分布并确定位置，其中采用了加权平均法作为信息融合方法对物体轮廓融合设计。

（b）卡尔曼滤波。卡尔曼滤波多用于实时融合动态的低层次冗余传感器信息。它利用测量模型的统计特性，经过递推运算，估计出在统计意义下最优的融合数据。当系统具有线性动力学模型，且噪声是高斯分布的白噪声时，该法为融合数据提供了唯一的统计意义下的最优估计。卡尔曼滤波的递推特性使数据处理不需大量的数据存储和计算就能进行。在实际应用中，如果数据处理不稳定或者假设系统模型为线性而对融合造成不良影响，则可以采用扩展卡尔曼滤波。卡尔曼滤波的实际应用领域有：采用图像序列的目标识别、机器人导航、目标跟踪、惯性导航和遥感等。

（c）经典推理法。经典推理法即是对两种假设的检验。对一个给定的先验假设，计算观察值的概率，从而推理出描述一个假设条件下观测到的事件的概率。这种方法的典型应用是，对给定的多个事件进行观测，求出一个假设态势的概率。经典推理法完全依据数学理论，严格的应用需要相应的先验概率分布知识，而这些知识在实际应用中又往往是不知道的，其应用范围较窄，因此对单一事件（主观概率）很大程度上不能用该方法。

（d）贝叶斯估计。贝叶斯估计是融合静态环境中多传感器底层数据的一种常用方法，其基本思想是，首先对传感器信息进行相容性分析，删除那些可信度很低的信息，然后对保留下来的信息进行贝叶斯估计，求得最优的信息融合。

贝叶斯估计法解决了经典推理方法的某些困难，能在给定一个预先似然估计和附加证据（观测）条件下，更新一个假设的似然函数，当获得测量值后，可以将给定假设的先验密度更新为后验密度。贝叶斯估计的一个重要特点是它适用于多假设情况。贝叶斯估计将信息描述为概率分布，它适用于具有可加高斯噪声的不确定性场合。当传感器组的观测坐标一致时，可以用直接法对传感器数据进行融合；当传感器是从不同的坐标体系对同一对象进行描述时，要以间接方式采用贝叶斯估计进行数据融合。间接法要解决的问题是求出与多个传感器读数相一致的旋转矩阵以及平移向量。

在此基础上，Durrant-Whyte 提出了多贝叶斯估计，即将每一个传感器看作一个贝叶斯估计器，将各单独物体的关联概率分布结合成一个联合的后验概率分布函数，然后通过对联合分布函数的似然函数取极值，以求得传感器信息的最终融合值。

（e）D-S证据理论。1967年 Dempster 提出 D-S证据理论的概念，奠定了其数学基础。该理论适用于传感器贡献的信息和它们的输出决策的确定性概率并不完全相关的情况。D-S证据决策理论可认为是广义贝叶斯理论，它考虑了一般水平的不确定性。在贝叶斯方法中，所有特征被赋予相同的先验概率，当从传感器得到额外的附加信息，并且未知特征的数目大于已知特征的数目时，概率会变得不稳定。在 D-S证据理论中，对未知特征不赋予先验概率，而赋予它们新的量度——未知度。只有在获得验证性信息时，才赋予这些未知特征以相应的概率值。这样，D-S证据理论避免了贝叶斯方法的不足。D-S证据理论采用了概率区间和不确定区间来确定多证据下假设的似然函数。引入了信任度函数，它满足比概率论更弱的公理，能够区分不确定和不知道的差异。当概率值已知时，D-S证据理论就变成了概率论。把 D-S证据理论用于多传感器融合时，将传感器信息的不确定性表示为可信度，利用信息可信度合并规则处理各传感器信息。

（f）熵理论。熵理论是用于数据融合的一种新技术，它从信息论的观点解释数据融合的过程，认为数据融合实质上就是不确定性减少的过程。由熵理论出发，可构造数据融合过程的数学模型，诸如基于熵准则的推理模型或基于熵准则的特征层识别融合。数据融合就是使融合输出的不确定性比单一传感器或部分传感器系统输出的不确定性得到更大程度的压缩（或减少）。这种融合所取得的在压缩系统不确定性方面的收益，即融合的有效性，是由信息的关联来保障的。熵理论的研究着眼于融合系统的宏观统计性质，主要关心反映系统整体性质的不确定性变化过程。而对于融合系统的另一重要性质——容错性，则仅仅依靠熵理论来刻画是不够的，神经网络则弥补了这方面的缺陷。

（g）模糊推理。多传感器系统中各信息源提供的信息都有一定程度的不确定性，这些不确定信息的融合过程实质上是一个不确定性推理过程。模糊逻辑是典型的多值逻辑，能够方便地表示不确定性。

13.2.4　人工神经网络

（1）人工神经网络概述

人工神经网络（artificial neural network，ANN）简称神经网络，是一种通过模仿动物大脑神经系统结构及其信息处理方式，建立的能够实现分布式并行信息处理及非线性转换的数学模型。它由大量的、简单的处理单元——神经元相互连接，形成一个复杂的网络系统。神经网络具有高度的非线性特征、非局限性以及良好的自适应、自组织和自学习能力，能够较轻松地实现复杂的逻辑操作及非线性映射过程。因此，神经网络在模式识别、优化控制、故障诊断、图像处理、预测及经济管理等领域得到广泛应用。

（2）人工神经网络模型

常见的神经网络模型有感知器网络、线性神经网络、前向型神经网络、反馈型神经网络及自组织神经网络等。BP神经网络作为目前应用较广泛的神经网络之一，是一种利用误差反向传播（back propagation）算法训练的多层前向型神经网络。它采用输入层、隐含层和输出层的模型结构，其中隐含层可包含多层。层与层之间全连接，其间关系通过传递函数描述，各层神经元之间无连接。BP 神经网络结构如图 13.8 所示。

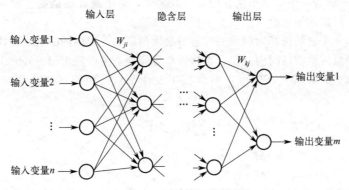

图 13.8 BP 神经网络结构

（3）BP 神经网络学习过程

BP 神经网络属于有监督的学习过程，因此存在一个训练集（包括输入样本和期望输出样本）。输入样本数据通过输入层神经元接入，并传递给隐含层神经元。隐含层作为网络内部的信息处理单元，实现信息的变换与处理。输出层神经元获取网络输入响应，并输出到外界。当输出值与期望值有偏差时，误差从输出层向隐含层和输入层反传，按照梯度下降法对各层的正向连接权值进行修正，如此反复，直至误差不再减少或减少到可接受范围内。因此，BP 神经网络的学习过程可以分为输入样本数据前向传播和误差反向传播两个过程，如图 13.9 所示。

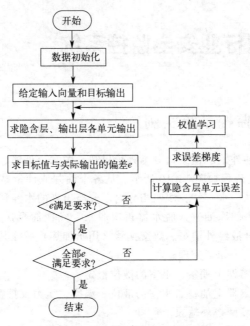

图 13.9 BP 神经网络学习流程

（4）BP 神经网络设计

BP 神经网络在设计时，通常要考虑以下几方面问题。

① 输入层与输出层的设计。输入层神经元及输出层神经元的个数通常是根据实际问题

中提炼出的抽象模型来确定的。

② 隐含层的设计。隐含层的设计需要从隐含层个数及隐含层神经元个数两方面考虑。BP 神经网络允许包含一个或多个隐含层，一般来说，单个隐含层就能够满足需求，但如果训练样本较多，可适当增加隐含层以减小网络规模。

隐含层神经元个数的选择对网络的性能有极大的影响，较多的隐含层虽能实现较好的网络性能，但会导致网络训练时间过长、容错性差等问题。关于隐含层神经元个数的确立，目前虽没有完全理想的解析式，但可以参考以下三个公式，利用试凑法确立隐含层神经元个数。

$$\sum_{i=0}^{n} C_M^i > k$$
$$M = \sqrt{m+n} + a, a \in [1,10]$$
$$M = lg2n$$

式中，M 为隐含层神经元个数；k 为训练集样本数；n 为输入层神经元个数；m 为输出层神经元个数；a 为常数。

③ 传递函数的选择。传递函数也可称为激活函数或激励函数，必须是连续可微的。BP 神经网络常用的传递函数有线性函数、S（Sigmoid）型函数与正切函数。通常情况下，隐含层多选用 S 型函数，但由于 S 型函数会将（$-\infty$，$+\infty$）范围内的输入值映射到（-1，1）或（0，1）范围内，因此输出层多用线性函数。

④ 训练方法的选择。BP 神经网络训练时，调整权值所依据的规则除了上面提到的梯度下降法，还有动量 BP 法、学习速率可变的 BP 算法、拟牛顿法及 LM 算法等。实际应用中，应结合应用问题的类型、训练样本的数量等选取合适的训练方法。

13.3 典型行业安全监控系统

13.3.1 某油田监控系统实例

某油田集油站是原油外输的枢纽，分为锅炉供热、脱水、外输、注水与消防、污水处理 5 个子系统。集油站工艺流程如图 13.10 所示。从各个油井或计量站来的油水混合液先进入两个四相分离器，进行油、水、气、沙四相分离，分离出来的水经掺水泵送到各计量站掺水或对地下注水。分离出来的原油进入脱水器再次脱水，经稠油泵送往 200m³ 的大罐贮存销售。还有一部分油水混合液经外输泵、热交换器（用于加热）后往其他集油站外输。

整个监控系统需要进行如下处理。

① 控制两个四相分离器上油室、水室的液位恒定。
② 监测两个四相分离器上油室、水室的液位、温度、压力及报警。
③ 监测两个掺水泵、两个外输泵。
④ 监测两个热交换器前后混合液的温度及报警。
⑤ 监测脱水器、事故罐的温度、液位及报警。
⑥ 遍布整个站区 16 处的气体浓度监测及报警。

（1）监控系统方案分析

① 初步分析。监测部分涉及液位、温度、压力、气体浓度监测以及各个泵运行状况

显示。其中，液位、温度、压力、气体浓度等信号经过相应的变送器后都会转换为对应的 4～20mA 电流信号，都是模拟量输入信号。各个泵运行状况对应数字量输入信号。

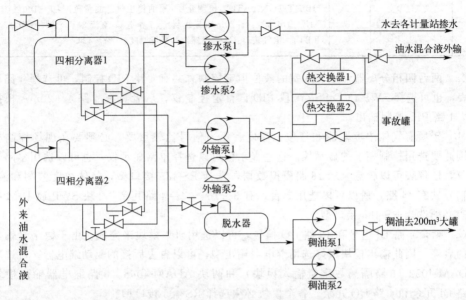

图 13.10　集油站工艺流程图

控制部分涉及控制两个四相分离器上油室、水室的液位恒定和各个泵的启、停。其中，控制分离器上油室、水室的液位恒定可以采用智能仪表来控制。控制原理是：油室、水室的当前液位信号接入 PID 控制仪表，与表内的人工给定值比较，通过 PID 运算，输出 4～20mA 的控制信号到变频器，变频器对 50Hz 交流电进行变频，输出对应于 4～20mA 的 0～50Hz 交流电，对泵上的驱动电机进行变频调速，通过调节泵的转速（流量）来控制油室、水室的液位恒定。

控制各个泵的启、停比较简单，对应的是数字量输出信号。

②　系统检测仪表选型。由前面分析可知，监控系统可采用一台工控机，连接智能仪表和研华 ADAM-4000 或 ADAM-5000 系列模块构成。系统检测传感器选择如表 13.1 所示。

表 13.1　系统检测传感器选择

序号	名称	数量	操作条件及规格	备注
1	温度变送器	10	型号：WZPB-241。检测介质：原油。测量范围：0～100℃。防爆等级：dⅡBT4。输出：4～20mA 二线制直流 24V 供电。安装方式：M27×2 外螺纹。电缆接口：M20×1.5 内螺纹。承压：6.4MPa。保护套管：ϕ12。环境温度：－27～42℃。插入长度：L＝100mm、1500mm、170mm、500mm	采用热电阻
2	压力变送器	16	型号：PMP731 143P2H11T1。检测介质：原油。输出：4～20mA 二线制直流 24V 供电。精确度等级：0.5。防爆等级：dⅡBT4。电缆接口：M20×1.5 内螺纹。过程接口：M20×1.5 外螺纹。环境温度：－27～42℃。测量范围：0～0.5MPa	
3	防爆浮球液位控制器	6	BUQK-2500-01。检测介质：含水原油。介质密度：845kg/m³。浮球材质：不锈钢。输出节点容量：交流 220V，0.9A。电气接口：M20×1.5 外螺纹。防爆等级：dⅡBT4。连接法兰：JB/T 81-2015 DN80 PN1.0MPa	

序号	名称	数量	操作条件及规格	备注
4	可燃气体变送器	16	JB-QT-TON90ATC。检测介质：原油伴生气。测量范围：0～100% LEL。输出信号：4～20mA（三线制）。工作电源：直流24V。防爆等级：dⅡBT4。电气接口：C3/4内螺纹。环境温度：−27～42℃	

（a）两台四相分离器油室、水室的液位恒定控制总共有 4 路 PID 控制，可选择 4 路单路 PID 表，也可选择 SWP-LCD-SSR48 段 PID 自整定控制仪，后者具有 4 路 4～20mA 模拟量输入，4 路 PID 控制输出。

（b）于所有气体浓度监测和液位、温度、压力信号比较重要，必须要在现场控制柜显示，因此要选用控制柜上的显示仪。这些显示仪可以选择单路显示仪，也可以选用多路巡检控制仪，该仪表可以轮流显示 16 路模拟数据，选择 RS-485 接口型，气体浓度监测和液位、压力信号共有 44 路，所以可以选用 3 台，有 3×16−44＝4 路冗余，3 块 SWP-LCD-M 型多路仪表必须选择 RS-485 接口型。

（c）剩余 6 路 DI 信号和 12 路 DO 信号，可以选用研华模块来完成。由于数字量输出控制泵的启停，因此输出模块最好选用继电器输出型，可以省去后接的驱动继电器。可选取一个 ADAM-4052（8 路隔离数字量输入模块）和两块 ADAM-4068（8 路继电器输出模块）。有 2 路 DI 冗余和 4 路 DO 冗余。各个模块必须选择 RS-485 接口型。

（d）如果仪表接口选择 RS-232C 接口型，则每个串口只能接一块仪表。所以上面仪表及模块都选用了 RS-485 接口型，这样某一类仪表就可以接在同一个串口上。

（e）系统还需要选用工控机、打印机、UPS（不间断电源）等其他设备。

（f）系统还需要操作系统软件和组态编程软件。

以某油田集油站监控系统为例，其设备清单如表 13.2 所示。

表 13.2　某油田集油站监控设备清单

序号	类别	名称	型号	技术要求	数量
1	计算机部分	工控机主机	研华 IPC610	P41.8G/512MDRAM/40G/1.4M/50X	1台
		21英寸①彩显	21CRT	21英寸飞利浦彩显	1台
		UPS电源	由特 3kV·A	3kV·A 0.5h	1台
		彩色打印机	惠普	A3 彩色喷墨打印机	1台
2	软件部分	操作系统	Windows 系列	Microsoft Windows 正版软件	1套
		组态软件	Kingview6.51	北京亚控"组态王 6.51"	1套
3	控制器及仪表部分	智能多回路 PID 控制器	昌晖 SWP-SSR	48 段 PID 自整定控制仪，测量精度为 +0.5%ES，测量范围为 −1999～9999 字，8路输入，4路输出	1块
		多通路巡检控制仪	昌晖 SWP-LCD-M	16 路多通道巡检控制仪，控制输出方式：电压/电流输出，设定/显示精度：+0.5%FS+1 位数 max	3块
		DI 模块	研华 ADAM-4052	8 路隔离数字量输入模块	1块
		DO 模块	研华 ADAM-4068	8 路继电器输出模块	1块
		信号转换器	研华 ADAM-5＝4520	RS-232 到 RS-485 转换器	2块
4	控制柜	仪表盘柜	KG-22J 型	仪表控制柜，2100mm×900mm×600mm（高×宽×深），配套接线端子、端子排、汇线槽及内部接线	1台
		小型操作台	西仪横河	西仪横河计算机专用操作平台	1台

① 1 英寸=2.54cm。

（2）系统监控构成

监控系统采用一台研华工控主机，配 21 英寸飞利浦彩显和带有 UPS 电源的 A3 幅面彩色喷墨打印机。系统选用 4 路 PID 控制仪完成对四相分离器油室、水室的液位恒定控制。

现场所有模拟输入量都先接入昌晖公司 16 路巡检仪，然后计算机通过 RS-485 总线与巡检仪及 PID 控制仪通信，将现场数据采集进计算机。

现场所有数字量都通过研华公司 ADAM-4000 系列仪表采集和输出，基于 RS-485 总线，计算机通过研华 ADAM-4052 模块读入现场泵的运行状态，再通过研华 ADAM-4068 模块输出现场泵的启停指令。

（3）系统运行效果

油田集油站安全监测控制系统主要实现对站内所有重要的生产工艺过程、设备状态实施监控和联锁保护，不仅可以进行生产上的集中监控，还可以综合各种安全参数监控事故并进行预防预报，实现生产和安全双重监控。主要技术特点如下。

① 集油站生产工艺、安全参数监测和优化控制。

② 采用多倍变焦自动摄像监视重点设备和场所，对图像进行数字压缩处理与存盘。

③ 站场的可燃气体泄漏监测、预报和消防注水智能控制。

④ 联合站内外网络集成，系统具有典型示范作用。

13.3.2 贮油罐区安全监控系统设计

（1）贮油罐区安全监控系统简介

整个系统的组成如图 13.11 所示，它由 3 部分组成：基于研华工控机的监控部分，该部分主要包括监控画面、报警系统和报表系统等；以二次仪表为主，由光电转换器、感温火灾信号处理器构成的监测台；由光纤液位传感器、光纤温度传感器、光纤压力传感器和光纤气体传感器构成的数据采集部分。

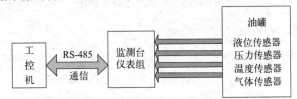

图 13.11　贮油罐区安全监控系统的示意图

系统流程为：首先在数据采集部分，通过光纤传感器将被测对象的参量变化转换为光脉冲信号，并通过光纤传送给光电转换器；其次在监测台，光电转换器将光脉冲信号转换为电脉冲信号，并进行放大整形，传给二次仪表，二次仪表对光电转换器输出的电脉冲信号进行线性化处理，并进行仪表的量程、灵敏度等调节，以数字形式显示被测参量；最后二次仪表采用串行通信方式（RS-232 和 RS-485）同监测系统采集机相连，监测系统采集机应用组态对二次仪表传送过来的信息进行处理，并实现对被监测参量的显示、报警、计量、报表处理等功能，从而实现对被测参量的自动监测。

（2）系统的功能及特点

① 系统的主要功能。

（a）对油罐安全检测数据进行实时采集，能够将贮罐的液位、温度、压力等参数集中实时采集到控制室的工控计算机上进行数据处理。

（b）可以实时地显示所采集的数据。

（c）可以显示罐区分布图的画面，画面上的数据（如液位、温度、压力等）按数据采样周期更新。

(d) 能显示主要数据的历史趋势曲线,可以将数天前的历史记录从硬盘调出。

(e) 能显示主要数据的实时曲线,曲线随采样周期更新。

(f) 能对报警信息及时提示,并以文件的形式记录下来便于查询报警信息。

(g) 可随时打印当前或历史数据报表。

② 系统特点。在石油生产工艺过程中,联合站是油田原油集输生产中最重要的过程,它是集油水分离、污水处理、原油及天然气集输等多个工艺系统为一体的综合性生产过程。该联合站的油气水集输、分脱和污水处理回注系统,从设计到建设均达到了国内油田行业标准,部分设备在国内处于领先水平。某贮油罐区的主要设备有沉降罐、净化罐、收球筒、量油分离器、缓冲罐、污油箱、换热器、过滤器以及不同型号的输油泵。站内的原油流程主要是:从各个油井和增压点的来油首先进入双容积量油分离器,进行来油计量,计量后的原油经过进一步的沉降净化后往其他集油站外输或者进行装车外输。

(a) 原油的生产流程见图 13.12。在此流程中,来油的计量是通过双容积量油分离器来完成的。该设备主要由上下两个容器组成,上面的容器起到来油缓冲的作用,下面的容器则是一个容积已知的容器,它的主要作用就是进行来油计量。当下面的计量容器中的原油达到上限时,原油从计量容器中输出,输出完毕后,原油再从缓冲容器输入计量容器。双容积量油分离器就是通过这种循环的方式来完成原油的计量。

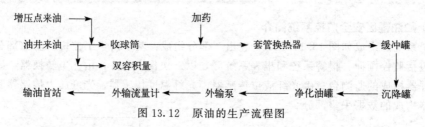

图 13.12 原油的生产流程图

(b) 站内吹扫流程见图 13.13。

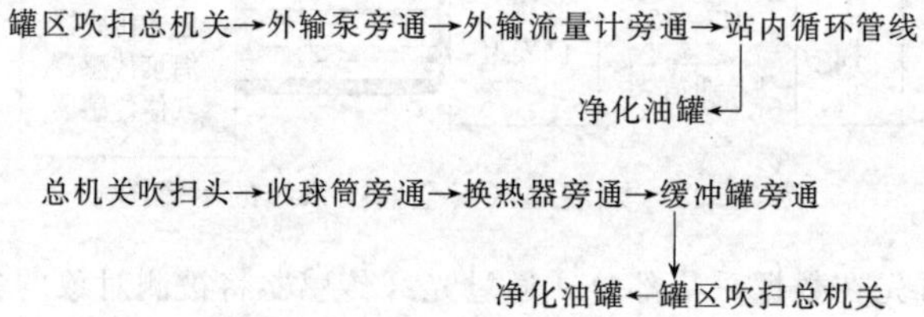

罐区吹扫总机关→外输泵旁通→外输流量计旁通→站内循环管线

净化油罐←

总机关吹扫头→收球筒旁通→换热器旁通→缓冲罐旁通

净化油罐←罐区吹扫总机关

图 13.13 站内吹扫流程图

(c) 站内循环流程见图 13.14。

油罐→外输泵→站内循环管线→油罐

图 13.14 站内循环流程图

(d) 站外吹扫流程见图 13.15。

单井吹扫→吹扫管线→净化油罐

图 13.15 站外吹扫流程图

(3) 监控内容及功能

罐区安全监控系统设计,要监测罐区的液位、压力、温度,为了防止油罐发生泄漏,还要对罐区进行气体浓度的监测。

① 内容。

(a) 监测罐区共 16 点的气体浓度。

(b) 监测分离缓冲罐、2 个净化罐、3 个沉降罐、2 个装车泵及 4 个外输泵的前后压力。

(c) 监测 3 个收球筒的温度、2 个 TR60-2.5 型、2 个 TR2-1.6 型换热器和 1 个 TR25-2.5 型换热器的进出口温度、2 个净化罐和 3 个沉降罐的温度、2 处外输油的温度。

(d) 监测分离缓冲罐及 2 个净化罐的液位高低报警。

(e) 监测 3 个双容积量油分离器液位高低报警。

(f) 监测 3 个齿轮卸油泵的开关状态。

(g) 控制 3 个双容积量油分离器的液位高低。

(h) 控制 3 个齿轮卸油泵的开关。

② 功能。

(a) 信号采集：包括对现场仪表及模块信号的采集和转换处理。

(b) 监控操作：实现对现场各个设备参数及状态的检测。

(c) 动态显示：动态流程画面显示，实时及历史报警显示，实时及历史趋势曲线显示。

(d) 操作画面：通过操作画面查询和管理工艺过程，打印实时或历史报表、趋势曲线和报警画面。

（4）系统设计

如前所述，联合站计算机监控系统的设计方案有 3 种：上位机加 I/O 板卡的方案，上位机加 RS-485 总线、I/O 模块和工业仪表的方案以及上位机加 PLC 的方案。由于本次设计对稳定性的要求一般，费用预算要求不高，所以本次设计选择上位机加 RS-485 总线、I/O 模块和工业仪表的方案。

① 初步分析。

监测 3 个收球筒的温度、2 个 TR60-2.5 型和 1 个 TR25-2.5 型换热器的进出口温度、2 个净化罐和 3 个沉降罐的温度、2 处外输油的温度、分离缓冲罐压力和 2 个装车泵及 4 个外输泵的进出口压力、站区 16 点气体浓度共 45 路信号经过相应的变送器后都会转换为对应的 4~20mA 电流信号，且都是模拟量输入信号。

监测分离缓冲罐及 2 个净化罐的液位高低报警、3 个双容积量油分离器的液位高低报警、3 个齿轮卸油泵的开关状态共 15 路信号明显对应数字量输入信号。

控制 3 个双容积量油分离器的液位高低、3 个齿轮卸油的开关共 9 路信号是数字量输出信号。

② 系统监控方案设计。监控系统采用一台研华工控机，配 21 寸飞利浦彩显和带有 UPS 电源的 A3 幅面彩色喷墨打印机。先由光纤传感器将现场要监测的信号转换成光脉冲信号，通过光纤传送给光电转换器将光脉冲信号转换成电脉冲信号，再由二次仪表对电脉冲信号进行处理，最后二次仪表通过研华 ADAM-4520（RS-232 到 RS-458 转换）模块和 RS-485 总线与计算机进行通信，这样现场数据就可以传送到计算机了。

二次仪表与传感器配套使用，可对液位、温度、压力等信号进行跟踪测量，从而完成对液位、温度、压力及气体浓度的监控。监控系统方案硬件示意图见图 13.16。

13.3.3　危险品运输车辆监控预警系统

（1）概述

充分利用先进的通信技术、计算机技术、可视化技术和自动控制等技术构建危险品道路运输车辆监控预警系统是提高运输车辆安全行驶的有效方法。目前，对危险化学品运输车辆

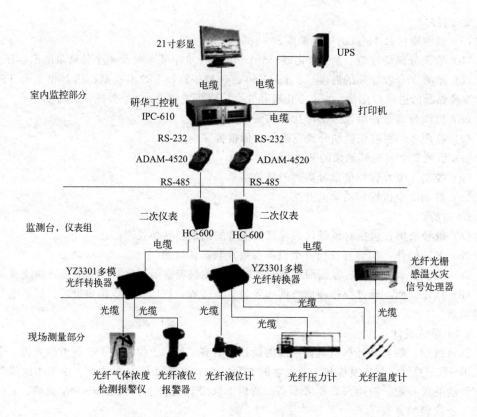

图 13.16　系统硬件示意图

要积极推行安装 GPS（全球定位系统）、行车记录仪和通信设备实行跟踪管理，建立危险品运输车辆监控预警系统，使危险化学品运输管理工作科学化、规范化和制度化，同时需建立健全道路危险化学品事故应急救援体系，健全应急救援技术和信息支持系统。培养高素质的应急救援队伍，形成快速反应的应急救援机制，提高应急救援能力，最大限度地降低危险化学品运输事故所造成的损失。

（2）监控预警系统整体功能和特点

① 系统整体功能。在危险品的运输车辆终端安装 GPS 收发器以完成运输车辆的定位和导航等功能，安装车载 GSM/CDMA（全球移动通信系统/码分多址）等用于完成车辆和监控中心及车辆间的语音、视频和数据的交互，同时安装有各类传感器和控制器完成车辆及危险品状态等信号采集及现场控制和报警等功能。

通过 GPS 和 GSM 可完成运输车辆的定位和通信等功能，还可在系统监控中心完成车辆的实时监控预警、音视频调度指挥、安全分析和管理、信息发布和事故报警等功能。在运输车辆发生事故、抢劫或其他紧急状况时，监控中心可实时获取现场状况并根据实际危险等级及时通知相关部门、交管部门等应急救援中心完成危险品运输车辆紧急状态的处理。

整体系统从实时跟踪及间续跟踪等多种方式监控危险化学品本身、运输车辆、人员及路途环境等状态，实现多车辆、分区域、跨区域监控，实现监控中心与车载端设备使用人员的语音、数据和图像等多种方式的信息交互，车载终端的自动监测、报警和安全保护等，实现监控中心对车辆调度指挥、自动接警和出警、安全分析与管理、事故预测预警等功能。系统功能和组成的框架及系统监控中心运作框图如图 13.17 所示。

② 系统特点。

（a）标准性：系统设计和构建充分满足危险化学品车辆运输相关管理条例规定的要求。

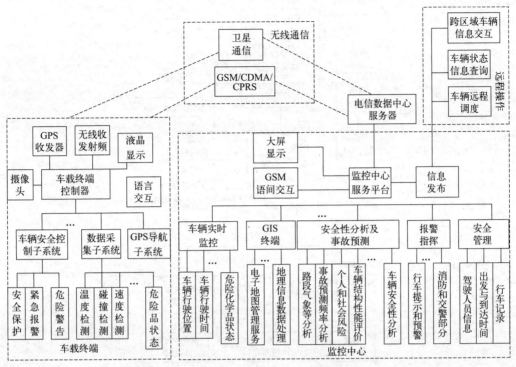

图 13.17 运输车辆监控预警系统主要组成及功能

（b）经济性：充分认识到危险化学品车辆运营总监控中心的市场化运营模式，系统设计既考虑运输车辆安全管理，又考虑尽量降低系统投资成本，特别是运营成本。

（c）开放性：系统设计遵守开放性原则，能够支持多种硬件设备和网络系统，并支持二次开发，特别是支持数据分组通信等功能系统接口的统一。

（d）扩展性。车辆通信终端智能化多接口结构，可适应 GPS、报警、IC 卡等网络的接入和业务发展需要。对系统终期容量及网络发展设想进行方案设计，实现平滑扩容，降低系统维护升级的复杂程度，提高系统更新、维护、升级的效率。

（e）安全性：在互联网络中防止非法用户享受服务，防止计算机病毒的入侵，实现对整个网络的实时监控。软件设计及数据调度中采用纠错冗余技术，保证系统安全及准确性。

（f）稳定性：为保证系统能良好运作，满足各项功能的同时，车载设备、总监控中心软硬件等具有很高的稳定性、安全性和可靠性，充分考虑通信条件对该系统的支持状况。

（g）继承性：最大限度利用原有部分设备和资源，完成中心处理控制器相关功能。

（3）系统设计与开发

① 运输车辆车载终端。终端硬件主要包括终端控制器、GPS 接收及导航数据与音视频采集子系统、显示系统储存器、电源模块、固件和外部接口、MEMS 传感器等。车载终端控制器主要组成部分的结构如图 13.18 所示，其中音视频处理子系统由 CCD 镜头、液晶模块、集成显示屏幕、光盘前端机和扬声器等构成。

受车内安装位置的限制，运输车辆导航设备与汽车视像音响合成在一起，可播放 CD、VCD 和 DVD 碟，其中 DVD 驱动器负责读取电子地图 DVD 光盘。CCD 镜头对车内外的视频图像进行采集，由视频驱动器和 DSP 处理器等器件组成的车载录像子系统可对车内人员或车外的情况进行实时录像，并在本地数据存储器内保持 20min 的录像资料，通过无线发射模块，利用双 CDMA 卡可将音视频数据实时传输给监控中心机器。

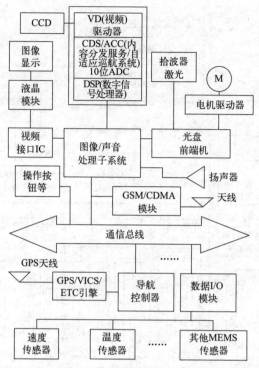

图 13.18 车载终端结构

  车辆的数据采集子系统，即传感器模块将运输车辆的各类参数，如车辆行驶速度和方向、车厢内外温湿度环境参数、危险化学品的状态（气体浓度等）、车辆碰撞检测等信号传输到车载终端控制器，经过处理，在液晶显示器上进行实时动态的显示，对不正常状态给出提示和报警。车辆安全控制子系统对车辆的电气电路、机械设备、油路等进行监控和预警保护。车载子系统所采集到的所有参数和音视频等信息均可通过无线发射模块发送至运输车辆监控中心。

  车载终端整体性能要求如下。

  （a）工作可靠、功耗低和操作维修方便。

  （b）车载终端及固件需设计为每天 24h 持续稳定工作，在正常运行时无需外部干预。不受通信网络的错误及故障的影响，在网络恢复正常时能及时将存储的正确信息重新发送至监控中心。

  （c）车载终端的平均无故障工作时间（MTBF）最低应为 8000h。

  （d）应能支持 RS-232 接口或 RS-485 外部数据通信接口，以及支持危险化学品运输所需的各种传感器或仪器的车辆信号接口，具备良好的可扩展性。

  （e）支持远程设置和配置，固件应支持远程升级。

  危险化学品运输车辆监控系统的车载终端具备功能如下。

  （a）运输人员可在驾驶室内实时地监控车辆的运行速度及位置等状态和所装载危险化学品的温度、压力、是否泄漏等各项参数，可及时获得车辆超速、驾驶时间超时等报警信号。

  （b）驾驶人员进入不熟悉的地段，可通过车载终端的导航子系统的指导实现车辆优化路径的行驶。

  （c）通过无线收发模块向监控中心发送车辆的位置信息、ID 号及目前车辆所处状态（如报警、装载危险化学品监控的参数），同时通过无线收发模块接收从监控中心发来的控制指令，根据指令内容，由微处理器完成指令任务。

（d）车载电话有免提通信和手柄保密通信方式，遇到险情可及时通知监控中心，如果车辆被窃，将自动切断电话进入防盗报警系统，确保报警准确无误。语音通信可接入车辆音响系统，且语音电话报警准确及时。通过互动操作界面，无需控制命令即可按语音提示完成险情报警和防盗系统的操作。

（e）采用GPS定位或者移动网络定位确保不同危险化学品运输的各自需求。GPS定位信息和报警信息都可采用语音或者CDMA网络传送，可与其他报警处理中心进行对接并兼容各类报警系统。

（f）可通过网络向监控中心发送紧急求救报警、振动报警、开车门报警、断电源报警、开电门报警、现场摄像、汽车载重检测报警等，可将紧急状态现场的车辆和危险化学品各参数及视频信息实时地传输至监控中心。

② 系统通信。危险化学品道路运输车辆监控系统的通信结构及运作示意如图13.19所示。系统中的无线通信链路是车辆移动端和监控中心端实现通信的关键。通信的方式可采用GSM、GPRS（通用分组无线业务）、CDMA固定频率通信、卫星通信和集群通信等。采用一种或几种通信方式会直接影响到车辆监控系统的容量监控范围等。

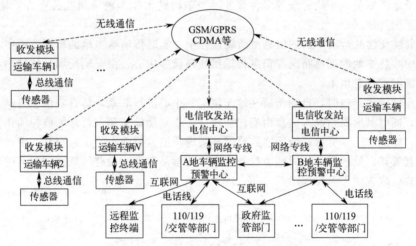

图13.19　系统通信结构及运作示意图

各种通信方式的比较如下。

（a）GSM：利用GSM系统的短消息来进行数据传输通信，具有覆盖范围大、通信费用低等优点，但是其系统响应速度有时受移动网络的影响，会出现一定的传输延时。

（b）GPRS：GPRS是CSM网络向第三代移动通信演变的过渡技术，具有覆盖范围广、接入时间短、传输速率高、永远在线和按流量计费等优点，适用于频繁传送小数据量和非频繁传送大量数据，比较适合于车辆监控系统的数据传输。

（c）CDMA：属于码分多址数字无线技术，与GSM并列的第二大移动通信系统，具有通话清晰、频率利用率较高等优点，被认为是第三代移动通信技术的首选。CDMA的平均业务速率比GPRS高，后者采用语音和数据共享信道，若网络用户或语音用户数量增加到一定程度，将导致频率资源的问题更加突出，每个GPRS用户可使带宽将进一步地降低。CD-MA的数据和语音采用不同的信道传输。在同一基站下语音用户数量增加，也不会影响数据通信。因此，车辆通信也非常适合采用CDMA方式。

（d）卫星通信系统：卫星通信具有远距离覆盖面广的优点，将这种通信方式作为车辆的监控系统的数据传输方式能够覆盖全国乃至全球的范围。在组建大型的车辆等移动目标监控定位系统的时候，可以采用卫星的通信方式进行数据传输。尤其在地面通信网或专网覆盖不到的海洋、高山、沙漠、森林区域，该方案是理想的通信方式。

（e）固定频率：一旦设定完毕，各个用户仅能利用自己的信道进行数据的传输，具有容量小、覆盖范围小等缺点，但对容量不大的系统来说较为实用。

（f）集群通信系统：具有响应速度快、通信较灵活的优点，但需用户自建专用通信网，故覆盖范围较小，异地漫游较困难。若要扩大覆盖范围，需多建基站，建网投资费用以及建网后的维护费用都很高。这种系统不易推广，适合一些特殊部门的车辆跟踪监控。

车辆监控系统中移动端和监控端之间的通信方式要采用哪种通信技术，应根据各地通信发展水平和系统应用范围综合衡量考虑。

③ 系统监控中心。监控中心是整个危险化学品道路运输监控预警系统的重要组成部分。监控中心配置包括了各类功能服务器、应用终端和软件、监控设备、报警装置、数据库、实时监控大屏等，可实现对网内车辆当前所处的位置、速度、方位、装载危险化学品的各实时参数以及车内外视频的远程监视，在监控中心的电子地图上能准确地显示车辆实时状态。通过无线网络实现远程监听及喊话、断电路和油路、锁车门和报警等动作。各类分析预测和管理软件可实现对运输车辆的安全分析和管理、事故预测、音视频指挥调度功能，可提供位置查询、电子地图服务、车辆管理等多种服务。当车辆进入非车辆所属监控中心管辖区域时，可分为以下两种情况。

（a）危险化学品运输车辆的信息由所属监控中心实时传输给当地的车辆监控中心。同时当地监控中心将本地的交通路况等信息传输给所属监控中心，由车辆所属地监控中心告知车辆相关的情况和信息请求。

（b）车辆进入异地时，自动与所在地车辆监控中心进行联系，将自身信息自动发送到该监控中心，同时其所需路况等信息由当地监控中心告知运输车辆。跨区域监控的拓扑结构可简单表示，如图 13.20 所示。跨区域监控能够实现两地监控中心的信息交互，使得当地监控中心能在其管辖区域内准确及时地监控外来危险化学品车辆，为跨区域行驶车辆的事故预测预警及事故处理提供了重要保障。

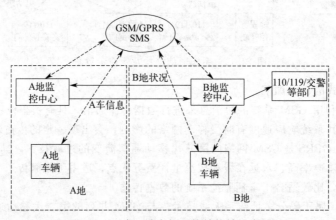

图 13.20　跨区域车辆监控结构域示意图

监控中心各子系统的功能设计如下。

（a）实时监控：完成对车辆行驶位置速度、危险化学品状态及车辆整体情况的监视、记录和查询，对驾驶员的疲劳驾驶告警等操作。

（b）安全性分析及事故预警：完成车辆当前运行情况和所装载危险化学品的状态分析，同时结合车辆行驶路段的气象分析、个人和社会风险分析、车辆结构性能分析和事故预测频率分析，可完成运行车辆的安全分析和事故预测与预警等功能。

（c）报警处置与应急救援：对车辆发来的报警进行实时处理并辅助决策。当发生碰撞或泄漏等事故时，为驾驶人员提供相应的处置措施和方法，并及时与消防和公安等有关部门联系，提供车辆所装载的危险化学品、驾驶人员、车辆状态等救援所需各类信息。

（d）GIS（地理信息系统）终端：为车辆提供导航。为监控中心确定车辆方位提供电子地图，辅助规划运输线路、选择最短或优化路径，实现地图的缩放、漫游等操作以及地理和空间分析等功能。

（e）安全管理：完成对驾驶人员的信息管理、身份验证、行车出发和到达时间及驾驶时间记录与跟踪等功能。

（f）信息交互与发布：主要负责监控中心与驾驶人员的语音交流，各类信息的分发、跟踪处理、跨区域的信息交互，实现对运输车辆状态的远程查询、远程调度与管理等功能。

（g）通信与联网：主要负责数据和信息的发送与接收，管理各通道及其发送模式，实现与应急指挥等其他系统的通信和联动。

本章小结

本章概括了安全检测与监控系统的组成，简要介绍系统的设计过程、设计原则和设计步骤；介绍了目前安全监测系统中应用的新技术；以油田、贮油罐区、危险品运输车辆为对象，展示了安全监控系统的应用。

<<<< 习题与思考题 >>>>

1. 简述安全检测与监控系统的组成。
2. 安全检测与监控系统的设计过程、步骤有哪些？要遵循哪些原则？
3. 什么是现场总线技术？它有哪些具体应用？
4. 简述物联网技术特点与网络架构。
5. 什么是人工神经网络？它有哪些用途？
6. 简述常用的几种数据融合方法。
7. 举例说明新技术在安全检测与监控系统中的应用。

参考答案

参考文献

[1] 张乃禄. 安全检测技术 [M].3 版. 西安：西安电子科技大学出版社，2018.

[2] 董文庚，苏昭桂，刘庆洲. 安全检测 [M]. 北京：中国石化出版社，2016.

[3] 陈金刚. 安全检测技术 [M]. 北京：中国建筑工业出版社，2018.

[4] 黄仁东，刘敦文. 安全检测技术 [M]. 北京：化学工业出版社，2006.

[5] 李雨成，刘尹霞. 安全检测技术 [M]. 徐州：中国矿业大学出版社，2018.

[6] 教育部高等学校安全工程学科教学指导委员会. 安全检测与监控 [M]. 北京：中国劳动社会保障出版社，2011.

[7] 陈海群，陈群，王新颖. 安全检测与监控技术 [M]. 北京：中国石化出版社，2013.

[8] 肖丹. 安全检测与监控技术 [M]. 重庆：重庆大学出版社，2019.

[9] 张斌，黄均艳. 安全检测与控制技术 [M]. 北京：化学工业出版社，2011.

[10] 徐凯宏，董文庚. 安全检测与智能监测 [M]. 北京：中国质检出版社，中国标准出版社，2014.

[11] 董建民，李东晶. 过程检测仪表：教、学、做一体化教程 [M]. 北京：电子工业出版社，2014.

[12] 许秀. 石油化工自动化及仪表 [M].2 版. 北京：清华大学出版社，2017.

[13] 尚丽平. 检测技术及应用 [M]. 北京：机械工业出版社，2019.

[14] 王俊杰. 检测技术与仪表 [M].2 版. 武汉：武汉理工大学出版社，2009.

[15] 卜乐平. 传感器与检测技术 [M]. 北京：清华大学出版社，2021.

[16] 许芬. 现代检测技术及应用 [M]. 北京：机械工业出版社，2021.

[17] 许秀，王莉. 现代检测技术及仪表 [M]. 北京：清华大学出版社，2020.

[18] 韦根原. 开关量控制基础及应用 [M]. 北京：中国电力出版社，2021.